高等职业教育电气类新形态一体化教材
发电厂及电力系统专业国家级教学资源库配套教材

# 配电网及其自动化技术

主　编　王江伟　罗宇强　张　婧
参　编　谢锡锋　左江林　吴雪松　孔令怡

中国水利水电出版社
www.waterpub.com.cn
·北京·

## 内 容 提 要

本书紧密结合配电网、配电网自动化方面的生产实际，按照"以学生为中心、促进自主学习"的职业教育教学理念，有机融入配电网及其自动化的概念、配电网接线形式、配电网一次设备、自动化主站系统、自动化终端、通信系统、馈线自动化、用户电能采集系统、配电网规划及其自动化建设改造等相关知识。本书注重理论与实践的结合，内容深入浅出，重难点突出。结合在线教学资源库，共享优质课程资源，突破了学习时间和空间的局限性，实现个性化线上学习。

本书可供高职高专院校电气类相关专业作为配电网及其相关自动化技术的课程使用；也可作为配电网及其自动化建设改造培训教材，供工程技术人员参考。

**图书在版编目（CIP）数据**

配电网及其自动化技术 / 王江伟，罗宇强，张婧主编. -- 北京：中国水利水电出版社，2023.2(2025.7重印).
高等职业教育电气类新形态一体化教材 发电厂及电力系统专业国家级教学资源库配套教材
ISBN 978-7-5226-0621-7

Ⅰ．①配… Ⅱ．①王… ②罗… ③张… Ⅲ．①配电系统－自动化技术－高等职业教育－教材 Ⅳ．①TM727

中国版本图书馆CIP数据核字(2022)第090475号

| 书 名 | 高等职业教育电气类新形态一体化教材<br>发电厂及电力系统专业国家级教学资源库配套教材<br>**配电网及其自动化技术**<br>PEIDIANWANG JI QI ZIDONGHUA JISHU |
|---|---|
| 作 者 | 主编 王江伟 罗宇强 张 婧<br>参编 谢锡锋 左江林 吴雪松 孔令怡 |
| 出版发行 | 中国水利水电出版社<br>（北京市海淀区玉渊潭南路1号D座 100038）<br>网址：www.waterpub.com.cn<br>E-mail：sales@mwr.gov.cn<br>电话：(010) 68545888（营销中心） |
| 经 售 | 北京科水图书销售有限公司<br>电话：(010) 68545874、63202643<br>全国各地新华书店和相关出版物销售网点 |
| 排 版 | 中国水利水电出版社微机排版中心 |
| 印 刷 | 清淞永业（天津）印刷有限公司 |
| 规 格 | 184mm×260mm 16开本 13.75印张 335千字 |
| 版 次 | 2023年2月第1版 2025年7月修订 2025年7月第2次印刷 |
| 印 数 | 3001—7000册 |
| 定 价 | 49.50元 |

凡购买我社图书，如有缺页、倒页、脱页的，本社营销中心负责调换
**版权所有·侵权必究**

# 前言

　　教材事关国家和民族的前途命运，教材建设必须坚持正确的政治方向和价值导向。本书坚持党的二十大精神，全面贯彻党的教育方针，落实立德树人根本任务，为党育人，为国育才，弘扬劳动光荣、技能宝贵、创造伟大的时代风尚。

　　电力系统由发电厂、输电网、配电网及用户组成，日常工作生活用电来自于配电网。配电网发展至今已有上百年历史，电能技术的每一次变革和创新，都带来社会生产力的快速进步，生活质量的大幅度改善与生存环境的巨大变化。配电网已成为人类生存与发展的重要载体。随着科技的进步和创新，配电网自动化融合了计算机及通信网络等新技术，为用户供电提供了坚实基础。配电网自动化是以配电网一次网架和设备为基础，利用自动化装置或系统，监测配电网的运行状况，为配电网的安全可靠经济运行提供技术支持。

　　我国的配网自动化经历了局部馈线自动化阶段、监控自动化阶段、综合自动化阶段三个阶段。第一阶段，20世纪末初期我国开展了配电自动化的试点工作，配网自动化建设以简易馈线自动化为主要工作内容，拉开了配网自动化建设的序幕。第二阶段，随着我国加入WTO，工商业与居民用电迅速增长，举办北京奥运会，也对配电网的供电可靠性提出了更高要求。配网自动化进入监控自动化阶段，本阶段配电自动化建设特点是因地制宜，差异化实施，以提高供电可靠性为根本目标。第三阶段，电力需求与日俱增，传统能源的日益匮乏和环境的日趋恶化，减少碳排绿色能源已成为世界性话题。我国配网自动化建设进入综合自动化阶段，配电网自动化向着智能互联的方向发展，目标是建成城乡统筹、安全可靠、经济高效、技术先进、环境友好、与小康社会相适应的现代配电网。

　　我国的配电网自动化技术应用于中低压配电网，中压配电网电压等级一般为10kV，低压配电网电压为三相380V、单相220V。配电网自动化运行，主干线路通常采用电压时间型、电压电流型、集中智能型、智能分布型馈线自动化方案，能快速定位故障、隔离故障、恢复非故障区段供电，在很大程度上降低雷电大风等自然因素引起的故障停电时间，也可以有效缩短人为因素引起的停电时间。配网自动化可以提高配电网对新增负荷的接纳能力，提高配电网的可靠性、经济性、供电能力，提高管理水平，并降低劳动强度。

本书分为6个项目，从配电网概念和电压等级入手，详细介绍了配电网主接线、配电网开关设备、配电变压器、配电网防雷接地等配电网电气一次设备或接线，在此基础上学习配电网自动化系统、馈线自动化、配电网电能计量装置、用电信息采集系统等配电网自动化技术的应用，为高职高专院校学生从事配电网设计和配电网自动化建设改造工作打下基础。同时本书阐述了当下电力企业工作人员关心的问题，例如配电网自动化主站系统、配电网自动化终端、配电网自动化通信系统、配电网的故障及保护方式、就地电压型馈线自动化方案、主站集中型馈线自动化方案、智能分布型馈线自动化方案、配电网的规划及其自动化建设改造等。

本书由王江伟、罗宇强、张婧主编，谢锡锋、左江林、吴雪松、孔令怡参编。其中，广西水利电力职业技术学院王江伟和谢锡锋编写项目1和项目4，广西水利电力职业技术学院罗宇强和左江林编写项目2和项目5，广西水利电力职业技术学院张婧、广西水利电力职业技术学院吴雪松、广西南宁供电局孔令怡编写项目3和项目6。

由于作者的水平有限，书中难免存在疏漏和不妥之处，恳请广大读者和专家批评指正。

编者

2022年11月

# "行水云课"数字教材使用说明

"行水云课"水利职业教育服务平台是中国水利水电出版社立足水电、整合行业优质资源全力打造的"内容"＋"平台"的一体化数字教学产品。平台包含高等教育、职业教育、职工教育、专题培训、行水讲堂五大版块，旨在提供一套与传统教学紧密衔接、可扩展、智能化的学习教育解决方案。

本套教材是整合传统纸质教材内容和富媒体数字资源的新型教材，它将大量图片、音频、视频、3D动画等教学素材与纸质教材内容相结合，用以辅助教学。

内页二维码具体标识如下：
- Ⓕ为动画
- ▶为微课
- ⊚为课件
- Ⓟ为图片

线上教学与配套数字资源获取途径：
- 手机端

关注"行水云课"公众号→搜索"图书名"→封底激活码激活→学习或下载
- PC端

登录"xingshuiyun.com"→搜索"图书名"→封底激活码激活→学习或下载

# 资 源 索 引

| 码号 | 资 源 名 称 | 资源类型 | 页码 |
|---|---|---|---|
| 1.1 | 什么是配电网 | ▶ | 3 |
| 1.2 | 认知配电网的电压 | ▶ | 6 |
| 1.3 | 什么是配电网自动化 | ▶ | 10 |
| 1.4 | 配电网自动化的意义 | ▶ | 13 |
| 1.5 | 配电网自动化建设 | ▶ | 16 |
| 1.6 | 城市配电网的建设 | ▶ | 18 |
| 1.7 | 农村配电网的建设 | ▶ | 20 |
| 2.0 | 电气总平面布置 | Ⓟ | 22 |
| 2.1 | 10kV配电网的接线方式 | ▶ | 32 |
| 2.2 | 380V配电网的结构 | ▶ | 37 |
| 2.3 | 10kV架空线路 | ▶ | 42 |
| 2.4 | 10kV电缆线路 | ▶ | 46 |
| 2.5 | 认知10kV配电网断路器 | ▶ | 49 |
| 2.6 | 什么是负荷开关 | ▶ | 54 |
| 2.7 | 什么是开闭所与环网柜 | ▶ | 58 |
| 2.8 | 柱上配电变压器 | ▶ | 65 |
| 2.9 | 箱式配电变压器 | ▶ | 68 |
| 2.10 | 低压配电网的接地 | ▶ | 75 |
| 3.1 | 什么是配电网自动化主站系统 | ▶ | 79 |
| 3.2 | 配电网自动化主站系统有哪些基本功能 | ▶ | 83 |
| 3.3 | 什么是配电网自动化终端 | ▶ | 93 |
| 3.4 | 故障指示器的作用 | ▶ | 105 |
| 3.5 | 配电网自动化通信系统 | ▶ | 111 |
| 4.1 | 配电网故障产生原因及危害 | ▶ | 117 |
| 4.2 | 配电网故障的特点 | ▶ | 119 |
| 4.3 | 配电网保护配置 | ▶ | 123 |
| 4.4 | 就地电压型馈线自动化方案 | ▶ | 126 |

续表

| 码号 | 资源名称 | 资源类型 | 页码 |
|---|---|---|---|
| 4.5 | 主站集中型馈线自动化方案 | ▶ | 144 |
| 5.1 | 低压电能表有哪些分类 | ▶ | 166 |
| 5.2 | 配电变压器监测系统 | ▶ | 173 |
| 5.3 | 电能采集系统的分类及案例 | ▶ | 176 |

# 目录

前言
"行水云课"数字教材使用说明
资源索引

**项目 1　绪论** ································································································· 1
　　任务 1.1　认识配电网 ··············································································· 1
　　任务 1.2　了解配电网自动化及其特性 ·························································· 8
　　任务 1.3　配电网自动化系统建设概述 ························································ 14

**项目 2　配电网接线与一次设备** ········································································ 22
　　任务 2.1　认知配电网主接线 ···································································· 22
　　任务 2.2　了解配电网线路 ······································································· 37
　　任务 2.3　认知配电网开关设备 ································································· 46
　　任务 2.4　认识配电变压器 ······································································· 61
　　任务 2.5　了解配电网的防雷与接地 ··························································· 68

**项目 3　配电网自动化系统** ··············································································· 76
　　任务 3.1　认知配电网自动化主站系统 ························································ 76
　　任务 3.2　认知配电网自动化终端 ······························································ 90
　　任务 3.3　了解配电网自动化通信系统 ······················································· 105

**项目 4　馈线自动化** ······················································································ 112
　　任务 4.1　配电网的故障及保护方式 ·························································· 112
　　任务 4.2　认知就地电压型馈线自动化方案 ················································· 124
　　任务 4.3　认识主站集中型馈线自动化方案 ················································· 143
　　任务 4.4　认识智能分布型馈线自动化方案 ················································· 153

**项目 5　配电网用户电能采集系统** ···································································· 163
　　任务 5.1　认识电能计量装置 ··································································· 163
　　任务 5.2　了解配电变压器的电能采集 ······················································· 170
　　任务 5.3　用电信息采集系统 ··································································· 175

**项目 6　配电网的规划及其自动化建设改造** ························································· 181
　　任务 6.1　了解配电网的建设及规划 ·························································· 181
　　任务 6.2　认识配电网自动化建设改造 ······················································· 188

**附录　配电网自动化终端安装调试** ·············································· 197
　A.1　FTU 和 DTU 的接线 ·················································· 197
　A.2　终端参数配置 ························································ 197
　A.3　遥信试验 ···························································· 203
　A.4　遥测和保护回路试验 ·················································· 204
　A.5　遥控试验 ···························································· 207

**参考文献** ································································ 208

# 项目 1 绪 论

## 任务 1.1 认识配电网

【学习目标】
1. 了解电力系统、电网、配电网的联系和区别。
2. 熟悉常见的配电网设备及线路的组成。
3. 掌握配电网的构成和功能。

【任务引入】
电力系统包括发电厂、输电网、配电网。本任务在学习电力系统、电网的基础上，了解配电网的结构、分类及特点。通过学习配电网的结构，了解配电网的基本特点，在此基础上可分析某实际配电网类型、构成及特点。

【重点难点】
重点：配电网的构成和功能。
难点：电力系统和配电网的区别与联系。

【知识学习】

### 1.1.1 了解电力系统、电网、配电网

#### 1.1.1.1 电力系统、电网、配电网的定义

电力系统发展至今已有上百年历史，经历小机组区域电网、大机组互联大型电网的多个发展阶段，电能技术的每一次变革和创新，都带来社会生产力的快速进步、生活质量的大幅度改善与生存环境的巨大变化。电力系统已成为人类生存与发展的重要载体。

电力系统按照电能生产、输送、分配和消费环节可分为发电、输电、配电、用电环节，由发电机、变压器、输电线路、配电线路、用电设备以及相关二次设备组成，电力系统示意图如图 1.1 所示。

发电厂按照能源类型可分为火电厂、水电厂、核电厂、光伏电站和风力电站，其功能是消耗化石燃料和可再生能源等一次能源进行发电。例如锅炉、核反应堆、汽轮机、水轮机、风轮等发电动力装置，可将一次能源转换为机械能，发电机再将机械能转化为电能；光伏电站利用光伏组件的光生伏特效应直接将光能转化为电能。

电网的功能是将电能从发电厂输送到千家万户，由各个电压等级的线路和变电站构成。电力系统中由于大型发电厂通常远离负荷中心，电能生产、输送、分配和消费具有瞬时性且无法大量储存，因此需要电网保持电能生产与消费平衡。电网按照功能来划分可以分为输电网和配电网，用于电能输送和分配。

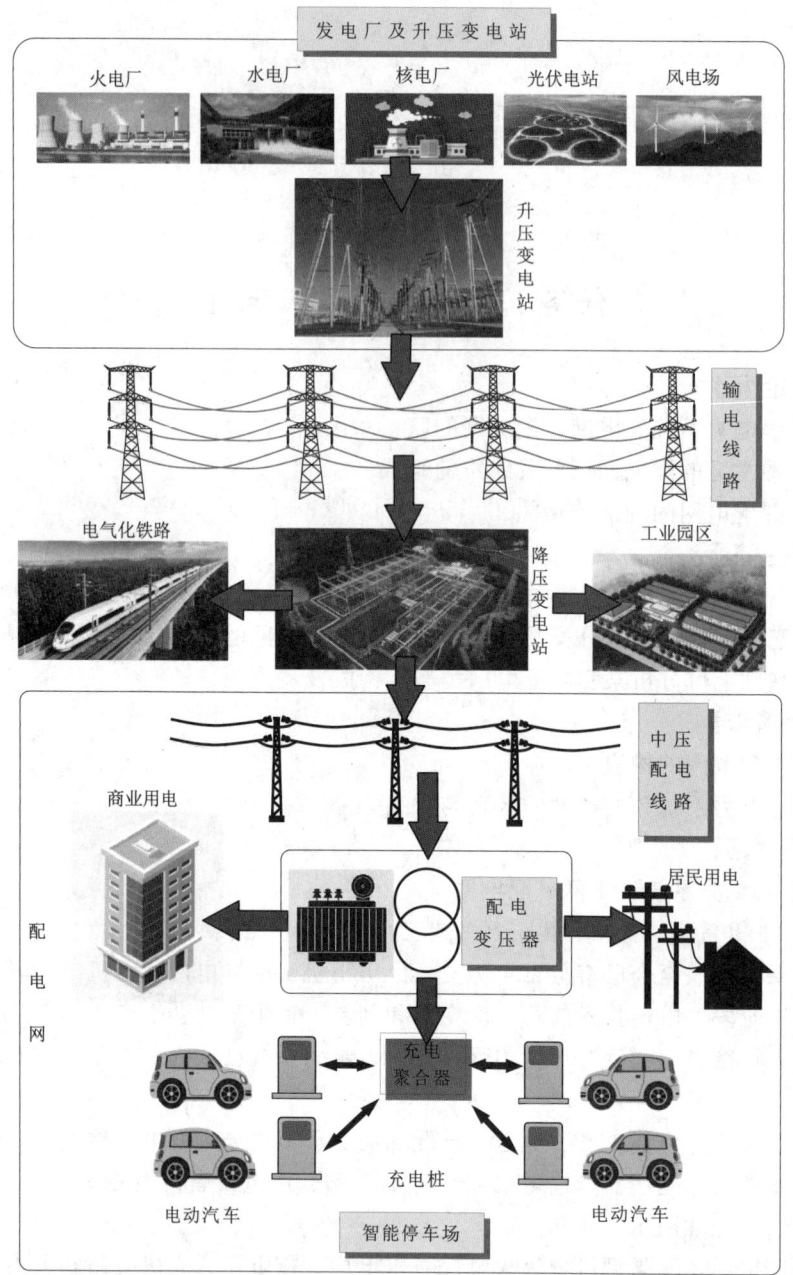

图 1.1 电力系统示意图

输电网一般由各电压等级的电力线路和变电站组成,它的主要任务是将各种大型发电厂的电能安全、可靠、经济地输送到负荷中心。由于大型发电机组输出电压不足以满足远距离送电的要求,例如火力发电机、水力发电机组出口电压通常为 3~20kV,百万千瓦级的发电机出口电压达 24kV,风力发电机组输出电压通常不足 1kV,光伏方阵输出电压通常不超过 2kV,因此发电设备出口通常配置有升压变电站，将电压提高到并网送电的要求，再通过输电线路将电能送出。

配电网是配电区域内的配电线及配电设施的总称，由配电变压器、10kV 开关和配电线路等重要部分组成，同时也是配电网自动化最关键的环节。配电网的作用是将负荷中心变电站的电能送到千家万户，同时保证用户安全可靠用电。配电网从输电网或地区发电厂接受电能，通过配电设施就地分配或按电压逐级分配给各类用户。按供电区域可划分为城市配电网、农村配电网、工业配电网和专用领域的配电网络。

#### 1.1.1.2 配电网的功能

配电网在定义上分为广义配电网和狭义配电网。广义上的配电网包含一部分不经配电变电站直接分配到大用户，由大用户的配电装置进行配电的部分，例如电气化铁路和特定的工业园区使用的专用供电网络。狭义上的配电网主要指的是在一定区域内，为城市和农村居民生活、商业活动、公共事业等供电的中低压配电网。狭义配电网负荷种类繁多，几乎包含日常生活和消费的所有类型，例如照明、电子设备、电梯空调洗衣机等动力供电、高层小区供水、电动汽车充电等。配电网自动化技术正应用于狭义配电网。

配电网建设往往是国家及地区国民经济发展规划的重要组成部分，使得电能得到广泛应用，推动了社会各个领域的进步。配电网要实现基本功能，就需在配电网一次设备的基础上，利用计算机和通信技术设置相应的监控系统，以便对配电网运行过程进行测量、调节、控制、保护，确保用户获得安全经济优质的电能。建立结构合理的配电网，不仅便于电能消费管理，节省动力设施投资，且有利于地区能源资源的合理开发利用，更大限度地满足地区国民经济日益增长的用电需要，促进乡村振兴。

#### 1.1.1.3 电力系统和配电网的区别与联系

配电网是电力系统的重要组成部分，也是电网的关键环节之一，电力系统和配电网的有着很多共同任务：

1.1 什么是配电网

（1）电力系统和配电网电能分配的特点相同，都具有连续性、瞬时性和重要性。

电能分配的连续性：电能不能大量储存，电能的生产、输送和消费同时完成。

电能分配的瞬时性：电能过渡过程很短，所以电力系统任何一点的故障将瞬间波及整个电力系统与配电网。

电能分配的重要性：电能是国民经济各部门的主要能源。

（2）电力系统和配电网的基本要求一致，都需要保证用户的供电可靠性、良好的电能质量、系统运行的经济性好、环境友好。

电力系统和配电网也存在着区别，由于电力系统由发电、输电、配电组成，配电网是电力系统的一部分，不包含集中发电和输电环节，因此在功能上存在一定差异。

从电压等级和结构上来说，配电网与输电网也存在较大差异。输电线路电压等级相对较高，配电网相对较低。输电线路通常为变电站点到点接线，杆塔上分支较少，通常采用直接接地的方式或经过消弧线圈接地，并且变电站外设备主要以线路为主。而配电网线路复杂分支较多，变电站外、杆塔上设备种类较多，高压和中压配电网采用消弧线圈接地或不接地，低压配电网中性点采用零线的方式。

### 1.1.2 配电网电压等级的判别

#### 1.1.2.1 配电网电压等级的分类

根据《110千伏及以下配电网规划技术指导原则》，配电网按电压等级分为高压配电网、中压配电网、低压配电网，其中高压配电网电压等级为交流35kV及以上，中压配电网电压等级为交流10kV，低压配电网电压等级为三相380V、单相220V。

配电网的电压等级如图1.2所示。

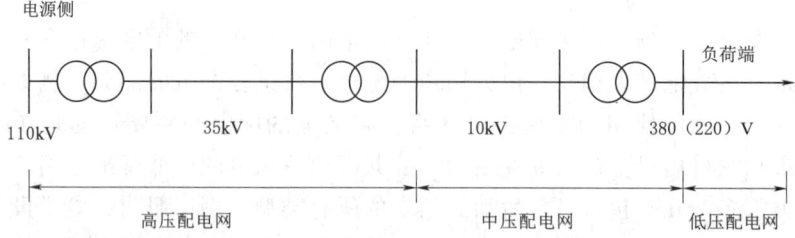

图1.2 配电网的电压等级

高压配电网主要为35kV和110kV，主要由大型、特大型工业企业群使用。高压配电网具有电压等级高、线路损耗小、传输距离远、输送功率大的优点。在设备结构和接线方式上，高压配电网与同电压等级的输电网差别较小，继电保护方式相似，因此高压配电网建设运维模式与输电网较为接近。

中低压配电网指的是10kV中压及以下系统，一般是从变电站的主变压器低压侧和低压母线开始，直至电力用户止。10kV配电网和380V/220V配电网无论是设备型号、结构、功能和接线方式，都与输电网有较大区别。而配网自动化建设改造工作主要针对中低压配电网，因此学会辨识现场配电网的电压等级有着较大的实践意义。

#### 1.1.2.2 配电网的构成

10kV配电网的组成如图1.3所示，380V/220V配电网的组成如图1.4所示。

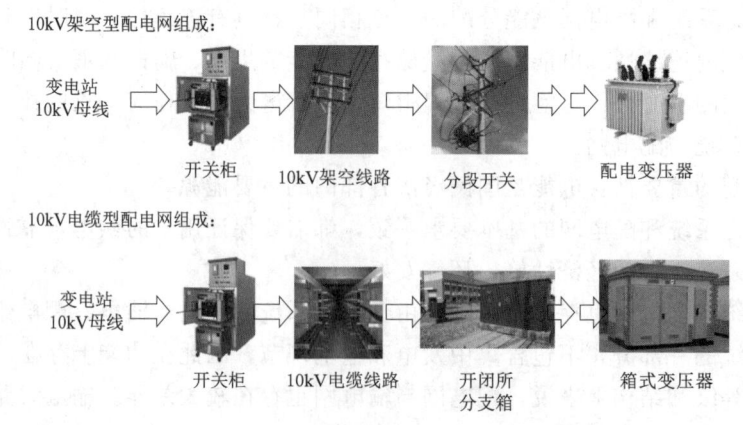

图1.3 10kV配电网的组成

10kV配电网按照线路、开关、变压器的布置形式，可以分为架空型配电网和电缆型配电网。架空型配电线路起始端为变电站10kV母线，经过10kV高压开关柜、架空线路、分段开关等设备，最后到达配电变压器。电缆型配电线路起始端为变电站10kV母线，经过10kV高压开关柜、电缆线路、开闭所、分支箱等设备，最后到达箱式变压器。此外，可根

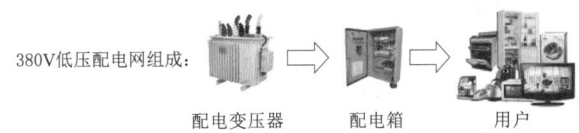

图1.4　380V/220V配电网的组成

据现场情况，同时使用架空线路和电缆线路组成混合型配电网线路。但不论是哪种类型的10kV配电网，起始点都是变电站10kV母线，终点都是配电变压器。

380V/220V配电网相对而言构成比较简单，起始端为配电变压器低压侧，经过配电箱、配电线等设备到达用户。

综上，可以从线路结构、开关类型、变压器安装和接线柱数量等方面对中低压配电网的电压等级进行辨识。

**1.1.2.3　中低压配电网线路电压等级区分**

电力系统分辨架空线路电压等级的方法主要有：分裂导线数、绝缘子数、杆塔高度、导线数量，中低压配电网还可以通过导线性质来分辨。中低压配网的电压等级辨识的部分案例如图1.5所示。

图1.5　中低压配网的电压等级

**1. 分裂导线数**

为了减小集肤效应，抑制电晕放电和减少线路电抗，高电压等级线路通常使用分裂导线，1000kV线路通常使用八分裂导线，750kV通常使用六分裂导线，500kV通常使用四分裂导线，220kV通常使用两分裂导线。110kV及以下线路配电线路由于电晕效应影响不大，通常不使用分裂导线。根据相关规范要求，10kV和380V/220V架空线路应当使用绝缘线，因此不分裂的绝缘线是中低压配电线路的识别方法之一。

2. 绝缘子数

绝缘子分为玻璃绝缘子、瓷绝缘子、合成绝缘子。不同绝缘子类型对片数要求有一定差异，一般情况下 750kV 使用 32 片绝缘子，500kV 使用 23～25 片绝缘子，220kV 使用 13 片绝缘子，110kV 使用 7 片绝缘子，35kV 使用 3～4 片绝缘子，10kV 使用 2 片绝缘子，380V/220V 使用 1 片绝缘子。中低压配电网绝缘子数较少，通过观察绝缘子数可以较容易分辨出电压等级。

3. 杆塔高度

电压等级越高对杆塔高度要求越高，中低压配电线路通常使用电线杆作为杆塔。10kV 线路通常使用 10m 以上杆，380V/220V 通常使用 8m 杆。为了减少线路走廊，城镇配电网通常使用同杆多回线路或同杆不同电压等级的线路。在跨度比较大的场合，中低压配电网有可能使用铁塔进行跨越。

4. 架空线路导线数量

10kV 及以上电网，中性点接地或不接地，无专用的架空零线，而 380V/220V 配电网线路有一根专用的架空零线。从导线的数量上看，10kV 线路有三根导线用于电能传输；380V 线路有四根线，三根火线传输电能，一根导线作为架空零线使用；220V 线路有火线零线各一根，组成双导线结构。因此中低压架空线路，三根导线的是 10kV 线路，四根导线的是 380V 线路，两根导线的是 220V 线路。

对于同杆多回线路，可以根据导线数量判断电压等级，当同杆连接的是不同电压等级的线路，较高的三根线为 10kV 线路，较低的四根线为 380V 线路。当同杆连接的是同一电压等级的线路时若导线的数量是 3 的倍数，例如同杆 6 导线或 9 导线，分别代表 2 回 10kV 线路和 3 回 10kV 线路；若导线的数量是 4 的倍数，例如同杆 8 导线可以判断为 2 回 380V 线路。

如果导线较多并且是 3 和 4 的公倍数，例如同杆 12 导线，无法使用倍数关系来判断是 10kV 线路还是 380V 线路，可使用绝缘子数判断电压等级。如图 1.6 的线路安装实训场，左边 2 层绝缘子的是 6 回 10kV 线路，只有 1 层绝缘子的杆塔是 8 回 380V 线路。

5. 电缆线路导线数量

10kV 配电网电缆线路通常采用三相交联电力电缆，而更高电压等级的电缆通常采用单相单芯的结构。而 380V 电缆分为三相四线制电缆和三相五线制电缆，三相四线制电缆为 3 火线 1 零线交联，三相五线制电缆为 3 火线 1 零线 1 地线交联。低压配电网要求地线不能断线运行，长距离架空线路会增加雷击断线的风险。所以部分低压配电网的地线和建筑地网就地连接，或者通过关键的配电箱与大地连接，不随线路架空走线。因此在建筑物内使用的是三相五线制电缆，建筑外使用的是三相四线制电缆。

#### 1.1.2.4 通过中低压配电设备判别电压等级

通过中低压配电设备也可以很好地判断配电网的电压等级。架空型中压配电网，线路中设备主要有柱上开关、柱上变压器；电缆线路设备主要有开闭所、电缆分支箱以及箱式变压器。

1.2 认知配电网的电压

图 1.6 线路安装实训场的 10kV 杆塔和 380V 杆塔

1. 柱上开关

柱上开关是 10kV 架空线路特有的开关设备,一般分为柱上断路器、柱上负荷开关、柱上用户分界负荷开关等类型。柱上开关的作用主要是对中压配电网主干线路进行分段,同时对分支线路进行保护。

2. 柱上变压器

10kV 柱上变压器通常使用在城镇以及农村,是一种典型的配电变压器,柱上变压器根据安装方式可分为单柱型和双柱型。柱上变压器进线为 10kV 三根导线,出线为 380V 四线;因此柱上变压器的进线为三柱头,出线电压为四柱头。

3. 开闭所

由于配电网位于城市之中,城市用地都是比较紧张的,所以配电间隔是很有限的。当 10kV 出线间隔不足或是 10kV 出线走廊受限制时,需在城市中建一些开闭所。开闭所内没有电压等级的转换,通常采用单母线多间隔进出线的结构。开闭所适用于新建居民住宅小区、市政建设配套工程。

4. 电缆分支箱

电缆分支箱是 10kV 电缆线路的设备,用于分支电缆。如果电缆在地下分支,难以维护和检修,因此电缆线路通常使用电缆分支箱作为电缆的地上分支点,便于安装维护和扩展。

5. 箱式变压器

箱式变压器作为整套配电设备,是由变压器、高压电压控制设备、低压电压控制设备有机组合而成。因箱式变压器具备占地空间较小、操作便捷、应用收益高、组合方式灵活、运行安全性高等诸多优势,被广泛应用在各个领域之中,成为现如今配电网中不可或缺的重要电力设备。

6. 低压配电设备

低压配电设备包括低压开关以及电能计量装置等,通常安装于密封的配电箱中或配电房内,通常低压配电设备电压等级为 380V 或 220V。低压开关主要用于开合低压负载，同时它具有一定的短路保护、防漏电保护的作用。电能计量装置用于电能计量。

**【任务实施】**

1. 实训准备

准备配电网自动化动模仿真系统及操作手册。

2. 实训内容及步骤

实训内容：认识10kV配电网。

主要完成以下培训项目：

(1) 10kV配电网线路电气接线制图识图。

(2) 10kV配电网架空线路开关设备辨识。

(3) 配电网自动化系统户外终端设备辨识。

3. 实训成果及考核评价

(1) 10kV配电网线路开关设备和户外终端设备原理及功能总结，占50%。

(2) 根据电气接线制图介绍现场10kV设备的连接关系，占50%。

**【思考与练习题】**

1. 简述电力系统和配电网的区别与联系。

2. 配电网重要组成部分有哪些？

3. 简述高压配电网、中压配电网、低压配电网的电压等级。

4. 列举常见的中低压配电设备及其适用范围。

## 任务1.2　了解配电网自动化及其特性

**【学习目标】**

1. 掌握配电网自动化系统的概念、构成、基本功能。

2. 理解实现配电网自动化的意义。

3. 初步了解国内外配电网自动化现状及发展。

**【任务引入】**

配电网自动化是指以配电网一次网架和设备为基础，结合计算机技术和信息通信技术，并通过与相关应用系统的信息集成，实现对配电网的监测、控制和快速故障隔离，为配电管理系统提供实时数据支撑。相比于传统配电网的人工维护设备、人工巡视查找故障、无量化实时数据，配电网自动化具有减轻运维人员劳动强度、自动快速查隔离故障点、提高供电可靠性、改善供电质量、提升电网运营效率和效益。

通过本任务的学习，要求掌握配电网自动化系统的概念、构成、基本功能及意义，为后续如何应用配电网自动化系统正确判断故障和处理故障打下基础。

**【重点难点】**

重点：配电网自动化系统的概念、构成、基本功能。

难点：配电网自动化的意义。

【知识学习】
## 1.2.1 配电网自动化系统的定义、构成及功能
### 1.2.1.1 配电网自动化系统的定义

配电自动化方面行业指导文件及标准主要有：《配电网建设改造行动计划（2015—2020年）》（国能电力〔2015〕290号）、DL/T 5729—2016《配电网规划设计技术导则》、DL/T 599—2016《中低压配电网改造技术导则》、DL/T 390—2016《县域配电自动化技术导则》、DL/T 1406—2015《配电自动化技术导则》、DL/T 5709—2014《配电自动化规划设计导则》、DL/T 721—2013《配电自动化远方终端》、DL/T 814—2013《配电自动化系统技术规范》、DL/T 1157—2012《配电线路故障指示器技术条件》。

依据这些文件和标准可有如下定义。

**1. 配电自动化**

配电自动化是以一次网架和设备为基础，利用自动化装置或系统，监测配电网的运行状况，及时发现配电网故障，进行故障定位、故障隔离和恢复对非故障区段的供电，为配电网的安全、可靠、经济运行提供技术支持。

**2. 配电网自动化系统**

配电网自动化系统是实现配电网（含分布式电源、微电网等）的运行监视和控制的自动化系统，具备配电数据采集与监控系统、馈线自动化、配电网分析应用及与相关应用系统互连等功能。利用现代电子、计算机、通信及网络技术，将配电网在线数据和离线数据等配电网运行数据和用户用电数据、电网结构和地理图形进行信息集成，构成完整的自动化系统，实现配电网及其设备正常运行及事故状态下的监测、保护、控制、用电和配电管理的现代化。

### 1.2.1.2 配电网自动化系统的构成

配电网管理方面，配电网自动化系统融合了变电站综合自动化、馈线自动化和用户自动化的基本功能。从设备组成上来说，配电网自动化系统由配电自动化主站、数据通信系统、配电网自动化终端、配电网一次设备组成。

配电网自动化系统的构成如图1.7所示，详细内容将在项目3学习。

（1）配电网自动化主站系统是配电网自动化系统的核心部分，配电网自动化的功能由主站系统和相关系统共同实现，主要实现配电网数据采集和监控等基本功能和分析应用等扩展功能。

配电网自动化主站系统实物如图1.8所示。

（2）子站及通信网络很重要。配电网自动化子站是配电自动化系统中间层设备，实现所辖范围内的信息汇集、处理或故障处理、通信监视等功能，简称子站。子站通常可调用主站的功能，通信网络起到信息交互的作用。信息交换总线基于消息机制的中间件平台，支持安全跨区信息传输和服务。

（3）配电自动化远方终端是安装在配电网的各种远方监测控制单元的总称，完成数据采集、控制和通信等功能，主要包括馈线终端FTU、站所终端DTU、配变终端TTU等，简称配电网自动化终端或配电终端，通过通信网络与主站进行数据交互。

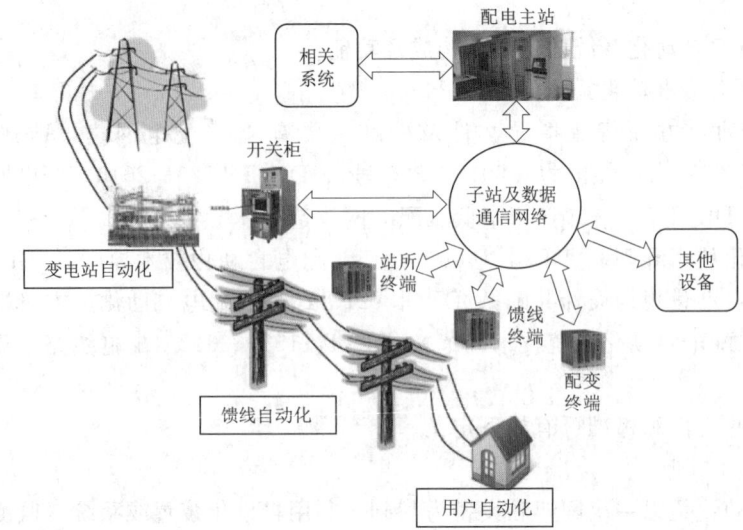

图 1.7 配电网自动化系统的构成

图 1.8 PRS-3000 智能配电网主站系统

FTU 是安装在配电网架空线路杆塔等处具有遥信、遥测、遥控和馈线自动化功能的配电网自动化终端。DTU 是安装在配电网开关站、配电室、环网箱、箱式变电站等处具有遥信、遥测、遥控和馈线自动化功能的配电网自动化终端。TTU 是用于配电变压器的各种运行参数的监视、测量和保护的配电网自动化终端。

（4）其他设备包括故障指示器、电能计量装置、无功补偿装置等。故障指示器是一种用于配电网架空线路或电缆线路上定位故障的设备，能够配合地理信息系统指示故障点的位置，方便运维人员快速找到具体的故障点位置。计量装置包括用户电能计量和变压器电量信息采集等。无功补偿装置主要为无功电容器，当配电网负载太大导致电压降低时，可补充无功功率的不足并提升电压水平。

（5）相关系统包括上级调度系统、运营管理系统、电网 GIS 系统等，与配电网自动化主站系统进行信息交互。上级调度系统可以为配电网自动化系统提供上级电网运行数据信息支持，运营管理系统方便配电网自动化系统对用户用电情况和负荷曲线的信息进行管理，电网 GIS 系统为配电网自动化系统提供地理信息数据。

#### 1.2.1.3 配电网自动化系统的功能

配电网自动化系统的功能包括：数据采集与监控、馈线自动化的、电压与潮流控制、配电网运行与负荷管理等。

**1. 配电网数据采集与监控功能**

配电网自动化系统能对城镇 10kV 线路上各分段开关、电容器、变压器等监控点

1.3
什么是配电网自动化

进行监测,具有运行参数遥测、开关遥控等功能,实现监控自动化。配电网数据采集监控系统是配电网自动化系统的基础,它与地区调度系统的区别在于,使用了大量的户外仪器仪表,通过可靠的通信网络将它们与主站连接在一起,因此配电网自动化系统十分庞大且复杂。

2. 馈线自动化的功能

馈线自动化的核心功能在于快速定位故障、隔离故障,并恢复非故障区段的供电。对于10kV馈线的故障,馈线自动化系统能够执行自动判别、自动隔离并恢复的程序。馈线自动化功能是由配电网自动化主站、配电网自动化终端联合完成的,目标是在馈线发生故障后短时间内对故障线路进行定位、隔离、恢复操作,并为检修人员提供故障点定位的支持。再配合检修人员的不停电作业处理,故障区段的停电时间可以大幅度的缩短。

3. 配电网电压与潮流控制

配电网自动化系统也可以根据10kV线路的具体情况,通过控制10kV线路上的电容器进行电压调节和无功管理控制,能有效提高电能质量、降低网络损耗,并优化潮流控制。

4. 配电网运行与负荷管理的功能

由于配电网支线负荷非常多,运行方式灵活多变,配网自动化系统可根据当前配电网的负荷运行情况进行分析判断,并给出最优运行的方案。

5. 其他功能

配电网自动化系统支持远方抄表和电动计量、自动计费以及以地图为背景的实时监控,为配电网的管理提供了很大的便利。

### 1.2.2 实现配电网自动化的意义

实现配电网自动化的意义:提高供电可靠性,例如缩小故障影响范围、缩短事故处理所需的时间;提高供电经济性;提高供电能力;降低劳动强度,提高管理水平和服务质量。

#### 1.2.2.1 提高供电可靠性

配电网在正常运行情况下,通过配电网自动化监视配电网运行工况,优化网络运行方式,当配电网发生故障或异常运行时,可迅速查出故障区段及异常情况,快速隔离故障区段,及时恢复非故障区段用户的供电,缩短对用户的停电时间,减少停电面积。

图1.9是配电网自动化馈线运行工况图,展示了配电网自动化系统如何快速定位故障、正确隔离故障、恢复供电的。

图1.9中有两回10kV配电网的线

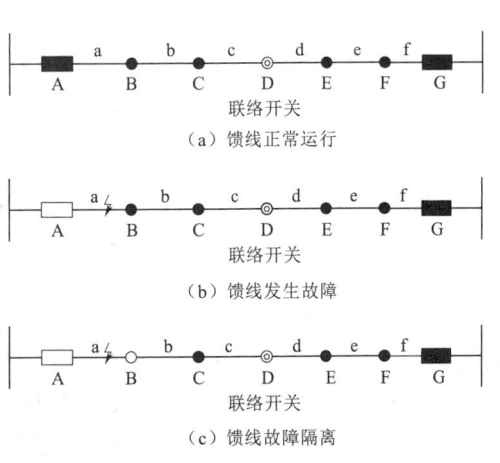

图1.9 配电网自动化馈线运行工况图

路，分别从两个不同的变电站为用户供电，通过手拉手的形式组成了单环网结构，开关 A 和 G 代表两个不同变电站 10kV 馈线的出线断路器。开关 BCEF 为分段开关，D 为联络开关，同种黑色代表闭合状态，白色空心代表断开状态。联络开关在线路正常运行时为常开开关，只有需要转供电的时候联络开关 D 才会闭合。

当线路 a 段发生故障时，断路器 A 所在的测控保护装置检测到线路出现过电流后跳闸，此时线路 a、b、c 三段所有用户都将停电。

如果没有配电网自动化系统，将不能够判断故障点具体位置，因此无法恢复非故障区段 b 段和 c 段用户的供电，线路的开关分合闸状态将维持如图 1.9（b）所示状态，会导致用户停电时间非常长。

若使用配电网自动化系统，配电网自动化系统能够定位故障点 a 的位置，此时操作分段开关 B 断开，同时联络开关 D 闭合。这时候 b 段和 c 段用户将由右侧变电站供电。配电网自动化系统可完成故障定位、故障隔离和恢复非故障区段的全过程，提高了供电可靠性。

#### 1.2.2.2 提高供电经济性

配电网自动化系统可有效提高经济性，例如：

图 1.10 电容器与交流接触器配合

（1）通过远程投切电容器提高电能质量。该系统可以远程控制电容器支路的交流接触器分合闸（图 1.10），快速确定电容器投切的数量、顺序以及时间等，满足负载变化的情况下电能质量的要求。操作瞬时、有效、便于管理，避免了工作人员到现场人工投切电容器的麻烦。

（2）同时配电网自动化系统可以实时优化配电网潮流，降低配电网的线损。

（3）配电网自动化系统对用电信息采集起到了很重要的作用，可以远程精确抄表，降低管理成本，提高经济性。

#### 1.2.2.3 提高供电能力

配电网接线较为复杂，在不需要新建线路的情况下，使用配网自动化系统可以将重载和过载线路的负荷转移到其他线路，有效地提高了供电能力。

#### 1.2.2.4 降低劳动强度

配电网自动化系统具有查抄用户电能表、监视记录变压器运行工况、监测配电站的负荷、记录断路器分合状态、投入或退出无功补偿电容器等功能，都可避免工作人员去现场劳碌奔波，降低了劳动强度。同时建立配电网地理信息系统，客户呼叫服务系统和停电管理系统应用，都可以提高管理水平和服务质量。

## 1.2.3 国内外配电网自动化现状及发展

### 1.2.3.1 国外配电网自动化发展及现状

1.4 配电网自动化的意义

欧美发达国家20世纪70年代开始建设配电自动化，早期目标是缩短馈线故障停电时间，采用就地馈线自动化技术等。先实施馈线自动化，然后建立通信通道和配电自动化主站系统，再完善各项功能。国外配电网自动化的发展经历了三个阶段：

（1）第一阶段是局部馈线自动化阶段，这一阶段的研究主要围绕着馈线自动化。美国、日本从20世纪50年代开始，应用重合器、分段器技术，实现馈线故障自动定位、隔离及非故障区段恢复供电。

（2）第二阶段是监控自动化阶段，这一阶段主要是应用计算机技术对配电网实现远程监视与控制。20世纪60—70年代开始开发就地控制方式和馈线开关的远程监控，开始利用计算机构成自动控制系统。

（3）第三阶段是运行、管理综合自动化阶段，在此阶段主要是研究实现配电系统综合自动化。IEEE于1988年提出配电自动化的概念。

目前欧美国家都在大力发展分布式电源，以及光伏、风电等各种清洁能源，并逐步发展出与配电网相适应的运行模式。

日本配电网自动化系统区域差异明显。如九州等地，线路上的重合器、分段器与变电站馈线开关保护相配合，实现就地故障隔离与非故障区段恢复供电；而东京则是建设配电管理系统，实现对配电设备的遥控，提升供电可靠性。

新加坡在配电网一次网架上，采用"花瓣型"接线，配电网闭环运行，配电自动化采用馈线差动保护。供电可靠性全球最高，达到99.999%以上，但是投资也最高。

### 1.2.3.2 我国配电网自动化的发展及现状

国内配电自动化起步于20世纪90年代，也是第一次建设高潮，主要开展工作如下：

（1）建立配电系统的实时监控系统（相当于电网调度自动化中的SCADA系统），即在配电网调度中心建立主站系统，在配网线路、站所安装配电终端，通过通信通道联系，从而达到实时监控的功能。

（2）通信通道采用全光纤模式。

（3）实施了主站集中式馈线自动化，以缩短线路故障后的停电时间，加快恢复供电，提高供电可靠率。

此次配电自动化建设为配电网及其自动化建设行动建设积累了经验。

最近一次配电自动化建设浪潮起于2008年，以广州、深圳的配电自动化建设为标志。国家电网也开展了首期四家单位的配电自动化系统试点单位建设。目前国内已经有上百家单位已经完成了配电自动化系统建设，同时还有很多单位在建设之中。本次配电自动化建设特点是因地制宜、差异化实施，以提高供电可靠性为根本目标。

目前我国配电自动化应用效果：

一是提高了供电可靠性，通过采用集中式半自动化技术、集中式全自动化技术以及分布式自动化技术，故障定位与隔离时间由原先的35分钟分别降至5分钟、1

分钟、秒级;非故障区段平均恢复供电时间由投运前的50.8分钟,下降至10.9分钟。

二是提升了配电网运行控制效率,平均倒闸操作时间大幅降低,由投运前的26.9分钟,降至投运后3.9分钟,降幅达85.4%。

三是降低了员工工作强度,通过系统自动定位、隔离和恢复故障,降低劳动强度,提高工作效率,给现场工作人员带来切实的帮助。

四是提高了优质服务水平,通过快速故障处理,开展主动抢修服务,提高客户满意度。

【任务实施】

1. 实训准备

配电网自动化动模仿真系统及操作手册。

2. 实训内容及步骤

实训内容:了解配电网自动化构成及功能。

根据配电网自动化动模仿真系统配置的功能完成以下培训项目:

(1) 了解配电网自动化系统配置方案。

(2) 运用配电网自动化系统开展联络开关远控操作。

(3) 配电网自动化系统状态和历史事项查询。

3. 实训成果及考核评价

配置方案介绍,占30%;联络开关远控操作,占40%;自动化系统数据查询,占30%。

【思考与练习题】

1. 简述配电网自动化的概念及基本功能。
2. 配电网自动化实施的意义有哪些?
3. 国外配电网自动化的发展阶段有哪些?

## 任务1.3 配电网自动化系统建设概述

【学习目标】

1. 掌握配电网自动化建设的目标。
2. 了解城市配电网及其自动化建设内容。
3. 了解农村配电网及其自动化建设内容。

【任务引入】

本任务通过学习国内配电网自动化案例,了解城市和农村配电网及其自动化建设。学习内容包括配电网自动化建设的目标和要点、城市配电网的特点、城市配电网及其自动化建设内容和应用案例、农村配电网及其自动化建设内容和应用案例。

【重点难点】

重点:城市配电网的特点。

难点:农村配电网的特点。

## 【知识学习】

### 1.3.1 配电网自动化建设目标与要点

#### 1.3.1.1 配电网自动化建设的目标

我国电力系统发展非常地迅速,发电量和用电量已经连续多年稳居世界第一。由表1.1可知,至2019年,我国电力能源消费总量为74866.1亿kW·h,其中工业耗能总量为50698.3亿kW·h,第一产业耗能1336.2亿kW·h,居民生活耗电量为10637.2亿kW·h。

表1.1　　　　2015—2019年中国电力能源消费表　　　　单位：亿kW·h

| 指　　标 | 2019年 | 2018年 | 2017年 | 2016年 | 2015年 |
| --- | --- | --- | --- | --- | --- |
| 电力能源消费总量 | 74866.1 | 71508.2 | 65913.9 | 61205.1 | 58019.9 |
| 农、林、牧、渔业（第一产业）电力消费总量 | 1336.2 | 1242.5 | 1175.1 | 1091.9 | 1039.8 |
| 工业电力消费总量 | 50698.3 | 49094.9 | 46052.8 | 42996.9 | 41550.0 |
| 建筑业电力消费总量 | 991.2 | 887.8 | 789.2 | 725.6 | 698.7 |
| 交通运输、仓储和邮政业电力消费总量 | 1752.3 | 1608.5 | 1418 | 1251.5 | 1125.6 |
| 批发和零售业、住宿和餐饮业电力消费总量 | 3187.1 | 2900.4 | 2526.6 | 2323.8 | 2122.0 |
| 其他电力消费总量 | 6263.8 | 5716.5 | 4880.6 | 4394.8 | 3918.6 |
| 居民生活电力消费总量 | 10637.2 | 10057.6 | 9071.6 | 8420.6 | 7565.2 |

配电网作为电能分配消纳的关键基础设施,是国民经济和社会发展的重要基石。近年来,我国的配电网投入不断加大,已经成为电网建设的重点目标。目前电网投资大部分都用于配电网,配电网发展取得显著的成效。但是,我国的用电水平与国际先进水平依然存在一定的差距,同时城市和乡村发展极度不平衡,严重制约着用电满意度,供电质量有待改善。因此,统筹城乡建设安全可靠、经济高效、技术先进、环境友好的配电网网络,既能够保证民生,拉动投资,带动我国制造业水平和服务业水平的进步,同时也为振兴乡村贡献重要的力量。

我国配电网自动化建设的目标是：将中心城区的智能和应用水平大幅度提高,供电可靠率、年平均停电时间、供电质量达到国际先进水平;城镇地区的供电能力及供电安全水平显著提升,年平均停电率大幅下降,保障地区经济的快速发展;乡村和偏远地区供电线路偏长、电压较低、供电质量不足的问题得到改善,解决农村电网较为薄弱的问题,户均配电变压器容量提升,保障乡村振兴、促进民生进步。同时满足新能源、分布式电源以及电动汽车等多元复合发展的需求,推动电网的建设与能源互联网深度融合,提高供电可靠性,优化网架结构,保障安全可靠供电。

因此,随着社会经济的发展,配电网为了适应新能源的接入,推动能源互联,稳增长、促改革、惠民生也是其发展的重要目标。

#### 1.3.1.2 配电网自动化建设的要点

加快现代配电网的建设,以可靠的供电质量和优质的供电服务为社会全面发展提供支持;提高供电能力,建设标准规范的网架结构,提升配电设备的水平;推广配电网自动化,实现配电网可控;满足分布式能源和多元复合的发展需求,这都是配电网建设的要点。

(1) 配电网统筹规划。规划以5年为周期，展望10～15年，必要时可以展望20～30年。统一规划城镇和乡村的配电网，明确供电区域划分，提高管理效率，实行城乡统一规划。将城市配电网与城市乡村建设方案和规划进行较好的衔接，考虑电源、用户、土地、环境、站址等问题，综合布置配电网的设施。合理规划配电网的网架结构，提高电缆化率、提高环网化率以提升供电可靠性，增加电源点、减少配电线路长度、合理设置补偿以提高电能质量。

(2) 提升配电网的装备，包括提升配电变压器，改造开关制设备。城市配电网还应提高电缆化率。变压器从研发、生产、使用的环节应当与时俱进，适应工业和科技的进步，采用高效、节能、环保的变压器并推广利用，对城市和乡村的配电变压器进行升级。提高环保型变压器的覆盖率，大力推行老旧配电变压器的更换，逐步淘汰高损耗变压器，推动非晶合金变压器、高过载能力变压器、调容变压器等设备的应用。更新和改造配电开关，包括柱上断路器、负荷开关、开闭所等，以适应配电网自动化及智能电网发展需求，提升配电网开关动作准确率，对防误装置不完善、操作困难的开关设备进行重点升级改造。

(3) 配电自动化主站和终端的应用。根据可靠性需求、网架结构与设备状况合理选择故障处理模式、终端配置及通信方式。中心城市及城镇地区推广集中式馈线自动化方式，在网络关键性节点采用"三遥"终端，在分支线和一般性节点采用"二遥"终端，合理选用光纤、无线通信方式，提高电网运行控制水平；乡村地区推广以故障指示器为主的简易配电自动化，合理选用无线、载波通信方式，提高故障定位能力。

(4) 配电网自动化建设过程中，还应当考虑新能源和多元复合的接入，将智能电表为载体，打造智能计量系统，全面支持用户信息互动、新能源电源的接入、电动汽车的充电，鼓励用户参与电网削峰填谷，实现与电网互动。在城市供电可靠性要求较高的区域和偏远农村、海岛等不同地区，有序开展微电网示范应用。满足国家"光伏扶贫"试点区域、绿色能源示范县、新能源示范镇的分布式电源接入，促进电量全额消纳。

1.5 配电网自动化建设

### 1.3.2 城市配电网自动化建设

城市配电网是一种位于城区且负荷密度较高的配电网，主要有以下特点：

(1) 深入城市中心和居民密集点，负载相对集中，负荷类型众多，发展速度快，因此在规划建设时城市配电网应留有发展余地。

(2) 城区配电网发展方向，以"闭环接线，开环运行"的环形供电网络。馈线连接点使用常开联络开关，在需要故障和检修转供电时才闭合，用户对供电质量要求高。

(3) 配电网的设计标准较高，在安全与经济合理平衡下，要求供电有较高的可靠性。

(4) 配电网的接线较复杂，要保证调度上的灵活性，运行上的供电连续性和经济性。

(5) 随着配电网自动化水平的提高，对供电管理水平要求也越来越高。

#### 1.3.2.1 城市配电网及其自动化建设内容

城市配电网自动化的建设主要分为三个方面：城市配电网供电可靠性的提升、城市配电网网架的优化、城市配电网装备的提升。

1. 城市配电网供电可靠性的提升

城市配电网供电可靠性的提升，首先应该建立示范区，规范城市配电网及其自动化的建设改造工作，以适应用户的需求。可以在中心城市以及核心区域建设高可靠性的示范区，在新兴城镇建立城镇配电网自动化示范区，同时规范住宅小区以及商业中心的配电网建设改造工作。通过建设灵活可靠的配电网网架结构，采用完善成熟的自动化设备，规范化的运营管理，大幅度提高城市配电网的供电可靠性。城镇配电网的建设工作应该思路明确，和城镇的规划协同共进，与水、路、气、通信网等其他基础设施协调发展。住宅小区和商业中心的配电网改造主要集中于配电变压器，需要统一配电变压器建设标准，做到公变与专变产权明晰、责任对等、运行规范。将小区配套配电工程纳入配电网自动化建设统一规划，并且要求有资质的公司进行建设和维护，确保配电网的供电质量。

2. 城市配电网网架的优化

城市配电网网架的优化，需要完成中心城区以及城镇地区的配电网网络改造建设工作。按照典型配电网接线的设计要求，配电网网架能够满足日益增长的负荷需求，同时具备转移重载过载负荷、网架运行方式灵活多变、最大限度减小故障范围的能力。减少辐射型线路，提高环网化率。在中心城区采用单环网、$N$ 供一备的电缆型网架结构，加强站间联络；在城镇配电网中采用 $N$ 分段 $n$ 联络的配电网接线，适当的使用电缆线路，解决配电网与主网联系较薄弱的问题，优化供电范围，提高转供电能力。

3. 城市配电网装备的提升

优化升级配电变压器、改造配电开关、提高电缆化率有利于配电网自动化的建设。

配电变压器应该选用箱式变压器，也称为预装式变压器，以减少变压器所占用的空间，同时避免台风、雷击、冰雹等恶劣天气对变压器的影响。

将传统配电网开关改造为开闭所，开闭所内配备有电缆负荷开关、断路器等设备，可与站所终端等配电网自动化终端相配合，有利于提高配电网故障查找、故障隔离、非故障区段恢复供电的能力。

提高电缆化率也是城市配电网建设的重要内容，结合市政建设与景观需要，科学合理选择电缆敷设形式。市政基础设施建设改造的同时，应同步规划、同步设计、同步建设电力电缆通道，预留电缆安装通道与电缆井位置。

#### 1.3.2.2 城市配电网自动化应用案例

图 1.11 是一种两回 10kV 电缆线路构成的单环网接线图，是城市配电网自动化的典型方案之一。

1. 电气一次设备

电气一次设备包括开关柜、开闭所、变压器等，其详细功能见项目 2 相关章节。

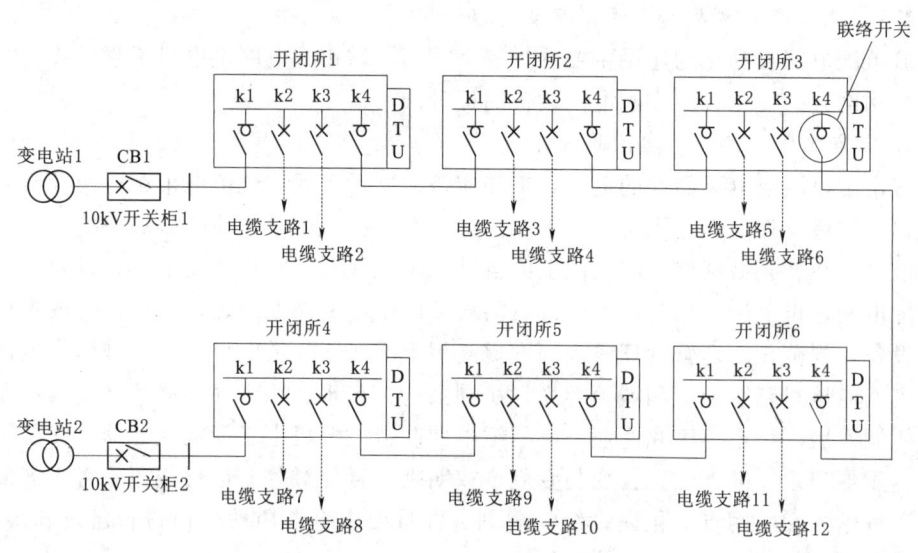

图 1.11 单环网接线图

开关柜又称成套开关或成套配电装置，是以断路器为主的电气设备。配电网自动化开关柜作为变电站出线断路器，要求配置相应保护功能，同时继保装置需要符合通信要求。

开闭所是电缆线路中重要的分段开关站，用于电缆线路不改变电压的分支。图1.11的开闭所配备环进环出负荷开关k1和k4用于主干线路电能进出，k2和k3为分支线断路器，分支线路可接配电变压器或电缆分支箱进一步分支。

箱式变压器相当于一个小型变电站，属于配电站，直接向用户提供电源，包括高压室、变压器室、低压室，由TTU与配电网自动化主站通信。

**2. 配电网自动化系统**

站所终端DTU起到测量和保护作用，通过有线通信网络与配电网自动化主站通信。配电网自动化主站系统通过DTU实现对配电网线路监控保护，完成测量、故障定位、故障隔离和恢复非故障区段供电的功能。详细学习内容见项目3相关章节。

**3. 集中型馈线自动化**

使用的配电自动化方案主要为主站型，使用的集中智能型馈线自动化方案，也称为主站型馈线自动化方案。配电网主干线路发生故障时，可以有效转供电；支线故障时可做到停电范围最小化。详细内容将在项目4中进行介绍。

### 1.3.3 农村配电网自动化建设

农村配电在支撑农业发展、促进农民收入、改善农村生活条件环等方面发挥着举足轻重的作用，主要特点如下：

（1）农村配电线路较长，分布面积广，负载小而分散；用电季节性强，设备利用率差异较大，乡镇附近的设备利用率远大于边远地区。

（2）发展速度快，但部分线路存在建设布局不合理、设备质量差等先天不足。

（3）部分农村配电网的工况恶劣，随时可能遭到自然因素的侵袭和破坏。

1.6 城市配电网的建设

（4）农电用户多数是乡镇企业、农业排灌和农民生活用电，部分用户安全用电知识较贫乏，严重影响安全供用电。

（5）农电运维队伍存在人手不足的问题，要确保农村配电网安全经济可靠供电，就对基层工作者提出了更高的要求。

#### 1.3.3.1 农村配电网及其自动化建设内容

农村配电网自动化的建设主要集中在四个方面：农村供电能力提升、边远贫困地区供电、农村配电网网架改良、农村配电网装备改造。

1. 农村供电能力提升

农村配电网应当遵循规范，采用标准化建设。农村配电网容易存在"卡脖子"的问题，应当梳理农村电网薄弱环节，提升供电能力。配合乡村振兴，利用增大导线截面、优化线路走廊、增加电源点、改造偏长线路等方法，对低电压用户进行合理的改造，降低线损。展开低压配电设备的普查，消除低压电网的安全隐患问题，提升低压配电设备的水平和供电可靠性。

2. 边远贫困地区供电

提升贫困地区供电能力，充分利用当地的风、光、水等资源，解决当地供电的问题。加强边远地区的配电网建设，例如西藏、青海、云南、四川等地区，做好用电需求预测，科学编制电网发展规划，加快建设，全面改善边远地区的供电水平，增加变电站电源点，修建配电线路改善边远地区人民的生活。

3. 农村配电网网架改良

加快农村配电网的变电站建设，增加电源点。采用标准化的辐射型和环网结构线路，解决供电半径和供电质量的问题，选择配置标准的配电线路导线面积，增加配电线路的分段数组成 N 分段 n 联络的配电网接线方式，就近联络提高供电的安全水平。同时使用就地型馈线自动化方案和无线通信网络，加强与上级电网的联络，优化农村配电网的管理。

4. 农村配电网装备改造

随着经济的不断发展，村民对供电的需求越来越高，用电量增长，因此需要升级配电变压器，并对线路和开关设备进行改造。

农村配电网变压器的改造项目应该做到勘察完善，改良变压器 10kV 进线线路，改善变压器低压台区结构。将线路杆塔标准化，改造如木杆和公路转角等有安全隐患的线路。改良农村低压系统的接地，完善变压器低压侧保护。

在农村配电网中，树木枝叶容易造成配电网的瞬时性故障，要提高线路绝缘化率，并更换智能柱上开关。线路分段开关应当能快速排除瞬时性故障，确定永久性故障区段，保证非故障区段的供电。

#### 1.3.3.2 农村配电网自动化案例

农村配电网自动化的典型方案如图 1.12 所示。

1. 电气一次设备

电气一次设备包括开关柜、负荷开关、变压器等，详细功能见项目 2 相关章节。

开关柜与城市配电网类似，在农村配电网中主要用于断开短路等电流较大的

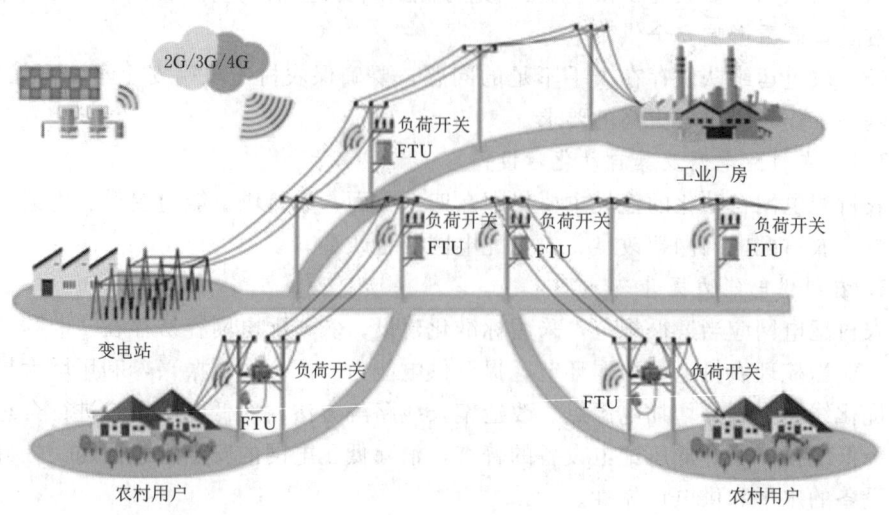

图1.12 农村配电网自动化案例示意图

故障。

负荷开关是一种具有灭弧能力的开关,可以断开过负荷电流,但不能够断开短路电流。在农村配电网中可以用于隔离主干线路故障或分支线路的故障保护。与FTU配合使用,通过无线网络与配电网自动化主站通信。

变压器主要使用柱上变压器,分布于工业厂房、农村用户区域内,可提供交流电能。包括高压进线和低压出线,由TTU与配网自动化主站通信。

2. 配电网自动化系统

馈线终端FTU对负荷开关所在的点进行电流、电压等电参数的测量,并控制负荷开关的分段。由于农村线路较长,不适合有线通信,因此农村配电网自动化方案通常采用无线通信方式,配电网自动化主站负责正常运行时的线路监控。详细学习内容见项目3相关章节。

3. 就地型馈线自动化

就地型馈线自动化是一种适用于城镇和农村的方案,优点是不依赖通信就能够完成故障隔离与恢复非故障区段供电。配电网主干线路或支线发生故障时,FTU通过测量负荷开关两侧电流电压信息,自动判断故障点在开关电源侧还是负载侧,自动逐步隔离故障并恢复非故障区段的供电。就地型馈线自动化详细内容见项目4。

【任务实施】

1. 实训准备

城市和农村配电网自动化建设实际案例。

1.7 农村配电网的建设

2. 实训内容及步骤

实训内容:城市和农村配电网自动化建设内容。

根据城市和农村配电网自动化建设实际案例完成以下培训项目:

(1)了解国内配电网自动化建设目标与主要内容。

（2）了解城市配电网的主要特点以及自动化改造要点。

（3）了解农村配电网的主要特点以及自动化改造要点。

3. 实训成果及考核评价

某县配电网自动化建设分析报告，占100%。

**【思考与练习题】**

1. 简述我国配电网自动化建设的目标。

2. 配电网的装备提升行动有哪些？

3. 城市和农村配电网的主要特点各有哪些？

# 项目2 配电网接线与一次设备

## 任务2.1 认知配电网主接线

【学习目标】

1. 掌握10kV配电网典型接线的结构、特点。
2. 能够对比分析典型接线运行方式的异同。
3. 了解中低压配电网主接线的应用案例。

【任务引入】

主接线又称为电气一次接线,是配电网乃至电力系统的基本单元和核心要素之一。配电网自动化技术应用是以配电网一次设备为基础,因此掌握配电网典型接线是本门课程的重要目标。本任务对比分析单辐射接线、单环网接线、N分段n联络接线、N供一备接线等几种10kV配电网典型接线的优缺点及适用范围,介绍了国内外其他配电网典型接线,并学习低压配电接线。

【重点难点】

重点:10kV配电网一次接线的构成与应用场合。

难点:10kV配电网典型接线设备和自动化方案的配置。

【知识学习】

### 2.1.1 10kV配电网一次接线

10kV配电线路也称为10kV馈线,是配电网非常关键的一环,其作用是将变电站的电能送到10kV线路供电区域内的各个用户。10kV配电线路起始端为变电站的10kV开关柜,末端为配电变压器的高压侧,10kV开关柜通常排列于变电站10kV配电装置室,实物图如图2.1所示。

2.0 P
电气总平面布置

10kV配电装置室除10kV馈线的开关柜外,还装备有10kV主变进线柜、电容器柜、站用电柜、电压互感器柜等间隔,其位置如图2.2所示。10kV配电线路从开关柜经过电缆沟,在变电站外转为架空线路或直接通过电缆线路送电。

依据DL/T 390—2016《县域配电自动化技术导则》、DL/T 5131—2015《农村电网建设与改造技术原则》、DL/T 5709—2014《配电自动化规划设计导则》、

图2.1 变电站的10kV开关柜排列

## 任务2.1 认知配电网主接线

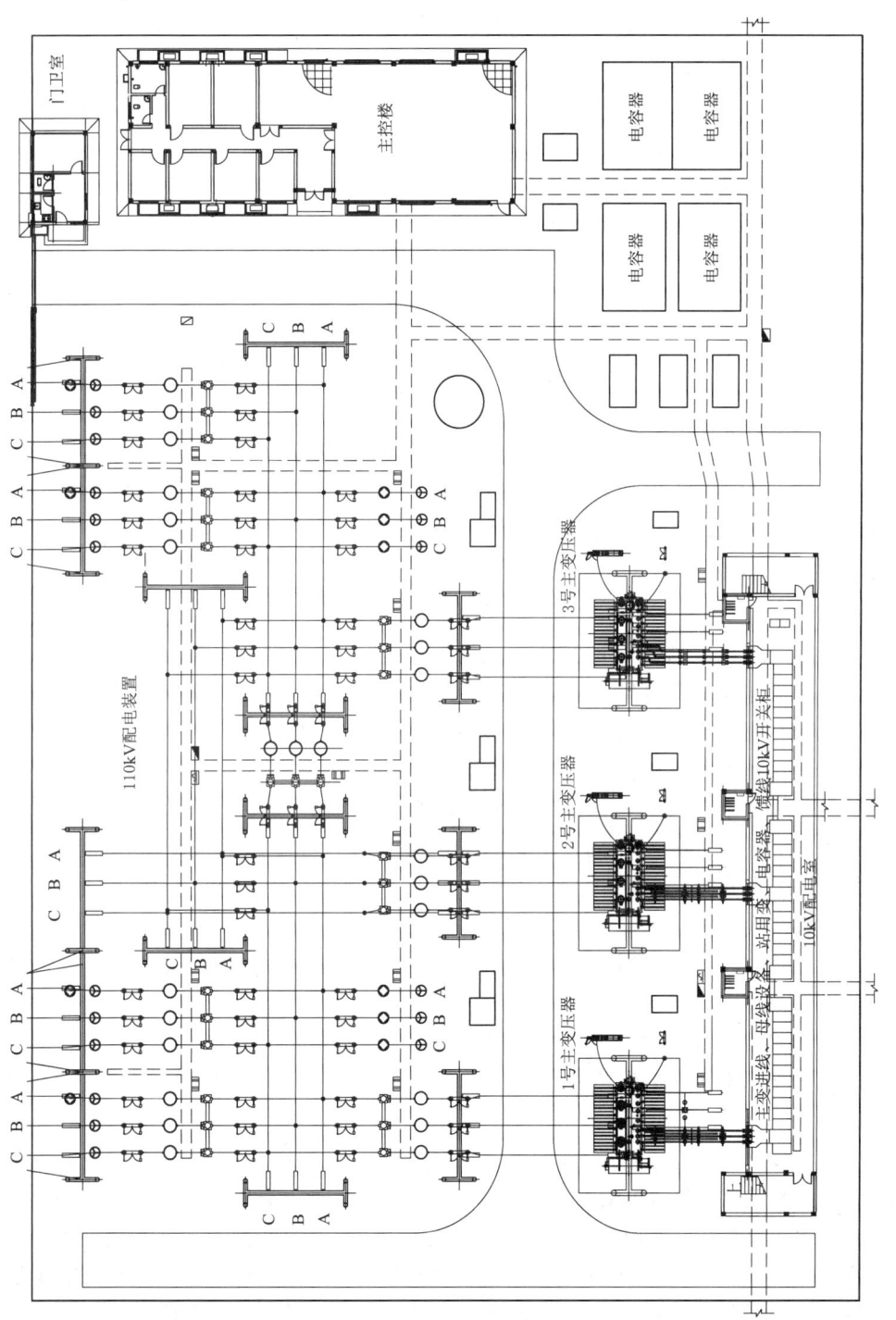

图2.2 变电站10kV配电装备平面示意图案例

DL/T 1406—2015《配电自动化技术导则》、DL/T 5729—2016《配电网规划设计技术导则》等文件,10kV 配电网典型接线方式,按照其主干线路的结构可分为:单辐射接线、单环网接线、$N$ 分段 $n$ 联络接线、$N$ 供一备接线、双环网接线、花瓣型接线等,本节主要介绍前四种。

**2.1.1.1  10kV 配电网单辐射接线**

10kV 配电网单辐射接线,是一种由变电站的一回出线引出,所有用户负荷均使用这同一个电源的接线方式,通常用于架空线路。架空线路单辐射接线示意图如图 2.3 所示。电缆线路单辐射接线示意图如图 2.4 所示。

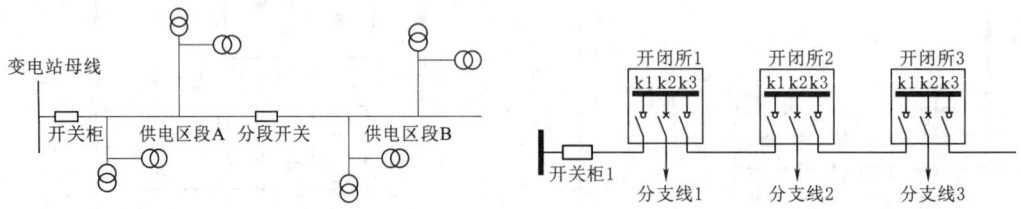

图 2.3  架空线路单辐射接线示意图　　图 2.4  电缆线路单辐射接线示意图

由于电缆线路单辐射接线属于过渡性质的接线,本节将以架空线路为例,阐述 10kV 配电网单辐射接线的特点。

1. 所有用户负荷只有单一电源

由于整段线路只有单个变电站作为电源点,不属于可转供电线路。可转供电线路的定义为负荷可通过转供电倒闸操作,转由其余线路供电。由于不需要考虑转供电,线路可以充分利用主干线路和开关设备的载流能力,利用率可达 100%,接线简单、投资省。其缺点是供电可靠性低,且故障或检修位置距离电源点越近停电范围越大,不能满足转供电要求。以图 2.3 为例,当供电区段 B 主干线路检修或故障时,可以断开分段开关,保证供电区段 A 的供电;如果供电区段 A 主干线路或变电站需要检修时,整段线路的用户将失去供电。

单辐射接线在农村配电网中可作为目标接线,城市配电网等其他应用场合为过渡型接线,因此规划设计时应当充分考虑单辐射接线的扩展能力,例如增大主干线路和开关设备的载流能力。

2. 主干线路采用多分段结构,负荷由各级分支线路供电

架空线路单辐射接线电气接线如图 2.5 所示,其中柱上开关学习内容可见项目 2 相关章节。

(1) 主干线路:采用分段开关,将主干线路分为 3~4 段。一般要求每个分段距离不小于 2km,并且每个分段内配电变压器数量不宜少于 5 台。分段开关可使用柱上断路器或负荷开关,如图 2.5 采用分段开关 1、分段开关 2、分段开关 3 将主干线路分为 4 段。根据 DL/T 5131—2015《农村电网建设与改造技术原则》,规定农村 10kV 架空线路主干线供电半径不宜超过 15km,但遇到特殊地形和用户情况,经专家技术论证后可适当调整主干线路总长度、线路分段、分段间距、每个分段配电变压器数量。

## 任务2.1 认知配电网主接线

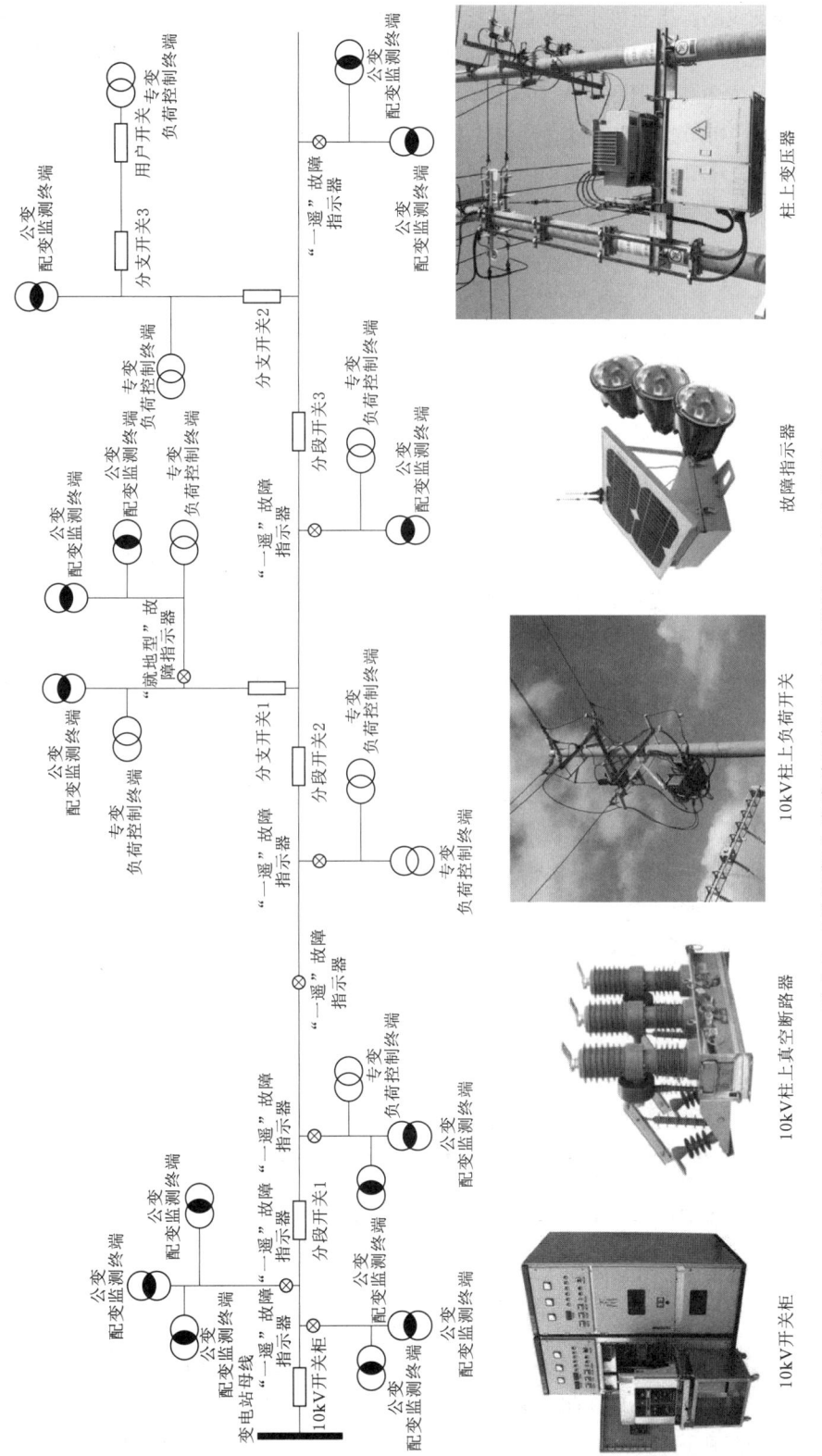

图2.5 10kV架空线路单辐射接线电气接线图和设备图例

(2) 分支线路：指连接主干线路与配电变压器的线路，根据长度和配电变压器数量选择分支开关类型。当分支线路长度超过 3km 且配电变压器数量大于 5 台，或者分支线路长度超过 5km 且配电变压器数量大于 3 台，则在分支线路与主干线路 T 接处安装柱上断路器或负荷开关，如图 2.5 中的分支开关 1 和分支开关 2。当线路故障率较高或经过难以检修的地形，可额外增加分支开关，如分支开关 3。当不满足以上条件时，则在分支线路与主干线路 T 接处安装跌落式熔断器作为保护。当分支线路配电变压器数量较多，可在分支线内使用柱上开关或跌落式熔断器，组成多级分支线的结构。

3. 主站、终端采用无线通信，馈线自动化方案以就地型为主

(1) 馈线终端 FTU：馈线终端 FTU 需要与开关设备进行配合，例如主干线路柱上分段开关和分支线路的分支开关，分段开关使用的馈线终端 FTU 应当具备馈线自动化和"三遥"功能，分支开关的馈线终端 FTU 应当具备保护和"三遥"功能。

(2) 配电变压器终端 TTU：在公变应用计量自动化系统——配变监测终端，专变应用计量自动化系统——负荷控制终端，实现对配变运行状态判别和遥测数据的采集。

(3) 故障指示器：用于指示故障点的位置。当主干线路分段过长时，可在该分段内设置一遥故障指示器，2~3km 设置一组。分支线路未安装分支开关，以及多级分支线路内部主要的分支点，也应当使用故障指示器进行故障定位。

(4) 通信方式和馈线自动化方案：单辐射接线主要应用于农村电网，有线通信方式较为困难，常用通信方式为无线通信，多使用就地电压型馈线自动化方案；如果接线为过渡接线，则通信设备要预留有线通信的安装空间，同时为集中智能型馈线自动化方案打下基础。

配电网自动化主站、终端、故障指示器、通信等内容详见项目 3 相关章节，馈线自动化方案详见项目 4 相关章节。

#### 2.1.1.2 10kV 配电网单环网接线

单环网接线，指的是多回 10kV 电缆线路通过开闭所内联络开关组成的环网接线，也称为"N-1"单环网接线。常见的单环网接线有"2-1"单环网和"3-1"单环网。本节主要介绍"2-1"单环网、"3-1"单环网、单环网配电网自动化方案。

1. "2-1"单环网

其接线示意图如图 2.6 所示。

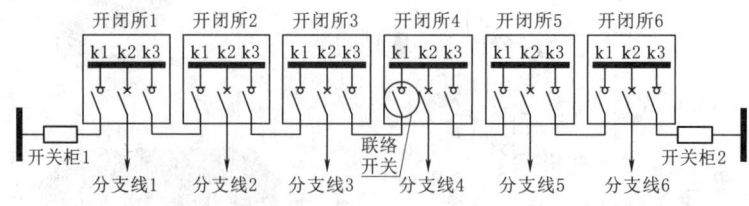

图 2.6 电缆线路"2-1"单环网接线示意图

"2-1"单环网以 2 回线路为一组，图 1.11 中的城市配电网自动化案例即为"2-1"单环网接线。它由多个开闭所构成，每个开闭所包含环进环出开关和负载支路开关。联络用开闭所还包含了 1 个常开联络开关，在故障或检修需要转供电时闭合。

## 任务 2.1 认知配电网主接线

"2-1"单环网的优点是供电可靠性高,接线简单,运行方便,可满足 $N-1$ 安全准则。缺点是线路利用率较低,仅为 50%。例如图 2.6 中,当变电站 1 检修时,开闭所 1 至开闭所 6 的所有负荷都将由变电站 2 转供电,开关柜 2 的线路负载将达到正常运行时负载的 2 倍,因此正常运行时"2-1"单环网的线路利用率较低。

2. "3-1"单环网

其电气接线图如图 2.7 所示。

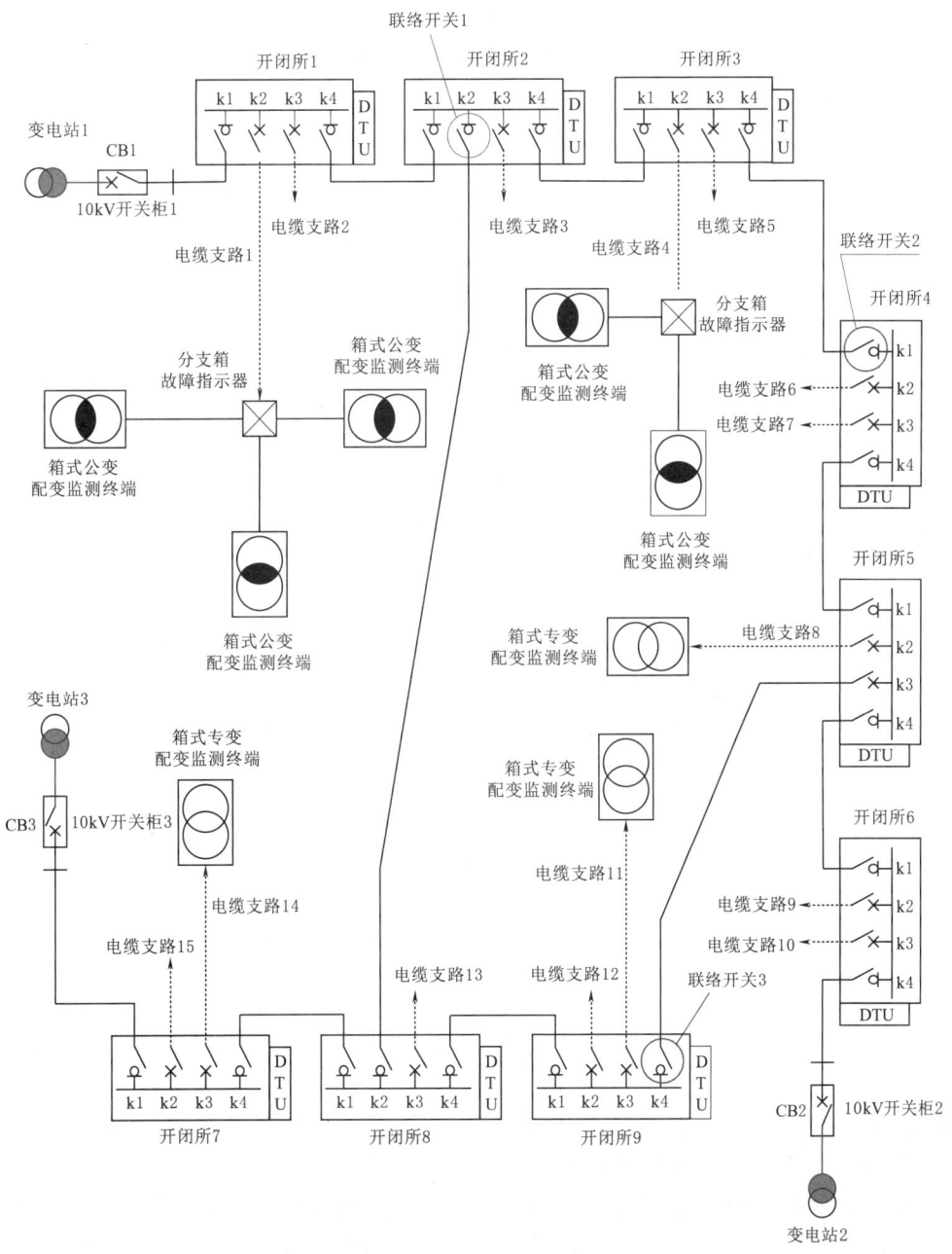

图 2.7 10kV 电缆线路 "3-1" 单环网接线电气接线图

"3-1"单环网以 3 回线路为一组,每个开闭所包含环进环出开关、负载支路开关,每回线路各包含 1 个联络开关。

负载支路可以通过电缆分支箱连接多个配电变压器,也可以为重要用户的单个变压器供电,电缆分支箱内安装故障指示器,指示支路故障点的具体位置。

对于供电可靠性要求较高的场合,还会使用开闭所支路,如图 2.8 所示。图 2.8(a)辐射型支线中,主干线路开闭所使用 k1 和 k3 开关作为主干线路环进环出开关,k4 作为电缆一级支路。支路中有 2 个分支开闭所,电缆二级支路可以接更多的配电变压器。同时为了便于管理,分支开闭所不宜超过两个。图 2.8(b)自环型支线中,主干线路开闭所使用 k1 和 k2 环进环出开关,k3 和 k4 作为电缆环形支路,2 个分支开闭所组环以提高供电可靠性。

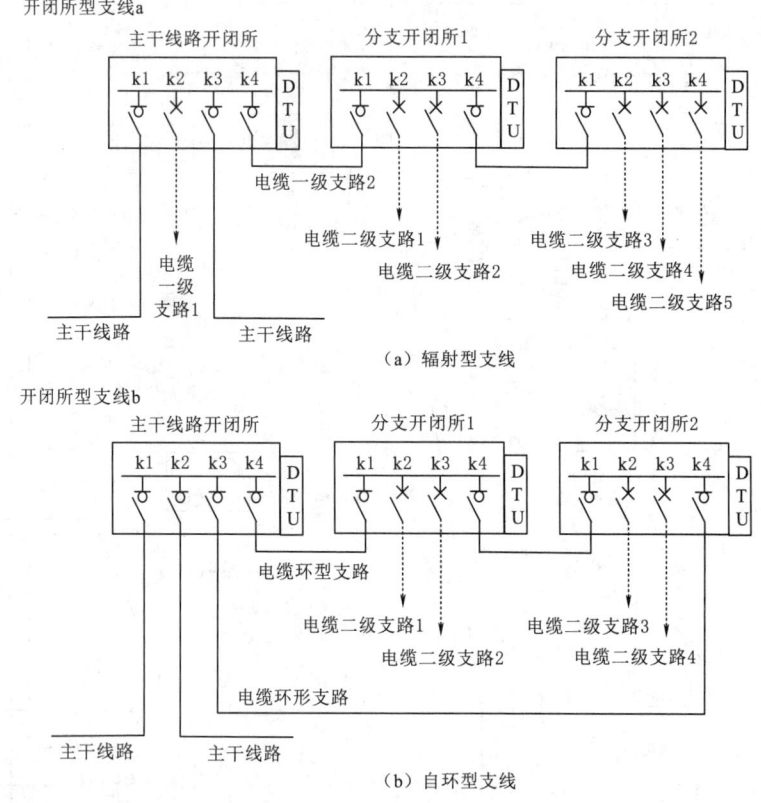

图 2.8  10kV 电缆线路开闭所型支线

"3-1"单环网优点是供电可靠性高,线路利用率最高可达 67%,可满足 $N-1$ 安全准则。缺点也较为明显,为提高实际可转供能力,联络点一般需在负荷等分点,组网困难;实际可转供能力受负荷分布影响较大,实际线路利用率可能不高。

3. 单环网配电网自动化方案

单环网属于典型的电缆线路,可使用电缆线路配电网自动化典型方案,例如采用就地电压型馈线自动化、集中智能型馈线自动化、智能分布式馈线自动化方案。

智能分布式馈线自动化方案的开关设备和终端设置原则统一。主干线路和支线的开闭所，开关均使用断路器。配电网自动化终端可选用站所终端DTU，实现对开闭所内所有支路的运行数据采集与监控，并完成智能分布式馈线自动化、线路出口保护和"三遥"功能。智能分布式馈线自动化方案成本较高，因此适合在中心城区使用，详细内容见项目4。

就地电压型馈线自动化和集中智能型馈线自动化配置原则相同，两种模式在一定条件下可以进行切换，区别在于通信是否完全正常：当通信系统无故障时使用集中智能型馈线自动化模式，存在通信故障则使用就地电压型馈线自动化作为保护。以下以图2.7为例介绍这两种馈线自动化开关设备和配电网自动化终端设置原则。

(1) "3-1" 单环网节点：图2.7所示的开闭所主要为分段开闭所和联络开闭所，在配电网管理中可以成为分段环网节点和联络环网节点。例如开闭所1、开闭所3、开闭所5、开闭所6、开闭所7、开闭所8为分段环网节点，用于主干线路的分段；开闭所2、开闭所4、开闭所9为联络环网节点，常配备联络开关，用于故障和检修时的转供电。除了分段环网节点和联络环网节点外，主干线路还配置有普通开闭所，在图2.7中未标出，主要用于主干线路上的供电，例如开闭所1的k4开关和开闭所2的k1开关之间的主干线路，根据实际需求可配置普通开闭所。

(2) 主干线分段：一般主干线路选择2个分段环网节点，该节点的开闭所环进环出开关设置为自动化分段开关。原则上要求每个分段的配电变压器数量均分，实际可根据用户的数量、性质和重要性，合理的分配配变数量。通常情况下，每个分段的配变数量为3~6台。

(3) 分段环网节点：每个节点所在的开闭所配置站所终端DTU，对节点环进环出开关进行数据采集与监控，并完成保护、馈线自动化和"三遥"功能，同时对支路开关进行保护和"三遥"功能。环出开关设置为自动化分段开关，例如开闭所1、开闭所3、开闭所5、开闭所6、开闭所7、开闭所8的k1和k4开关，实际条件允许的可使用断路器，条件不满足的可使用负荷开关。电缆支路中，配电变压器较多或者容易发生故障的区段则使用断路器，其他支路选用负荷开关。

(4) 联络环网节点：与分段环网节点相比多了一个联络开关，环进环出开关、支路开关配置与分段环网节点相同。开闭所配置的站所终端DTU，对联络开关、环进环出开关完成保护、馈线自动化和"三遥"功能，对支路开关进行保护和"三遥"功能，并对开闭所进行数据采集与监控。联络开关设置为自动化分段开关，例如开闭所2的k2、开闭所4的k1、开闭所9的k4，实际条件允许的可使用断路器，条件不满足的可使用负荷开关。

(5) 主干线路的普通开闭所：配置的站所终端DTU要求进行数据采集与监控，并完成保护和"三遥"功能，可配备集中智能型馈线自动化功能，但不要求就地型馈线自动化功能。当出现通信不良，使用就地型馈线自动化隔离主干线路故障分段，配合故障指示器可进一步缩小故障查找区段；通信良好时可使用智能型馈线自动化，在最小范围内隔离故障。

(6) 分支路配电设备：包括多变压器构成的配电房和箱式变压器等，配电房可使用故障指示器定位故障，变压器本身使用配电终端TTU进行监控。

**2.1.1.3　10kV 配电网 N 分段 n 联络接线**

N 分段 n 联络接线，指的是配电网多回 10kV 架空线路，通过分段与联络方式，满足故障隔离后非故障区段的转供电的要求。

其接线示意图如图 2.9 所示，接线图中标明了馈线 1 的接线，馈线 2 和馈线 3 的接线原则与馈线 1 相同。馈线 1 和馈线 2 通过联络开关 1 连接，馈线 1 和馈线 3 通过联络开关 2 连接，联络开关为常开开关，只有检修或发生故障时需要转供电时才会闭合。正常运行时，馈线 1、馈线 2、馈线 3 以辐射方式供电，潮流明确，负荷分配方案明确。

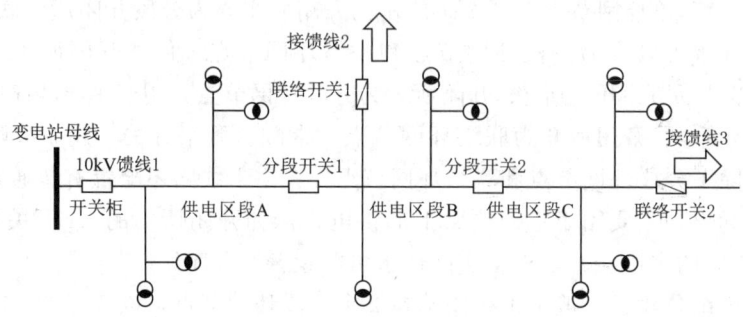

图 2.9　架空线路 N 分段 n 联络接线示意图

N 分段 n 联络接线与单辐射接线最大的不同，是有转供电的能力。例如当供电区段 A 主干线路发生故障时，开关柜断路器和分段开关 1 断开，联络开关 1 或联络开关 2 闭合，供电区段 B 和 C 的线路由馈线 2 或馈线 3 转供电。

N 分段 n 联络接线在配电线路增加分段开关，可减少故障时故障区段的范围，减少停电用户，多个电源相互联络，可提升故障时转供电水平。其电气接线比单辐射接线多了联络开关环节，其余电气接线与图 2.5 的配置差别不大。由于整体的经济效益保持在一个很高的水平，通过提高设备的安全可靠性和配电网自动化系统，极大地提升了配网的可靠性，配变利用率高，因此适合非边远地区架空线路使用。

城镇配电网新建架空线路时，可使用 N 分段 n 联络接线方案；在改造单辐射型线路时，N 分段 n 联络接线可作为其目标接线。因此两种接线对主干线路和分支线路的开关配置、主干线路分段和距离、主干线路每个分段的配变数量、分支线路配变数量等参数要求一致，并且故障指示器设置原则也基本相同。两种接线主要的区别在于 N 分段 n 联络接线可适用于城市配电网，终端可采用无线通信，因此馈线自动化方案有一定区别。

N 分段 n 联络接线通信方式可使用有线通信和无线通信两种方案，无线通信作为有线通信不具备条件或故障失效时的备用方案。馈线自动化方案可以使用就地型、集中智能型和智能分布式馈线自动化方案。

就地型自动化方案和单辐射型接线类似，但为了转供电和避免多次合闸到故障上，N 分段 n 联络接线倒闸操作更为复杂。集中智能型馈线自动化方案要求所有主干线路终端和主站有线通信，以减小通信延迟，精确分合闸控制时间；集中智能型馈线自动化方案倒闸次数相对较少，可大幅度减小用户停电时间和倒闸过程中用户多次失电的情况。智能分布式馈线自动化方案要求线路开关使用全断路器，通信采用有线方式，其成本较高，只适合负荷密度较高、用户较为关键且不适合建造电缆线路的情况下使用。

综上，$N$ 分段 $n$ 联络接线的优点是供电可靠性较高、满足 $N-1$ 的要求、故障时可供转供电的方式较多；缺点是接线相对较复杂，倒闸方式多变。

**2.1.1.4　10kV 配电网 $N$ 供一备接线**

$N$ 供一备接线指的是多回主干电缆线路组成的一种电缆环网，其中一回电缆线路不带任何负载，其他线路满负载运行，所有的电缆主干线路设置一个公共的联络节点。$N$ 供一备接线有 2 供一备和 3 供一备两种接线，2 供一备电气接线图如图 2.10 所示，3 供一备电气接线图如图 2.11 所示。

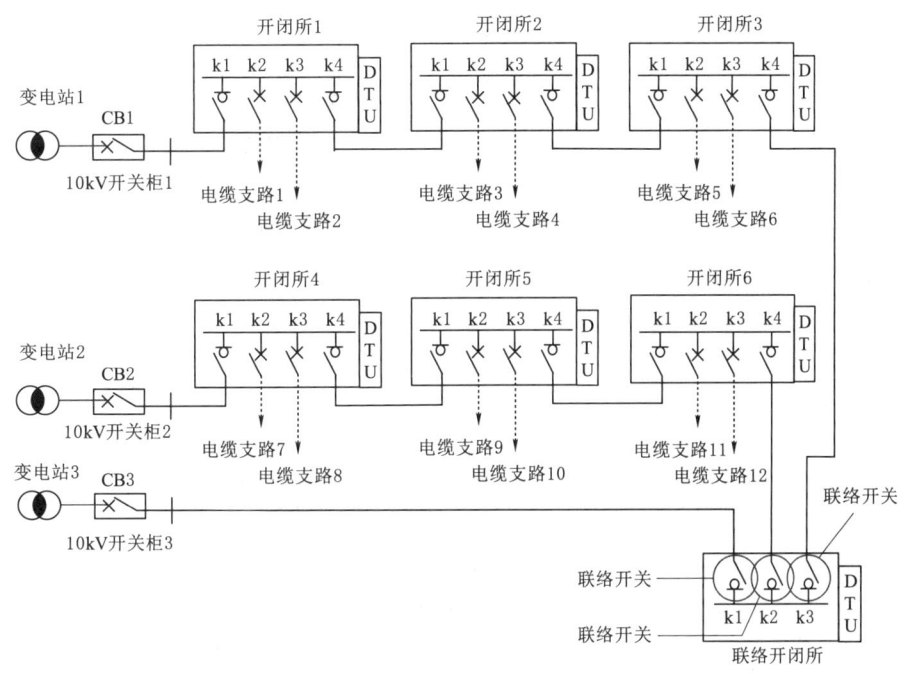

图 2.10　10kV 电缆线路 2 供一备电气接线图

$N$ 供一备接线主干线路由多个开闭所构成，与单环网接线一样都是典型的电缆线路接线。主干线路开闭所可按照其功能，分为分段环网节点、联络环网节点和普通环网节点。以图 2.10 为例，变电站 1 开关柜 1、变电站 2 开关柜 2 线路开闭所均为分段环网节点，变电站 3 开关柜 3 出线的线路上没有任何开闭所、分支或负载，3 回线路末端设置一个联络开闭所作为联络环网节点，其 k1、k2、k3 都是常开联络开关。$N$ 供一备接线的普通环网节点和电缆支路的功能和单环网接线一致，图 2.10 中未详细标明。

两种接线主要的区别在于联络点和备用线路的设置：单环网接线的所有线路都可以成为其他线路的备用电源，并为其负荷进行转供电；$N$ 供一备接线有一回专用线

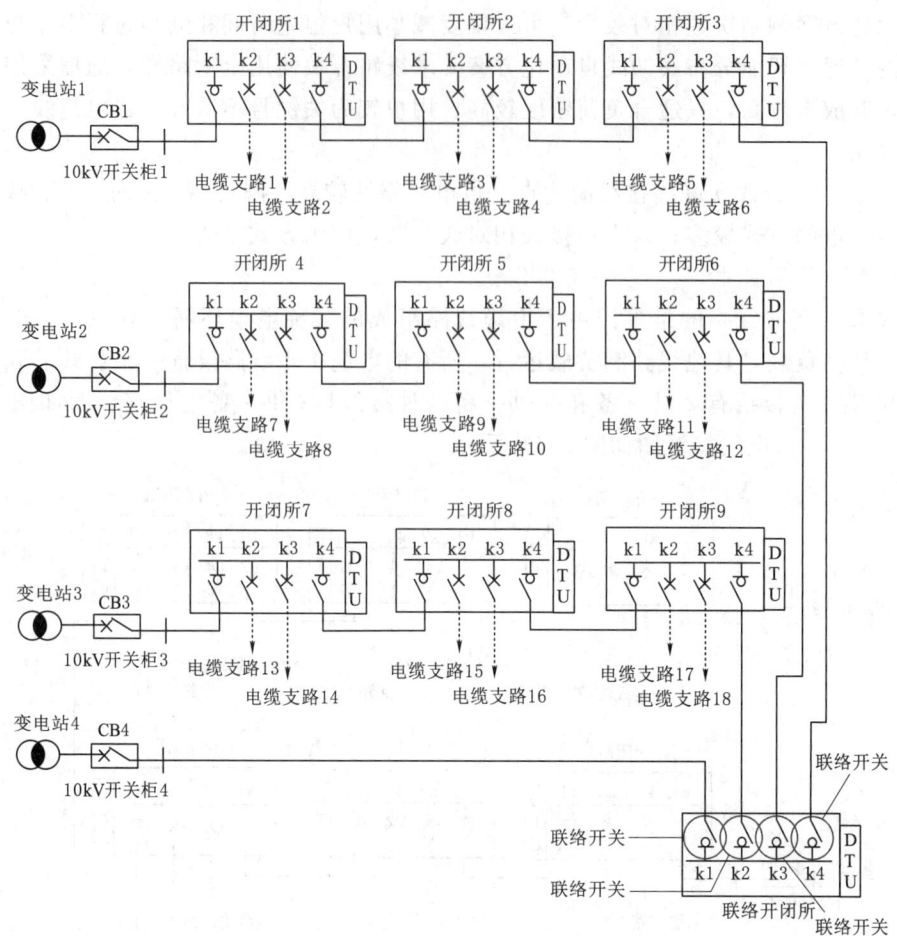

图 2.11 10kV 电缆线路 3 供一备电气接线图

路作为备用电源,并且有一个专用的联络节点。因此 $N$ 供一备接线转负荷操作较为明确,实际可转供能力较强且不受负荷分布的影响。

$N$ 供一备接线的配电网自动化方案,其在节点分类和功能设备、主干线分段、分段环网节点开关和终端配置要求、联络环网节点开关和终端配置要求、配电变压器的数量和监控单元功能等方面,与单环网接线设备布点原则与要求一致,配电网自动化系统选择就地电压型还是集中智能型馈线自动化模式由通信工况决定。如果经济条件、现场工况条件允许,通信满足要求,可配置智能分布式馈线自动化方案,要求所有开关均使用断路器,站所终端 DTU 要求也较高。

综上,$N$ 供一备接线的特点:优点为供电可靠性高,满足 $N-1$ 安全准则,设备利用率高,2 供一备可达 67%,3 供一备可达 75%;缺点是联络点受地理位置及负荷分布等因素的影响较大,组网相对困难。

#### 2.1.1.5 中压配电网其他类型主接线

双环网接线是我国一种典型的 10kV 配电网电缆线路接线,其接线示意图如图 2.12 所示。双环网接线的环网节点通常使用 10kV 单母线分段接线方式,每个母线分

2.1
10kV 配电网的接线方式

段带节点50%的负载。环网节点母联开关为常开状态,正常运行时双环网以两个独立的单环网接线运行;当一个单环网发生难以排除的故障时,系统将故障环网断开,同时环网节点母联开关闭合,由正常环网为所有负荷供电。双环网接线供电可靠性高,但其接线较为复杂,使用的电缆数量也比较多。在很多场合,双环网接线电缆敷设难度较大。实际工程应用角度上来说,双环网投资造价较高,适合用在负荷密度较大并且用户较为重要的地区。

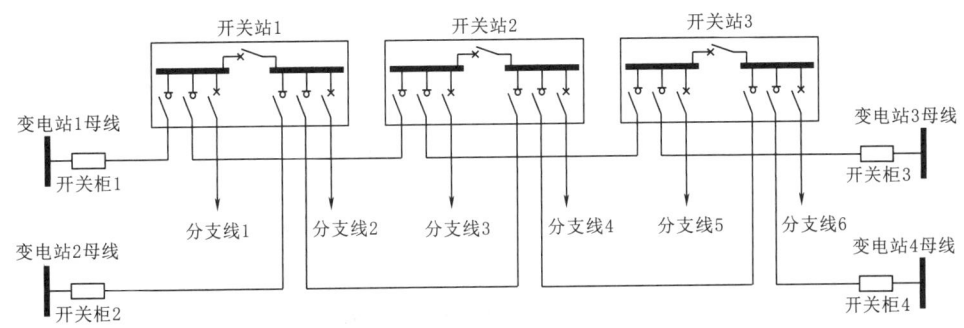

图2.12 双环网接线示意图

配电网"花瓣型"接线是新加坡使用的22kV配电网接线,其接线示意图如图2.13所示。

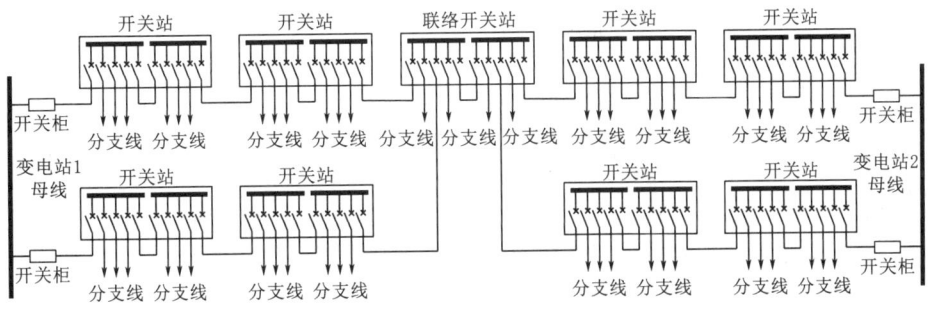

图2.13 "花瓣型"接线示意图

在城市各分区内,变电站每两回22kV馈线构成环网,形成花瓣结构,称为梅花状供电模型,不同电源变电站的每两个环网中间又相互连接,组成花瓣式相切的形状,其网络接线实际上是由变电站间单联络和变电站内单联络组合而成。站间联络部分开环运行,站内联络部分闭环运行。两个环网之间的联络处为最重要的负荷所在。

其优点是网架结构清晰明确,电网网络设计标准化;任意线路出现故障,故障点两端的负荷可实现快速转供,供电可靠性高;可满足 $N-1-1$ 要求。缺点是线路利用率低,线路负荷率需控制在50%以内,系统短路电流水平较高,二次保护配置比较复杂,对二次设备要求高,差动保护;价格昂贵,投资高。

### 2.1.2 10kV配电网接线选用原则

10kV配电网应根据变电站的位置,负荷密度和管理运行的要求,分成若干个供电区域,供电区域要求供电范围明确,做到正常运行时不交叉、不重叠。同时,供电范围应该随着负荷的增长，新增变电站、电源点。负荷密度的单位为 MW/km²，供电区域面积一般 5km²，在通常统计负荷密度时，应该扣除高压配电网专线的负荷，以及森林河流等无需供电的面积。供电区域划分见表 2.1，10kV 配电网接线选用原则可参考表 2.2。

表 2.1　　　　　供电区域划分表（负荷密度 $\sigma$，单位：MW/km²）

| 供电区域 | 中心城市（区） | | 城镇地区 | | 乡村地区 | |
|---|---|---|---|---|---|---|
| 地区级别 | A+ | A | B | C | D | E |
| 省会、主要城市 | $\sigma \geqslant 30$ | $15 \leqslant \sigma < 30$ | 市中心区或 $6 \leqslant \sigma < 15$ | 城镇或 $1 \leqslant \sigma < 6$ | 乡村或 $0.1 \leqslant \sigma < 1$ | 偏远山区 |
| 一般地级市 | — | $\sigma \geqslant 15$ | 市中心区或 $6 \leqslant \sigma < 15$ | 市区、城镇或 $1 \leqslant \sigma < 6$ | 乡村或 $0.1 \leqslant \sigma < 1$ | |
| 县（县级市） | — | — | $\sigma \geqslant 6$ | 城镇或 $1 \leqslant \sigma < 6$ | 乡村或 $0.1 \leqslant \sigma < 1$ | |

表 2.2　　　　　10kV 配电网接线选用原则表

| 供电分区 | 过渡接线 | 目标接线 |
|---|---|---|
| A 类 | 电缆："2-1"单环网<br>2 供一备 | 电缆："$n-1$"单环网（$n=2,3$）<br>$N$ 供一备（$n=2,3$）<br>开关站式双环网 |
| B 类 | 电缆："2-1"单环网<br>2 供一备<br>架空：$N$ 分段 $n$ 联络（$N \leqslant 6, n \leqslant 3$） | 电缆："$n-1$"单环网（$n=2,3$）<br>$N$ 供一备（$n=2,3$）<br>开关站式双环网<br>架空：$N$ 分段 $n$ 联络（$N \leqslant 6, n \leqslant 3$） |
| C 类 | 电缆：单辐射<br>"2-1"单环网<br>2 供一备<br>架空：$N$ 分段 $n$ 联络（$N \leqslant 6, n \leqslant 3$） | 电缆："$n-1$"单环网（$n=2,3$）<br>$N$ 供一备（$n=2,3$）<br>独立环式双环网<br>架空：$N$ 分段 $n$ 联络（$N \leqslant 6, n \leqslant 3$） |
| D 类 | 电缆：单辐射<br>"2-1"单环网<br>2 供一备<br>架空：单辐射<br>$N$ 分段 $n$ 联络（$N \leqslant 6, n \leqslant 3$） | 电缆："$n-1$"单环网（$n=2,3$）<br>$N$ 供一备（$n=2,3$）<br>架空：$N$ 分段 $n$ 联络（$N \leqslant 6, n \leqslant 3$） |
| E 类、F 类 | 架空：单辐射<br>$N$ 分段 $n$ 联络（$N \leqslant 6, n \leqslant 3$） | 架空：单辐射<br>$N$ 分段 $n$ 联络（$N \leqslant 6, n \leqslant 3$） |

**2.1.2.1　A+、A 类供电区域**

一般采用电缆线路双环网和 3 供 1 备两种接线方式。双环网可靠性和安全性能够实现高标准的供电安全可靠性，且经济性优于 $N$ 供 1 备接线方式，运行更加简单可靠，故为技术经济性综合最优接线方式。电缆线路 3 供 1 备接线方式适用于极少数负荷极大的供电区域，以满足负荷的安全转移的要求。

**2.1.2.2　B 类供电区域**

一般采用电缆线路单环网、3 供 1 备和架空线路 $N$ 分段 $n$ 联络三种接线方式。电缆线路单环网的供电可靠安全性明显优于架空线路 $N$ 分段 $n$ 联络，能够满足该类供电区域的供电要求，且经济成本也不高，便于改造扩展、运行难度小。电缆线路单环网接线为该区域技术经济性综合最优接线方式。

**2.1.2.3 C 类供电区域**

一般采用电缆线路单环网和架空线路 $N$ 分段 $n$ 联络、架空线路单辐射三种接线方式。架空线路 $N$ 分段 $n$ 联络和单辐射的经济成本差别不大，但具有更好的供电安全性，所以架空线路 $N$ 分段 $n$ 联络为该区域技术经济性综合最优接线方式。

**2.1.2.4 D、E 类供电区域**

对于 D 类供电区域，虽然架空线路 $N$ 分段 $n$ 联络的供电安全可靠性更高，但是经济成本远高于架空线路单辐射接线，而且单辐射接线便于改造扩展、运行难度小。因此，需要根据实际情况选择架空线路 $N$ 分段 $n$ 联络和单辐射接线。

### 2.1.3 低压配电网接线

低压配电线路指的是电压为 380V 和 220V 的电力线路，其中三相供电的是 380V，单相供电的是 220V。低压配电线路是由配电箱和低压线路组成，通常一个低压配电线路的容量在几十到几百千伏安，用于直接向低压用电设备输送电能，负责几十个用户的供电，是低压配电系统的重要组成部分。低压配电线路主要有两种典型接线：放射型接线和树干型接线。

**2.1.3.1 380V/220V 配电网放射型接线**

低压配电线路的放射型接线是指从变压器低压侧主配电箱开始，经过多级配电箱，分层布置的一种典型接线方式，如图 2.14 所示。

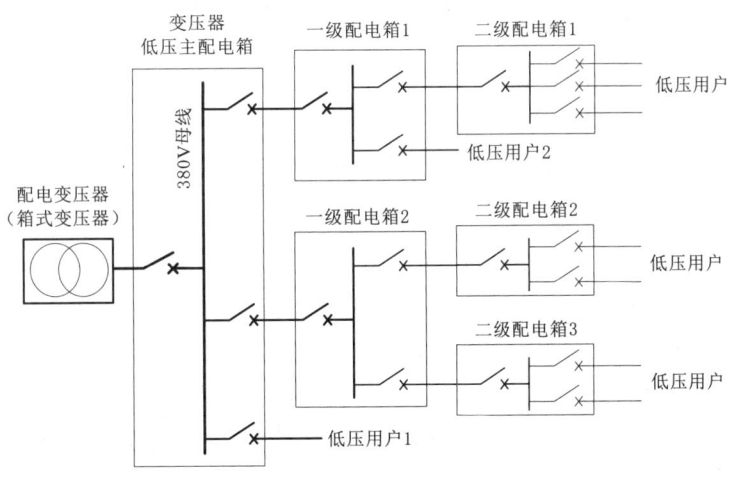

图 2.14 低压配电网放射型接线示意图

配电箱通常包含进线总开关和出线分开关，两者共用低压母线。各回出线发生故障时互不影响，同级配电线路在传输电能的过程相互独立，接线中没有共线，互不影响。即使一回配电线路发生故障而停电时，其他同级配电线路依然能正常供电，低压开关能够隔离故障线路。例如图 2.14 中低压用户 1 发生故障时，低压用户 1 的支路开关跳闸，一级配电箱 1 和 2 供电不受影响。如果低压用户 2 发生故障，则一级配电箱1内的低压用户2开关跳闸，其他用户和下一级配电箱不受影响。当二级配电箱1母线故障，则其进线开关跳闸，一级配电箱1其他用户不受影响。

低压线路包括低压架空绝缘线路、低压电缆线路和室内配电线路。功率较大的配电箱或用户使用的是三相电缆，功率和较小的用户使用的是单相电缆或绝缘导线。低压电缆线路不容易受到雷击等天气的影响，通常分布于地下以及建筑物电缆井、线槽内。若配电箱进线流入功率较高而每个支路功率较小，则配电箱由三相进线转为单相出线供电。

因此，放射型接线的优点是供电可靠性高，检修便利；缺点是线路金属消耗量大，开关设备较多；适用于负荷容量较大、分布较为集中或较为重要的用户。

#### 2.1.3.2　380V/220V配电网树干型接线

低压配电网树干型接线，是一种用户通过分支线或直接从主干线路取电的接线方式，如图2.15所示。其线路上的开关设备较少，运行灵活，接线简单，线路金属消耗量少，但是故障或检修影响范围较大。

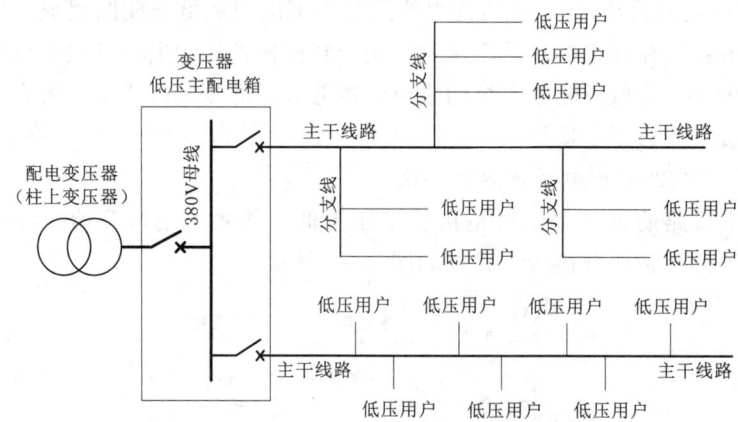

图2.15　低压配电网树干型接线示意图

树干型接线通常使用架空线路，其线路走廊较为灵活。低压架空线路宜采用绝缘线，同一台变压器供电的多回低压线路可同杆架设。主干线路通常为电线杆架空380V集束式四线结构；分支线路根据功率大小分为220V分相式或380V集束式，可通过电线杆、电线管道、民用屋檐走线等方式布置。

为了树干型接线有较强的适应性，其主干线宜按规划一次建成，同时中性线与相线截面宜相同，主干线、分支线的截面宜分别相同。同时供电距离应满足末端电压质量的要求，线路供电半径宜控制在要求内。以南方电网110kV及以下配电网规划技术指导原则（2016年）为例：A+、A、B类供电区要求主干线路长度小于200m，C、D类供电区要求主干线路长度小于250m，E类供电区要求主干线路长度小于300m，F类供电区要求主干线路长度小于500m。

#### 2.1.3.3　其他低压配电网接线

低压配电网其他接线方式包括混合式接线、低压环网接线等。

混合式接线是放射型与树干型的混合，适用于变压器容量较大，且用户分布不均的场合。例如某社区型住宅区小区,分为高楼单元和别墅片区。高楼负荷密度较大,使用放射型接线;别墅小区用户较为分散,使用树干式接线,两种接线连接到同一个配电变压器中。

低压环网接线使用多台变压器将低压电网组成环网结构,通过低压联络开关和电源切换开关等方式,大幅度减少用户的故障停电时间,低压线路的数据采集与监控系统可进一步提高用户的供电可靠性。低压环网接线的造价相对昂贵,低压智能开关、监控系统运维成本都比较高。随着我国经济的快速发展和生活水平的提高,已有部分城市开始探索低压环网接线的普及应用。

2.2 380V配电网的结构

【任务实施】

1. 实训准备

各类10kV配电网典型接线。

2. 实训内容及步骤

实训内容:完善10kV配电网接线节点开关并设计该接线的自动化方案。

根据某供电区域内的10kV配电网接线完成以下培训项目:

(1) 根据线路长度和负荷情况,结合配电网一次接线原则,完善该接线节点开关。

(2) 为完善后的10kV配电网设计合理的自动化方案。

3. 实训成果及考核评价

(1) 某供电区域10kV配电网典型接线图,占60%。

(2) 10kV配电网的自动化设计方案,占40%。

【思考与练习题】

1. 简述架空单辐射接线主干线路分段开关的配置原则。
2. 分析常见的单环网接线的优缺点。
3. 分析 $N$ 分段 $n$ 联络接线的各类馈线自动化方案的特点。
4. 请绘制电缆线路2供一备接线典型电气接线图。
5. 简述适用于B类供电区域的接线方式。
6. 分析低压配电网放射型接线的优缺点及适用范围。

## 任务2.2  了解配电网线路

【学习目标】

1. 认知10kV配电网架空线路和电缆线路。
2. 掌握10kV架空线路的结构和各部件的作用。
3. 能够分析对比电缆线路各类敷设方式的特点与差异。

【任务引入】

配电网线路是配电网的重要组成部分。了解配电网线路主要核心目标为掌握架空线路和电缆线路的组成和应用。学习内容包括架空线路的构成、架空线路的部件辨识、电缆线路的结构和敷设方式的认知。

【重点难点】

重点：架空线路和电缆线路的构成与各部件的作用。

难点：电缆线路的敷设方式与应用场合。

【知识学习】

### 2.2.1 10kV 配电网架空线路

配电网 10kV 架空线路主要指的是 10kV 架空明线，是一种将导线固定于杆塔上悬空架设、直接向用户供电的中压配电线路。

通常 10kV 架空线路每回线路上的分段点和分支线上都布置有柱上开关、跌落式熔断器设备等。在配电网络中分为主干线路和分支线路，主干线路和分支线路之间通过 T 接的形式连接，同时分支线路也可以用 T 接杆塔连接下一级分支线路。当主干线路较长，并且配电变压器较多时，应当使用分段结构。

主干线路的导线截面一般为 $120\sim240\text{mm}^2$，分支线截面一般不少于 $70\text{mm}^2$。为了提高线路走廊的利用率，城市配电网主要采用了同杆多回线路的架设方式，有双回、四回同杆架设，也有 10kV、380V 线路上下同杆架设。

架空线路具有造价低廉、架设简单、材料充足、维护方便、便于发现和排除故障点等优点。缺点是容易受外界干扰，例如交通事故、雷雨大风等恶劣天气的影响，供电可靠性相对较差，同时影响环境的美观。

10kV 架空线路结构如图 2.16 所示。架空线路由基础、杆塔、导线、绝缘子、横担、拉线、金具和其他附件构成。

#### 2.2.1.1 基础

10kV 架空配电线路基础，指杆塔地下起到支撑作用的部件，不包含接地装置，主要为水泥杆基础、钢管杆基础、窄基塔基础。水泥杆基础主要由底盘、卡盘和拉线盘等组成；钢管杆基础主要采用台阶基础；窄基塔基础主要采用有与杆塔安装螺丝孔位匹配的基础。基础作用主要是防止架空配电线路杆塔受力导致倾斜甚至倒塌。

#### 2.2.1.2 杆塔

杆塔的作用是支持架空导线和相关附件，使导线之间、导线对地保持安全距离。一般 10kV 架空线路无避雷线，所以杆塔主要是用来安装横担、绝缘子和架设导线等部件的。

10kV 架空线路按材质不同可分为水泥杆、钢管杆以及铁塔等，按用途分类可分为直线杆塔、耐张杆塔、转角杆塔、终端杆塔、分歧杆塔、T 接杆塔和跨越杆塔 7 种基

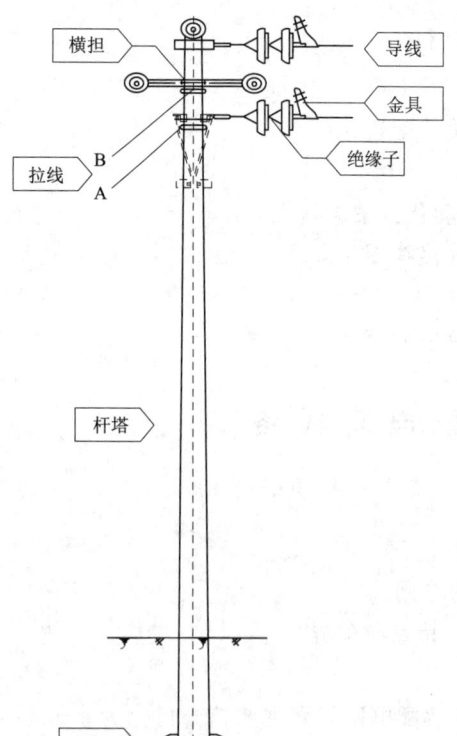

图 2.16 10kV 架空配电线路结构示意图

本形式。图 2.17 显示了其中几种杆塔的用途。

图 2.17 10kV 配电网架空线路实训场几种杆塔案例

1. 直线杆塔

直线杆塔是线路中用得最多的一种杆塔，承受导线的重力与一定的风力。当一侧发生断线时，承受由此产生的导线不平衡张力。

2. 耐张杆塔

耐张杆塔又称承力杆塔，除承受与直线杆塔相同的荷载外，还承受导线的不平衡张力。在断线故障情况下，防止整个线路杆塔被导线拉倒，将倒杆、断线限制在两个耐张杆塔之间的距离内。10kV 架空线路的耐张段长度一般为 1~2km，可根据具体情况适当地增加或缩短耐张段的长度。

3. 转角杆塔

转角杆塔用于线路转角处，既承受导线的重力和内角角平分线方向的张力的合力。转角杆的安装位置根据现场工况确定，一般选择在便于检修作业的位置。

4. 终端杆塔

终端杆塔通常位于线路首、末段端，例如变电站 10kV 出线电缆线路和架空线路转换的位置，以及单辐射接线的线路末端。它是一种能承受单侧导线荷载和风力，以及单侧导线张力的杆塔。

5. 分歧杆塔

分歧杆塔用于同杆多回线路，分支为不同方向的线路。例如线路 1 和线路 2 同杆架设，经过分歧杆塔后线路 1、线路 2 都变为单杆单回架设，并朝不同方向供电。

6. T 接杆塔

T 接杆塔用于架空线路分支点，例如主干线路和分支线用的就是 T 接杆塔。T 接杆塔与分歧杆塔不同之处：T 接杆塔分支线路为同一回线路的主干线与分支线，而分歧杆塔仅用于不同回线路走向的分支。

7. 跨越杆塔

跨越杆塔一般用于当线路跨越公路、铁路、河流、山谷、电力线、通信线等情况。部分跨度较大或容易水灾的位置，甚至使用更高电压等级的杆塔作为跨越杆塔，并布置架空避雷线。

#### 2.2.1.3 导线

架空配电线路经常受到风、雨、雷电、冰雪等气候的影响，以及空气中各种化学杂质的侵蚀，因此要求导线应有一定的机械强度和耐腐蚀性能。目前新建10kV架空配电线路都使用了架空绝缘线，并对旧线路的裸导线进行改造。

#### 2.2.1.4 绝缘子

绝缘子用于固定架空导线，并使导线之间、导线与横担、导线对地都保持绝缘。绝缘子还承受导线的重力和水平拉力，因此要求有一定的绝缘强度和机械强度。常用的绝缘子有针式绝缘子、悬式瓷绝缘子、瓷横担绝缘子、柱式绝缘子、棒式绝缘子、拉线绝缘子。

1. 针式绝缘子

10kV针式绝缘子主要用于直线杆塔或角度较小的转角杆塔上，导线采用扎线绑扎，使其固定在绝缘子槽中。针式绝缘子既有高压、低压之分，也有长杆、短杆的类型之分。

2. 悬式瓷绝缘子

悬式瓷绝缘子主要用于架空配电线路耐张杆塔，10kV架空线路可采用两片组成绝缘子串。悬式瓷绝缘子金属按照附件连接方式，分球窝型和槽型两种类型。

3. 瓷横担绝缘子

瓷横担绝缘子通常用于10kV线路直线杆塔，可以用于代替针式、悬式绝缘子及铁横担。瓷横担绝缘子具有安全可靠、维护简单、节省材料等优点。

4. 柱式绝缘子

柱式绝缘子用途与针式绝缘子大致相同，抗污闪能力强，在配电线路上应用非常广泛。

5. 棒式绝缘子

棒式绝缘子主要用于耐张杆塔、终端杆塔或分支杆塔，可以代替悬式绝缘子使用，结构为外胶装实心磁体。

6. 拉线绝缘子

拉线绝缘子的主要作用是防止拉线因故障或意外情况带电，以悬式绝缘子为主，也有部分拉线使用复合绝缘子。

#### 2.2.1.5 横担

10kV架空配电线路的横担装设在电杆的上端，用来安装绝缘子、固定开关设备。按材质可分为木横担、铁横担和瓷横担等；按受力可分为直线横担、转角横担和耐张横担等。

直线横担在正常未断线情况下，承受导线的重力和一定风力；耐张横担除了承受导线重力和风力外，还将承受导线的拉力差；转角横担同时承受导线重力、风力和单个方向较大的导线拉力。横担一般安装在距杆顶200mm处，直线横担与导线方向垂直，转角杆、终端杆、分支杆的横担应装于拉线侧，以达到受力平衡。

#### 2.2.1.6 拉线

拉线的作用是平衡杆塔各方向的拉力，防止电杆弯曲或倾倒，终端杆塔和转角杆塔应用较多。为防止杆塔被风力刮倒或冰雪重力破坏，或在土质松软的地区增强杆塔的稳定性，直线杆塔上通常也会每隔一定距离装设防风拉线。10kV配电网中，常见的拉线有普通拉线、人字拉线两侧拉线、四方拉线、水平拉线、V型拉线、弓形拉线、双杆共用拉线，部分情况不便于安装普通拉线可以装设撑杆。

#### 2.2.1.7 金具

10kV架空线路中，金具用于绝缘子连接成串、横担在电杆上的固定、绝缘子与导线的连接、导线与导线的连接、拉线与杆桩的固定等，是电力线中重要的附件。10kV配网金具按性能和用途，可分为悬垂线夹、耐张线夹、连接金具、接续金具、保护金具、拉线金具。

1. 悬垂线夹

悬垂线夹也称支持金具，用于将导线固定在绝缘子串上，也可用于耐张杆塔、转角杆塔固定绝缘子之间的跳线。

2. 耐张线夹

耐张线夹又名紧固金具，作用是将导线固定在耐张绝缘子串上，用于非直线杆塔，例如耐张杆塔、转角杆塔、终端杆塔。

3. 连接金具

连接金具用于将悬式绝缘子组装成串，并悬挂在杆塔的横担上，可分为专用连接金具和通用连接金具两类。专用连接金具用来直接连接绝缘子，其连接部位的结构尺寸应当与绝缘子相配合。通用连接金具，用于绝缘子组成串与杆塔横担固定、绝缘子串与线夹之间的连接、杆塔拉线的固定等。

4. 接续金具

接续金具主要用于10kV架空线路导线的接续，分为承力接续、非承力接续两种类型。承力接续金具用于导线连接，包括液压管、爆压管、钳压管、预绞丝补修条；非承力接续金具主要有并沟线夹、跳线线夹等。

5. 保护金具

保护金具作用主要是保护10kV架空线路的电气和机械部分不受损害，分电气和机械两大类。机械类保护金具是为了防止导线因受震动而造成断线，主要有防震锤、护线条、预绞丝、铝包带、间隔棒和重锤等。电气类保护金具主要有均压环等，配电线路很少使用。

6. 拉线金具

拉线金具主要是固定拉线杆塔，包含从杆塔顶端至地面拉线之间的所有零件。常用的拉线金具种类有钢丝卡子、楔形线夹、UT线夹、拉线用U形挂环、拉线抱箍等。

#### 2.2.1.8 其他附件

1. 抱箍

抱箍是一种利用紧抱、箍住来固定的紧固件，一般由两片半圆形构件对合而成，主要原材料为扁钢。抱箍有多种类型：杆顶支座抱箍、电缆抱箍、横担抱箍、拉线抱箍等。

**2. M型垫铁**

M型垫铁用于辅助角钢类横担与电杆连接，防止横担吃力滑脱、歪曲，起固定作用。M型垫铁主要材料为扁铁，其规格根据安装电杆位置确定。

**3. 驱鸟器**

电力工人在清理线路时，发现有的鸟窝材料中有金属线材，容易造成接地故障。鸟类排泄物掉落在绝缘子串上也会造成污染，严重时会导致绝缘子漏电。有些鸟类是保护动物不能受到伤害，这就造成了鸟与电的矛盾。解决鸟电矛盾通常使用风车驱鸟器，安装横担上的驱鸟器，利用小型旋转风车避免鸟类在杆塔上筑巢，迁徙的鸟类可以在绝缘导线上休息。

### 2.2.2　10kV配电网电缆线路

10kV电缆线路是一种地下的配电线路，由电缆本体、电缆接头、电缆终端等组成。电缆具有多层结构，内层导线用于传输电流，外部多层结构用于绝缘、屏蔽与外力保护。

电缆线路的优点是敷设在地下，基本上不占用地面空间，供电可靠性高并且适用于特殊场合。对于跨度较大、不宜架设架空线的过江、过河线路的情况，为了避免架空线对船舶通航或无线电造成干扰，或国防和军事工程为了避免目标暴露，都应当使用电缆线路。

电缆线路的缺点主要是建设投资费用较高、电缆线路故障查找和修复时间相对较长、电缆不容易延长与分支、城市地下管线越多越不容易新建和改造。

以下将从10kV电缆结构、线路敷设、电缆附件介绍10kV电缆线路。

#### 2.2.2.1　10kV电缆结构

10kV电缆结构可以分为导体层、半导体层、电屏蔽层、绝缘层、缓冲层、外力保护层。

**1. 导体层**

导体层一般使用铜导体和铝导体，作用就是传输电能。电缆的生产和敷设过程中，经常需要弯曲，为满足电缆的柔软性要求，10kV电缆导体层通常由多根小直径导体绞合而成。

**2. 半导体层**

半导体层通常布置在导体层和绝缘层之间，电阻率很低且较薄，作用是改善电缆导体和绝缘层之间电场分布，避免因电场突变导致绝缘击穿。

**3. 电屏蔽层**

位于主绝缘体外，使导体和绝缘界面表面光滑，消除空隙对电性能的影响，避免在导体与绝缘层之间发生局部放电。

**4. 绝缘层**

绝缘层一般使用交联聚乙烯，具有绝缘电阻高、导体电流较高时本层发热低、在较高的击穿脉冲电压的情况下不容易丧失电绝缘能力、具有一定的柔软性和机械强度、绝缘性能长期稳定等优点。

5. 缓冲层、外力保护层

缓冲层主要为各类胶带和填充物，保护层包括外力保护层和防腐蚀层。外力保护层采用金属铠装的结构；防腐蚀层使用耐酸碱材料构成，常见的材料为耐酸碱橡胶。

**2.2.2.2　电缆线路的敷设要求**

10kV 电缆敷设是指电缆线路安装与布置的过程，基本要求包括路径选择、弯曲半径、温度、电缆排列方面。

(1) 电缆的路径选择：应避免电缆遭受机械性外力、过热、腐蚀等危害；满足安全要求条件下，应保证电缆路径最短；应便于敷设、维护；宜避开将要挖掘施工的地方。

(2) 电缆弯曲半径要求：根据电缆绝缘材料和护层结构不同，以电缆外径的特定倍数作为最小弯曲半径，避免过度的弯曲将造成绝缘层和护套的损伤。

(3) 电缆敷设温度的要求：由于电缆的绝缘在低温时会变脆，所以施放电缆时应注意温度的限制，电缆的敷设温度最好高于 5℃。

(4) 电缆排列的要求：电缆之间应当有一定距离；电缆沟支架层数受通道空间限制时，可排列于同一支架上。

**2.2.2.3　电缆线路的敷设方式**

电缆的敷设方式主要有：直埋敷设、排管敷设、电缆沟敷设、电缆隧道敷设、水底电缆敷设。

1. 直埋敷设

(1) 适用范围和特点：直埋敷设是将电缆直接埋在地下，具有投资小、施工方便和散热条件好等优点，是最经济而广泛采用的一种敷设方法。并排敷设的电缆之间需有一定的砂层间隔，以便提高供电的可靠性。直埋敷设不适用于沿海地区，这是由于埋于地下的电缆易受地中腐蚀性物质的侵蚀，且查找故障和检修电缆不便，特别是在寒冷地区冬季，土壤冻结时事故抢修难度很大。直埋敷设适用于地下无障碍、土壤中不含严重酸、碱、盐腐蚀性介质、电缆根数较少的场合，如郊区或车辆通行不太频繁的地方。

(2) 直埋敷设技术要求：

1) 直埋电缆一般应选用铠装电缆，周围泥土应不含有腐蚀电缆金属包皮的物质。

2) 电缆表面距地面的距离应不小于 0.7m，冰冻地区可适当加大埋设深度，使电缆埋于冻土层以下。引入建筑物或与地下障碍物时可浅一些但不小于 0.3m，且应采取保护措施。

3) 直埋敷设电缆前，应在开挖沟道里铺 100mm 的软土或砂层，电缆敷好后上面再铺 100mm 的软土或砂层，沿电缆全长盖上混凝土保护板，覆盖宽度应超出电缆两侧 50mm。在特殊情况下，也允许用砖代替混凝土保护板。

4) 为便于检修，禁止将电缆敷设在其他市政设施、管道或地下通路的上方或下方，也禁止将一条电缆敷设于另一条电缆的上方。

2. 排管敷设

(1) 适用范围和特点：排管敷设支持在市区街道敷设多条电缆，在不宜建造电缆沟和电缆隧道的情况下，也可采用排管敷设。排管敷设具有下列优点：减少了对电缆的外力破坏和机械损伤；消除了土壤中有害物质对电缆的化学腐蚀；检修或更换电缆迅速方便；随时可以敷设新的电缆而不必挖开路面。

图 2.18 为排管敷设示意图，排管敷设由埋在地下的电缆排管、电缆井和电缆线路构成，每个电缆管道一般只通过一回电缆线路。

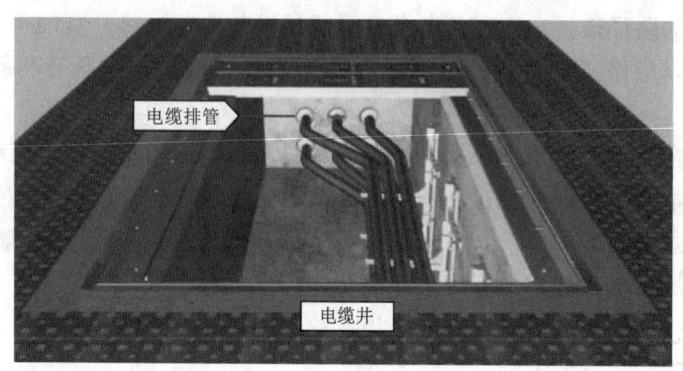

图 2.18　10kV 电缆线路的电缆井和电缆排管

(2) 排管敷设技术要求：

1) 排管应使用对电缆金属包皮没有化学作用的材料做成，排管内表面应光滑，管的内径不小于电缆外径的 1.5 倍，且不小于 100mm。

2) 为便于检查和敷设电缆，每隔一段距离应设置电缆井，电缆井内电缆使用电缆支架作为支撑，电缆井使用金属盖保护。

3. 电缆沟敷设

(1) 适用范围和特点：电缆沟敷设适用于市区街道有足够地下空间、并且负荷密度较大，适合敷设多回 10kV 电缆的情况，也可用于发电厂、变电站内线路布置，但地下水位太高的地区不宜采用电缆沟敷设。电缆沟的形式有两种：普通电缆沟和充沙电缆沟，一般可采用普通电缆沟，在有比空气密度大的爆炸介质和火灾风险的场所可采用充沙电缆沟。变电站 10kV 出线一般通过电缆沟接到外部，有利于避免变电站出口杆塔过多的问题，如图 2.19 所示。

(2) 技术要求：

1) 普通电缆沟电缆可直接放在沟底或用电缆支架承托。

2) 充沙电缆沟内，电缆平行敷设在沟中，电缆间净距不小于 35mm，层间净距不小于 100mm，中间填满沙子，充沙电缆沟内可以不用安装电缆支架。

3) 电缆沟的全长应装设连续的接地线，接地线与接地极相连。

4. 电缆隧道敷设

(1) 适用范围和特点：电缆隧道敷设维护检修方便，在运行中异常现象较容易发现，又不易受外界的各种损伤，同时能容纳较多的电缆。适用于地下水位低，10kV

## 任务 2.2　了解配电网线路

图 2.19　变电站 10kV 通常使用电缆沟出线

电缆线路较集中的电力主干线，一般敷设大截面电缆 30 根以上。由于电缆隧道空间较大，巡检工作人员可以驾驶检测电缆小车进行巡线与检修。

（2）电缆隧道敷设技术要求：

1）电缆在隧道内，电缆布置应保持最小安全距离。

2）电缆在隧道的全长应装设连续的接地线，接地线与接地极相连。

3）电缆在隧道应有良好的通风和排水设施。

5．水底电缆敷设

水底电缆敷设适用于无桥梁和隧道的地段，例如需要跨海的情况，一般 10kV 线路用得比较少。其技术要求如下：

（1）水底电缆应是整根敷设，当要求长度超过厂家的制造能力时，可采用软接头连接。

（2）水底电缆应敷设于河床稳定及河岸很少受到冲损的地方。

（3）水底电缆的敷设，必须平放水底，宜埋入河床或海底 0.5m 以下。

（4）水底电缆平行敷设时的间距不宜小于最高水位水深的 2 倍。

（5）水底电缆引到岸上的部分应穿管或加保护盖板等保护措施。

（6）电缆线路与小河或小溪交叉时，应穿管或埋在河床下足够深处。

### 2.2.2.4　电缆附件

电缆附件主要是电缆接头，包括中间接头、终端接头安装等。由于装置地区的环境条件不同，电缆接头有很多形式。

1．电缆中间接头

目前城市电缆化率正在提高，部分城区电缆化率已经超过 95%，10kV 线路电缆化是城市发展的必经之路，但是大部分城镇的电缆在普及的过程中，由于长度、分布等问题，需要制作电缆中间接头将两端电缆连接。电缆中间接头的制作质量，极大地影响了电缆线路的安全运行。10kV 电缆中间接头均采用冷缩电缆中间接头进行制作，中间接头制作质量受施工人员的技术水平、有效的旁站监督机制影响较大。

## 2. 电缆终端接头

电缆终端接头是装配到电缆线路的首末端,用于完成与其他电气设备连接的装置,有户外终端头、户内终端头、肘形终端头等。电缆终端接头集防水、应力控制、屏蔽、绝缘于一体,具有良好的电气性能和机械性能,能在各种恶劣的环境条件下长期使用,具有重量轻、安装方便等优点。

【任务实施】

1. 实训准备

某 10kV 工程线路路径平面示意图。

2. 实训内容及步骤

实训内容:完善某 10kV 工程线路路径平面示意图。

根据 10kV 工程线路路径平面示意图完成以下培训项目:

(1) 在平面示意图上完善杆型。
(2) 在平面示意图上完善导线。
(3) 在平面示意图上完善 10kV 拉线。
(4) 根据示意图补充内容,完善 10kV 工程材料清册。

3. 实训成果及考核评价

(1) 完成某 10kV 工程线路路径平面示意图,占 70%。
(2) 完善 10kV 工程材料清册,占 30%。

【思考与练习题】

1. 简述 10kV 配电线路组成元件。
2. 按照在线路中位置和作用,杆塔可分为哪几种?
3. 10kV 配电线路的绝缘子有什么作用,对其有什么要求?
4. 简述 10kV 电缆线路的优缺点。
5. 简述电缆的敷设方式和特点。

# 任务 2.3 认知配电网开关设备

【学习目标】

1. 认知 10kV 柱上断路器、跌落式熔断器、柱上负荷开关等配网架空开关。
2. 掌握开闭所与环网柜等电缆线路设备的应用。
3. 熟悉低压配电网断路器与非灭弧开关。

【任务引入】

断路器、跌落式熔断器、负荷开关、环网柜与开闭所是 10kV 配电网典型开关设备,广泛应用于中压配电网保护,也是馈线自动化的关键一次设备;低压配电开关是用户侧常见设备。本任务内容为中低压配电网开关的认知、辨识和应用。

【重点难点】

重点:断路器、负荷开关、开闭所与环网柜的应用。

难点:负荷开关与断路器的异同。

【知识学习】

## 2.3.1 断路器

断路器是一种带有灭弧功能的开关装置，能够关合、承载、开断正常工作条件下的电流，并在规定的时间内承载和开断异常情况下的电流。断路器在分断故障电流后一般不需要更换零部件，在配电网中得到了广泛的应用。

10kV 断路器一般安装于变电站 10kV 出线柜内，也可在重要场合取代负荷开关，安装于开闭所、环网柜中，或作为柱上断路器使用。

### 2.3.1.1 断路器型号及技术参数

断路器型号由名称、安装条件、设计序号、额定电压、派生型号、额定电流、额定容量等参数组成。10kV 断路器主要有六氟化硫断路器和真空断路器，六氟化硫断路器灭弧介质是六氟化硫，真空断路器灭弧介质是真空。

以 ZN63B-12/1250A-31.5kA 断路器为例，其主要参数有：

（1）额定电压：指的是断路器所能承受的正常工作电压（12kV），是三相线电压，并在铭牌上予以标明。额定电压为所在系统的最高电压，系统最高电压指当系统正常运行时，在任何时间内，系统中任何一点上所出现的电压最高值，不包括系统的暂态和异常电压，例如系统操作所引起的暂时和瞬时的电压变化。

（2）标称电压：断路器所使用环境的线路工作电压，例如 10kV 系统。

（3）额定电流：断路器在规定环境温度下，可以长期通过的最大工作电流（1250A）。断路器长期通过额定电流时，断路器导电回路各部件的温升均不得超过允许值。额定电流的大小决定了断路器的发热程度，因而决定了断路器触头及导电部分的截面，并在一定程度上决定了它的结构。

（4）额定短路开断电流：断路器在额定电压下能可靠切断的最大电流（31.5kA）。断路器的额定开断电流标明了它的断流能力，断流能力是由断路器的灭弧能力和承受内部气体压力的机械强度所决定的。

（5）动稳定电流：指断路器在合闸位置时所允许通过的最大短路电流，又称极限通过电流（80kA）。短路暂态过程中，电流会出现与相角相关的峰值，由此产生巨大瞬时电磁力（电动力），虽然电流持续时间较短所以热效应不明显，但是对设备的受力能力提出一定要求。断路器在通过这一短路电流时，不会因瞬时电磁力的作用而发生任何的机械损坏。动稳定电流表明了断路器承受电磁力的能力，此电流的大小由导电部分和绝缘部分的机械强度来决定。动稳定度与电磁力、短路冲击系数是有关设计选型时的关键指标。

（6）热稳定电流：是断路器在规定时间内允许通过的短路电流稳态值（31.5kA），一般用有效值来表示。短路电流会使导电部分发热，其热量与电流的平方成正比。所以当断路器通过短路电流时，有可能使触头熔焊直至损坏断路器。因此断路器规定了在一定的时间内（1s，4s，5s，10s）的热稳定电流。热稳定电流标明了断路器承受短路电流热效应的能力，与短路电流最大有效值有关。

### 2.3.1.2 10kV 断路器选型原则

断路器选型原则与工作电压、最大短路电流、线路的负载电流、动稳定度与静稳定度等要求有关。

(1) 断路器的额定电压必须大于线路的工作电压。

(2) 断路器的额定短路通断能力大于线路中可能出现的最大短路电流。

(3) 断路器的额定电流大于线路的负载电流。

(4) 动稳定度与静稳定度校验必须满足要求。

**2.3.1.3** 10kV 开关柜

10kV 开关柜又称 10kV 成套开关或成套配电装置，是以断路器为主的电气设备。将一次主接线设备和有关的高低压电器以及母线、载流导体、绝缘子等装配在封闭的或敞开的金属柜体内，作为配电网中送出电能的装置，简称开关柜。一次主接线设备包括断路器、隔离开关、互感器、避雷器等，有关的高低压电器包括控制电器、保护电器、测量电器。10kV 开关柜是配电网线路任意典型接线的起始端，其结构如图 2.20 所示。

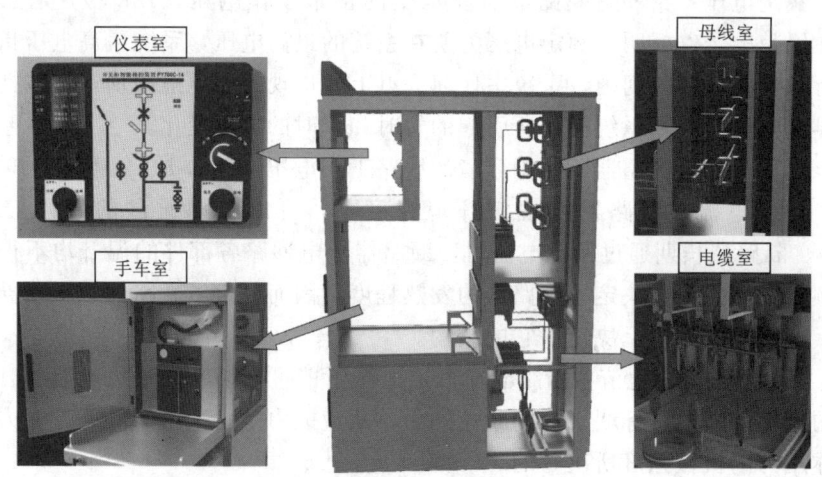

图 2.20 10kV 开关柜结构示意图

开关柜由固定的柜体和可抽出部件两大部分组成，固定件包含母线室、手车（断路器）室、电缆室和继电器仪表室，可抽出部件为手车室。

1. 母线室

一般布置在柜体的背面上部，用于安装布置 10kV 三相交流母线，通过支路实现与开关设备静触头连接。母线通常用绝缘套管塑封，在母线穿越开关柜隔板时，用母线套管固定。如果出现内部故障电弧，能限制事故蔓延到相邻开关柜，并能保障母线的机械强度。

2. 手车（断路器）室

手车室内安装了特定的断路器导轨，供断路器手车在导轨上活动，手车能在工作位置、试验位置之间灵活移动。手车室的后壁上安装有静触头的隔板，是一种活门结构。手车从试验位置移动到工作位置过程中，隔板自动打开；反方向移动手车则完全复合，保障了操作人员不触及带电体。

3. 电缆室

一般位于开关柜后舱，母线室下方。用于安装电流互感器、接地开关、避雷器、零序互感器以及电缆等附属设备，并在其底部配制开缝的可卸铝板，以确保现场施工的便捷。部分开关柜的电缆室安装于手车室下方，也有电流互感器、避雷器安装于母线室的情况。

4. 继电器仪表室

外面板上安装有微机保护装置、操作把手、保护出口压板、仪表、状态指示灯等；开关柜内部的继电器室，安装有端子排、微机保护控制回路直流电源开关、微机保护工作直流电源、储能电机工作电源开关，以及特殊要求的二次设备。

#### 2.3.1.4 10kV 柱上断路器

10kV 柱上断路器一般安装于 10kV 架空线路上，能够关合、承载和开断正常条件下负载电流，并在规定的时间内承载和开断异常条件下电流的机械。适用于 10kV 架空线路单辐射接线和 $N$ 分段 $n$ 联络接线，用于主干线路分段点、重要支线或故障高发支线与主干线路 T 接点，可在重要用户场合取代柱上负荷开关用。此外，智能分布式馈线自动化方案要求架空线路所有开关均为断路器，因此 10kV 柱上断路器应用广泛。

其特点是具有良好的密封性能，是一种免维护设备。配备航空插座，便于与馈线终端 FTU 联合实现遥控、遥信、遥测"三遥"功能。内部集成电流互感器，并使用六氟化硫气体或真空作为灭弧方式。具有电动机储能和手动储能功能，能同时完成远方分合闸、就地按钮分合闸、壳体手动分合闸的切换。采用独特的硅橡胶套管作为进出线结构，使套管之间绝缘距离充裕，运行安全可靠。10kV 柱上断路器可分为基本型和一体型，图 2.21 为一体型。

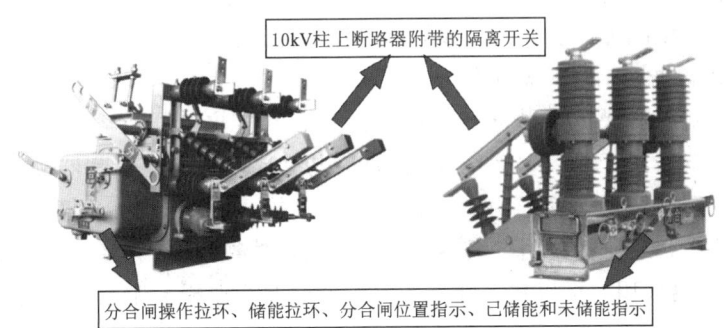

图 2.21 10kV 柱上断路器

### 2.3.2 跌落式熔断器

#### 2.3.2.1 跌落式熔断器及其应用

跌落式熔断器是一种应用于 10kV 架空线路上的保护开关，如图 2.22 所示，通常用在线路分支点以及配电变压器入口处。跌落式熔断器主要用于 10kV 架空线路单辐射、$N$ 分段 $n$ 联络接线中，由熔断器和底座构成，也有部分熔断器安装于环网柜体内与负荷开关配合。

2.5 认知 10kV 配电网断路器

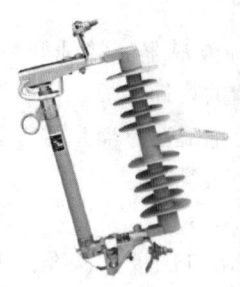
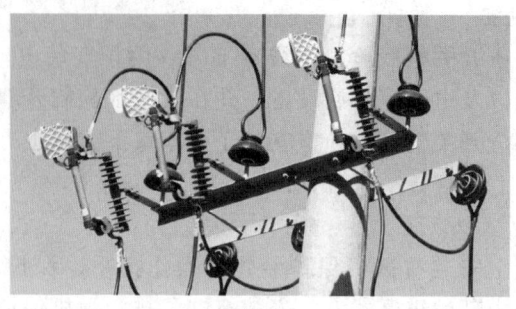

图 2.22 10kV 跌落式熔断器

跌落式熔断器可安装在配电变压器的 10kV 高压侧，提供过载和短路保护；可安装在城镇配电网的分支路上；也可以安装在农村、山区等线路偏长、部分容易发生故障的分支线上，作为继电保护装置的辅助设备。

跌落式熔断器不但具有断开故障电流的能力，并且在正常检修时有一个明显的开断点，使其具备了隔离开关的特性，为线路和设备的检修提供了一个安全可靠的工作环境。它具有操作方便、经济适应能力强等特点，在配电网中得到了广泛的应用。

**2.3.2.2 跌落式熔断器的参数和选型**

1. 跌落式熔断器的主要技术参数

（1）额定电压：分断状态下两端之间、端口与地面之间能够长期承受的电压。

（2）额定电流：熔断器能够长时间通过的电流，其值主要由其材料温升特性来决定的。该参数要求熔断器长期工作时，不至于出现元件明显的老化现象。熔断器的触头结构和接触能力，也是影响其额定电流的因素之一。

（3）开断能力：指熔断器在出现过负荷电流或短路电流的时候断开的能力，衡量熔断器保护设备情况下，能开断最大短路电流的能力。

2. 跌落式熔断器的选择原则

（1）配电变压器保护用跌落式熔断器选择：对配电变压器容量为 100kVA 以下的，其高压侧熔断器可按 2～3 倍变压器额定电流选用，但是熔断器额定电流最小不得小于 10A；配电变压器容量为 100kVA 及以上的，可按 1.5～2 倍额定电流选择跌落式熔断器。多台变压器共用一组熔断器时，熔断器额定电流按各变压器额定电流之和的 1.0～1.5 倍选用。可以按熔断器的安秒特性曲线选择，如无特性曲线可按表 2.3 规定选用。

表 2.3 变压器与跌落式熔断器配置表

| 变压器容量/kVA | 80 及以下 | 100～160 | 200 | 250～315 | 400 | 500 | 630 | 800 |
|---|---|---|---|---|---|---|---|---|
| 熔断器额定电流/A | 10 | 15 | 20 | 30 | 40 | 50 | 63 | 80 |

（2）支线路干线过负荷保护：一般按分支线路最大负荷电流选择熔丝的额定电流，熔断时间应小于变电站出线开关电流保护装置的整定值。同时为保证各熔丝相互之间的选择性，熔丝的额定电流最少应相差一级。

**2.3.2.3 跌落式熔断器工作原理**

跌落式熔断器依靠熔体的特性，在电路出现故障时电流流过熔体产生的热量将熔体熔断，并依靠重力跌落，起到保护设备的作用。跌落式熔断器在安装维护正常的情况下，不会出现拒动情况，可靠性较高，其中限流式熔断器可在 10ms 内开断电路。

跌落式熔断器通过其熔体内部结构和外部卡钩结构，熔体上端处于紧封状态，其工作原理：当短路电流通过熔体内部时产生电弧，熔体管内衬的材质在电弧作用下产生大量的气体，因熔体管上端紧封，气体向下端喷出吹灭电弧。熔体熔断并且上下动触头失去熔丝的缩进能力，在熔体管自身重力和上、下静触头弹簧片的作用下，熔丝管迅速跌落，使电路断开，切除故障段线路或者故障设备。

**2.3.2.4 跌落式熔断器操作注意事项**

一般情况下不允许跌落式熔断器带负荷操作，只允许其操作空载线路或设备。但在农村配电网 10kV 配电线路分支线和额定容量小于 200kVA 的配电变压器支路，允许按下列要求带负荷操作：

（1）操作时由两人进行，一人为作业监护人，另一人为操作员。必须穿戴经试验合格的绝缘手套、绝缘靴、戴护目眼镜，使用合格且匹配电压等级的绝缘棒进行操作。操作必须在允许的天气下进行，禁止在雷电或者大雨等气候下操作。

（2）在拉闸操作时，一般规定为先拉断中间相，再拉背风的边相，最后拉断迎风的边相，这是因为配电变压器结构决定。首先，由三相运行改为两相运行，中间相断开时所产生的电弧火花最小，不容易击穿造成相间短路。其次，拉断背风边相时，中间相已被拉开，背风边相与迎风边相的相间距离增加了一倍，即使有过电压产生，造成相间短路的可能性也很小。最后，拉断迎风边相时，仅有对地的电容电流，产生的电火花则已很轻微。

（3）合闸的时候操作顺序与拉闸时相反，先合迎风边相，再合背风的边相，最后合上中间相。

（4）操作熔断器是一项频繁的项目，注意不到便会造成触头烧伤引起接触不良，使触头过热，弹簧退火，导致触头接触更为不良，形成恶性循环。所以，拉、合熔断器时要用力适度，合好后，要仔细检查是否紧扣，可用令克棒或拉闸杆钩住上向下轻轻试拉，检查是否合好。合闸时未能到位或未合牢靠，熔断器上静触头压力不足，极易造成触头发热烧伤或者熔管自行跌落。

### 2.3.3 负荷开关

负荷开关应用于 10~35kV 配电系统中，具有简单的灭弧能力，可作为独立的设备使用，也可安装于环网柜等设备中。用于开断负荷电流，关合、承载额定故障电流，例如过负荷电流，但不能断开短路电流。

10kV 负荷开关可应用于架空线路和电缆线路主干线分段开关、联络开关和支路开关。架空线路上负荷开关通常安装于杆塔上方，因此也称为柱上负荷开关。电缆线路负荷开关安装于开闭所、环网单元内。

**2.3.3.1 负荷开关与隔离开关、断路器的区别**

1. 负荷开关与隔离开关

（1）分断点区别：负荷开关外部没有明显断开点，可以通过位置指示器观察分合闸状态；隔离开关可以形成明显断开点，检修时可以观察隔离开关刀头位置，确认是否安全。

（2）灭弧能力：负荷开关可以分断带负荷线路，有自灭弧功能。隔离开关一般不能分断带负荷线路，结构上没有灭弧装置。部分负荷开关和隔离开关一体型的开关，既有灭弧能力又有明显断开点。

（3）保护应用：隔离开关仅用于线路维护检修，与配电网自动化保护无相关配合，因为隔离开关不具备保护功能。负荷开关有过载保护的功能，但不能断开短路电流，可以和断路器配合完成馈线自动化的故障定位、故障隔离和非故障区段供电功能。负荷开关也可以和熔断器组合，具备断路器的部分功能。

2. 负荷开关与断路器

（1）分断点区别：负荷开关、基本型柱上断路器、环网柜断路器外部都没有明显断开点，可以通过位置指示器观察分合闸状态；带隔离开关一体型柱上断路器有明显断开点。

（2）灭弧能力：负荷开关和断路器的本质区别，是开断容量不同，断路器的开断容量相对于负荷开关较高，而负荷开关开断容量有限。

（3）保护应用：负荷开关和断路器都通过电流互感器配合二次设备进行保护，断路器可具有短路保护、过载保护等功能。负荷开关主要用于开闭所和容量不大的配电变压器（小于800kVA），断路器可以应用的情况比较多但成本较高。在配电网自动化的应用中，断路器可作为变电站电源点的开关，智能分布式馈线自动化方案要求线路开关全部为断路器，主站集中型、就地电压型馈线自动化可以使用断路器和负荷开关配合。

**2.3.3.2 用户分界负荷开关在架空线路分支点的应用**

1. 用户分界负荷开关的作用与布点原则

用户分界负荷开关俗称看门狗，在10kV架空线路分支点应用。其主要作用是精准定位故障支路、隔离支路故障、恢复非故障区段供电。

10kV架空线路通常会面临用户支线故障问题，需要用户分界负荷开关解决：主干线改良后带更多的配电变压器导致支线增多，支线故障概率大幅上升；单一用户发生故障时，保护配合不当，导致整条10kV馈线停电，引起很多责任纠纷；变电站小电流接地选线装置距离故障较远，不能满足快速查定位故障点的要求；主干线路通过多级保护，倒闸较为复杂，还有可能增加时延，恶化电网的运行环境。

为了合理解决支路故障问题，用户分界负荷开关安装布点要遵循一定原则。

单一用户安装原则：用户支路较长、设备或线路老旧、故障较频繁、单相接地故障允许停电的315～2500kVA配变容量的专变用户，接入点为公网与专变用户产权分界处。

分支线安装原则：线路较长且接入配变台数一般小于7台、设备或线路老旧、故障较频繁、单相接地故障允许停电的支线，接入点为分支线与主干线路的T接处。

2. 用户分界负荷开关故障处理方式

（1）中性点不接地系统，单相接地故障发生在用户支路界内，经延时判定为永久性接地故障后跳闸；单相接地故障发生在用户支路界外，开关不动作。

（2）中性点经消弧线圈接地系统，单相接地故障发生在用户支路界内，经延时判定为永久性接地故障后跳闸；单相接地故障发生在用户支路界外，开关不动作。

（3）中性点经小电阻接地系统，单相接地故障发生在用户支路界内，先于变电站保护动作跳闸；单相接地故障发生在用户支路界外，开关不动作。

（4）相间短路故障发生在用户支路界内，变电站电源侧断路器优先跳闸全线停电，故障支路用户分界负荷开关跳闸，之后断路器重合闸恢复非故障用户供电；相间短路故障发生在用户支路界外，用户分界负荷开关不动作。

3．用户分界负荷开关故障处理案例

用户分界负荷开关应用案例如图 2.23 所示，适用于中性点不接地系统、中性点经消弧线圈接地系统、中性点经低电阻接地系统。

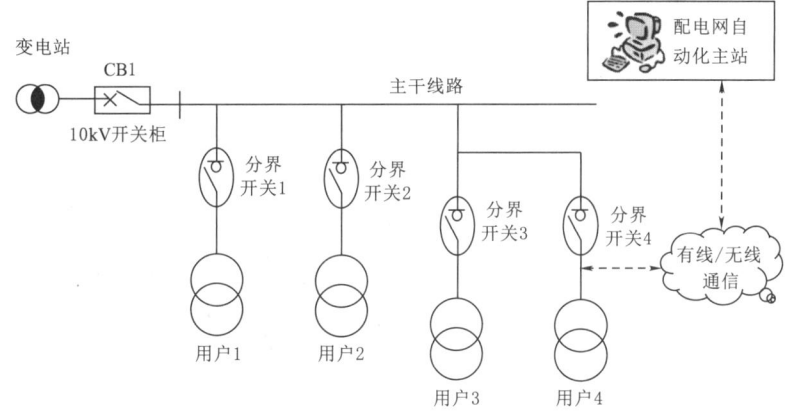

图 2.23　用户分界负荷开关应用案例

电能以变电站作为配电网电源点，从 10kV 开关柜经过主干线路送出。用户 1 通过分界开关 1 接入主干线路，用户 2 支路与用户 1 相似。用户 3 和用户 4 分别配置相应的分界开关，并由同一支路接入。主干线路无故障，用户发生单相接地故障、相间短路故障处理方式如下。

（1）用户 4 发生单相接地故障。

1）用户分界负荷开关通常配置通信模块，配备具备保护功能的远方终端，与主站通信，可实时监控用户负荷。故障发生前，通信模块采集数据，通过有线或无线通信网络，向主站主动上传线路和用户监控信息，主站对数据进行处理。

2）10kV 配电网单相接地故障电流较小，开关柜的断路器跳闸延时相对较大，负荷开关延时相对较小。因此用户分界负荷开关 4 自动识别支路故障后直接跳闸，其他分界开关没有识别到故障、或判定故障在用户界外不动作，最终用户 4 停电而相邻用户不发生停电。

3）分界负荷开关与主站通信，上送故障信息及线路状态信息。

（2）用户 3 发生相间短路。

1）故障发生前，分界开关向主站传送监控数据。

2）故障发生后，相间短路电流较大，负荷开关灭弧能力不能满足要求，必须由断路器跳开故障。因此断路器对于短路电流的跳闸延时设定较小，开关柜断路器跳闸优先，停电后分界开关3启动用户故障就地式保护跳闸，其他分界开关不动作，最后断路器重合恢复非故障用户供电，实现故障不出门。

3）分界负荷开关与主站通信，上送故障信息及线路状态信息。

4. 用户分界负荷开关的基本构成

用户分界负荷开关悬挂式安装于架空线路杆塔上，通常采用真空和六氟化硫灭弧，绝缘引出线。开关两端分别为用户区外电源侧三相电源进线、用户区内负载侧三相电源出线，内置电压互感器，通过控制电缆，向分界开关控制器（馈线终端FTU）提供控制电能。

用户分界负荷开关内置电源侧单相电压互感器、A相C相线路电流互感器、零序电流互感器。两相电流互感器检测相间短路，零序电流互感器判别接地故障，因为配电网通常为小电流接地系统，因此两相互感器测量基本满足要求。互感器通过控制电缆，与开关控制器连接。用户分界负荷开关的组成和安装形式如图2.24所示。

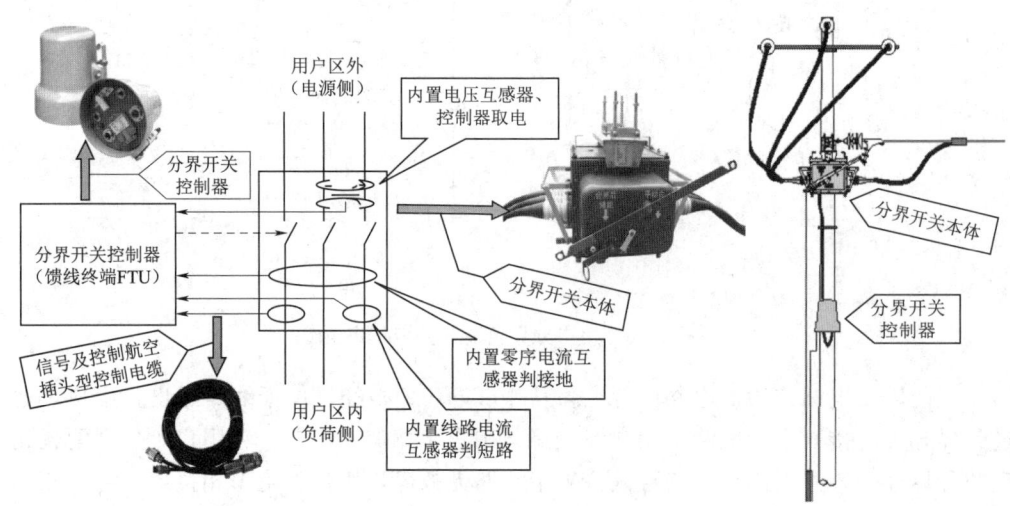

图2.24 用户分界负荷开关的组成和安装形式

分界开关控制器（馈线终端FTU）提供信号采样及保护控制功能，可以切换分界开关就地合闸、远方合闸。控制器配备有信号及控制航空插头，通过U形信号控制电缆与开关连接。同时FTU可进行定值设定操作，零序定值整定仅以分界开关负荷侧的线路状况为参考依据，相间保护定值整定以分界开关负荷侧的负荷状况作为参考依据。

### 2.3.4 环网柜与开闭所

10kV环网柜与开闭所通常用于电缆线路环网节点中，例如单环网接线和N供一备中的分段环网节点和联络环网节点，作用是电缆线路的分段、分支、保护和转供电，对电缆线路实现配电网自动化起到了关键的作用。

环网柜与开闭所两者联系紧密，但也存在一定的区别。环网柜指的是将10kV开关设备封装并用于电缆环网供电的柜子,其核心为断路器和负荷开关的组合。开闭所通常指10kV电缆线路户外开关站,由一组或多组环网柜组成。小型开闭所只包含一组环网柜,因此从设备层面上来说,小型开闭所与环网柜相同。大型开闭所通常将多组环网柜露天安装或集中安装于专用建筑内部,构成10kV中心开关站,因此从设备上来说环网柜只是大型开闭所的一部分。在一些工厂内部使用环网柜作为专用电能分配单元,从狭义配电网的角度来说,这些环网柜不属于配电网环网节点,一般不应该命名为开闭所。

**2.3.4.1** 10kV 环网柜

1. 环网柜的特点

10kV环网柜常见户外箱式,每个环网柜由3~6路开关共箱组成,接线方式灵活多样,可以满足不同配电网电缆线路节点的要求。由于它体积小、技术指标高,占地面积少,整体造价和维护费用较为经济,因而广泛应用于工业园区、街道、居民区、繁华商业中心等区域。环网柜具有以下特点:

(1) 户外型环网柜采用全绝缘、全密封结构,能适应大部分恶劣环境。

(2) 环网柜相对于架空线路设备,体积小、重量轻、结构紧凑,占地小。

(3) 厂家预装完成柜体,现场只需要固定和连接10kV电缆线头,安装简单。

(4) 操作方便,安全可靠、免维护,具有电动和手动操作机构,配合站所终端DTU后即可实现配电网自动化。

2. 环网柜的结构

图2.25展示了一种典型环网柜内部结构。10kV环网柜与开关柜的结构类似,都具备母线室、主开关室、电缆室。区别为环网主开关一般为固定式,不像开关柜能用手车装卸,同时环网柜主要的二次设备采用独立柜体,而开关柜一般集成在开关室上方。

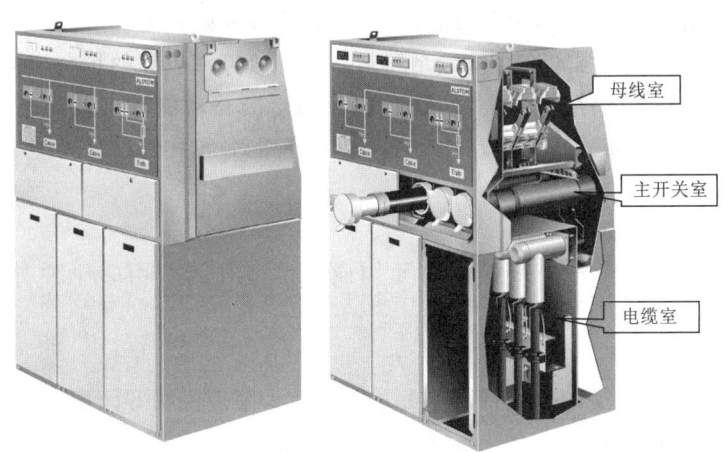

图 2.25 典型环网柜内部结构

环网柜的设备包括柜体、母线、负荷开关、熔断器、断路器、隔离开关、电缆插接件、二次控制部件等。

(1) 环网柜柜体：是将开关装置和硬母线密闭在同一个外壳内，一般采用不锈钢，或多层喷漆的金属材质，以适应现场较为复杂的使用环境。

(2) 母线室：用于布置环网柜母线，环网柜使用多路开关单母线结构。

(3) 主开关室：用于安装负荷开关和断路器，一般使用经济性较好的负荷开关，重要用户或容易发生故障的支线可选用断路器。断路器一般使用六氟化硫作为灭弧介质，例如额定电流为 630A 的断路器短时耐受电流可达 20kA/3s；负荷开关使用真空作为灭弧手段。

(4) 电缆室：安装熔断器、隔离开关、避雷器、电缆插接件等，下方连接站所电缆井，再连接电缆线路，例如直埋、电缆沟、排管等电缆通路。

(5) 二次控制部件：主要为站所终端 DTU、通信设备、蓄电池或其他备用电源等部件，一般采用独立柜体安装。为了保证二次设备安全可靠，环网柜和二次柜外通常会安装类似于箱式变压器的金属箱。

3. 环网柜的开关组合

环网柜主要的开关为断路器和负荷开关，每个间隔可以根据实际情况分别配备纯负荷开关、负荷开关和熔断器的组合、断路器。

环网柜的间隔按功能，可以分为环进、环出和分支间隔。环进间隔连接电缆线路主干线路，作为环网柜电源进线；环出用于电缆线路主干线路出线，为下一段线路供电；分支间隔主要用于连接配电变压器，部分分支线包含下一级分支用的环网柜。

环网柜间隔大部分情况下使用负荷开关，结合站所终端 DTU 和通信设备，配电网主站可以采集数据并监控环网柜，负荷开关能满足就地电压型和主站集中型馈线自动化的要求。

负荷开关和熔断器的组合间隔，部分场合可以取代断路器。由于熔断器熔断后必须人工修复和就地合闸，不能使用配电网自动化主站远程倒闸操作恢复供电，因此主干线路环进环出间隔通常不使用该组合，一般在支线间隔使用。

断路器灭弧能力较强，在经济满足要求、或是故障率较高的场合，当发生故障时为了减少非故障用户的停电时间，可选用断路器。断路器能较好地配合就地电压型、主站集中型和智能分布式馈线自动化方案，其中智能分布式馈线自动化方案要求全网开关均为断路器。

**2.3.4.2　10kV 开闭所的配置**

小型开闭所由单个户外环网柜单元构成，大型开闭所由多个户外环网柜单元构成。

1. 开闭所的配置

图 2.26 展示了典型的小型开闭所配置，以此为案例说明开闭所一次和二次设备。

(1) 电气一次设备。

开闭所由四路开关间隔构成，开关面板上使用白色横线和每个间隔上的竖线代表开闭所为单母线四开关的结构。白色竖线上的开孔可以指示每个开关分合闸状态，当主开关或地刀处于合闸状态，竖线孔内显示白色，跳闸时显示黑色，在完全停电且蓄电池失效时可以有效指示故障位置。

## 任务2.3 认知配电网开关设备

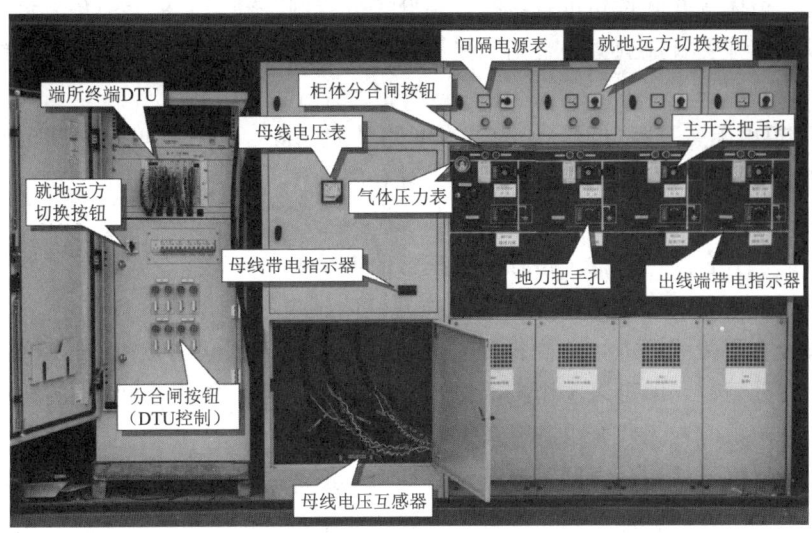

图 2.26 开闭所典型配置

每条支路都有主开关用于分断电流通路,接地开关用于检修保护。左边间隔使用断路器作为主开关,右边三个间隔均为负荷开关。主开关和负荷开关都可以使用把手进行分合闸操作,将把手插入相应孔位即可人力分合闸,孔位对应开关本体操作孔。主开关及接地开关操作孔装有可靠的机械防误联挂锁装置,避免带电接地或接地合闸。并且操作孔应有挂锁装置,挂锁后可阻止操作把手插入操作孔。

开关间隔最下方为电缆室,用于电缆进出线。同时开闭所配备专用的母线电压互感器室,每一间隔电缆室内部都配备有电流互感器,为二次设备提供电压电流等效参数。

(2) 电气二次设备。

开闭所电气二次主设备为站所终端DTU成套部件,以及相应的按钮仪表。

DTU成套部件是开闭所二次设备的关键设备,用于采集开闭所电参数和设备状态数据,其核心部件为站所终端DTU,通过通信设备与主站通信,实现配电网自动化的功能。

1) DTU可以和主站通信实现主站集中型馈线自动化方案;也可以独立具备就地电压型馈线自动化的功能;在所有主开关均为断路器的情况下,可以和周围开闭所DTU通信实现智能分布式馈线自动化功能。

2) DTU与电流互感器、电压互感器连接采集开闭所电参数数据,与开关设备状态触点连接可以取得开关状态遥信数据,与开关分合闸线圈连接可以控制开关设备分合闸。

3) 就地远方切换按钮可以切换DTU遥控状态,实现远方配电网自动化主站遥控分合闸、DTU控制分合闸功能。

开关面板上安装有气体压力表、出线端带电指示器、柜体分合闸按钮。气体压力表用于检测该断路器六氟化硫气压,带电指示器指示与开闭所间隔相连接的电缆线路是否带电，柜体分合闸按钮可直接操作主开关分合闸。开关面板上配备有该间隔的电流表，以及主开关就地远方分合闸切换按钮。母线电压互感器上，配备有母线带电指示器和母线电压表。

DTU 柜内配备有蓄电池，作为二次回路备用电源，同时也可以在断电时为主开关弹簧储能电机提供短暂工作电能，用于分合闸操作。

2. 开闭所的操作

（1）把手分合闸：穿戴合格且功能正常的绝缘手套和绝缘靴，做好准备工作，将柜体上方的就地远方切换按钮拨到闭锁位置，闭锁电控分合闸。当主开关在合闸位，将把手插入主开关孔可进行分闸操作，在合闸时接地刀闸空位被机械卡死无法操作。当主开关在分闸位，即可以利用把手对主开关进行合闸操作，也可对地刀进行合闸操作。地刀合闸位时，无法合上主开关。

（2）柜体按钮就地分合闸：穿戴合格且功能正常的绝缘手套和绝缘靴，做好准备工作。将柜体上方的就地远方切换按钮拨到就地位，可按下柜体开关分合闸操作，此操作必须是在弹簧已储能状态下完成，停电且弹簧未储能时无法操作。当就地远方切换按钮为远方位置时，可以进行站所终端 DTU 控制分合闸或配电网主站分合闸操作，此时开关分合闸权限交给 DTU。当就地远方切换按钮为闭锁位置时，无法使用柜体按钮和 DTU 控制分合闸。

（3）站所终端 DTU 就地分合闸和配电网自动化主站远程分合闸：站所终端 DTU 操作分合闸的前提是柜体开关的就地远方切换按钮在远方位置，本操作为弱电操作，不要求佩戴绝缘手套。将 DTU 柜上的就地远方切换按钮拨到就地位，可以使用 DTU 下方的分合闸控制按钮分合闸；就地远方切换按钮拨到远方位，可以使用配电网自动化主站遥控分合闸；就地远方切换按钮拨在闭锁位时，按钮和主站都不能分合闸操作。站所终端 DTU 就地远控分合闸原理可见项目 3 相关章节。

#### 2.3.4.3 10kV 电缆分支箱

10kV 电缆分支箱也称电缆分接箱，简称分支箱或分接箱，用于电缆线路的分支连接，与开闭所环网柜共同构成电缆线路的分支点。当容量不大的配电变压器分布较集中时，可使用分支箱进行多分支的连接。

通常在一条比较长的电缆线路上，电缆的长度无法满足变电站供电半径的要求，必须使用电缆接头、电缆转接箱、环网柜和开闭所等方式进行延长。由于电缆接头在地下较难维护，开闭所和环网柜成本较高，因此使用电缆分支箱在地面上作为电缆线路延长点，既便于维护，又能减少过度使用环网柜造成的电缆线路经济性不佳。但因为分支箱不能直接对每路进行操作，仅作为分支使用，因此电缆分支箱故障时存在整个分支停电的风险。

2.7
什么是开闭所与环网柜

电缆分支箱通常安装在分散的配电变压器中心，进线线路连接开闭所和环网柜的支路出线，使用较长的大线径电缆作为进线，分支箱出线使用多根小线径电缆连接负载，避免了较长线路上有多回小线径电缆占用电缆沟、电缆排管的问题。这样的接线方式广泛用于城市配电网中的路灯等供电、小用户供电。

## 2.3.5　380V 开关

低压开关按相数和触头数量可分为单相 2 柱头 220V 开关、单相 3 柱头 220V 开关、三相 3 柱头 380V 开关、三相 4 柱头 380V 开关，按灭弧能力可分为断路器和非灭弧开关，按连接线路数量可以分为单路和多路组合开关。本节主要按灭弧能力分类，介绍 380V 单路带负载开关（以下简称 380V 开关）的常见类型。

常见的 380V 断路器可分为框架断路器、塑料壳断路器和小型空气断路器，380V 非灭弧开关主要有刀开关、接触器、熔断器式隔离开关等，工业常用的负荷隔离开关等以检修为主要目的的开关不做介绍。380V 开关种类如图 2.27 所示。

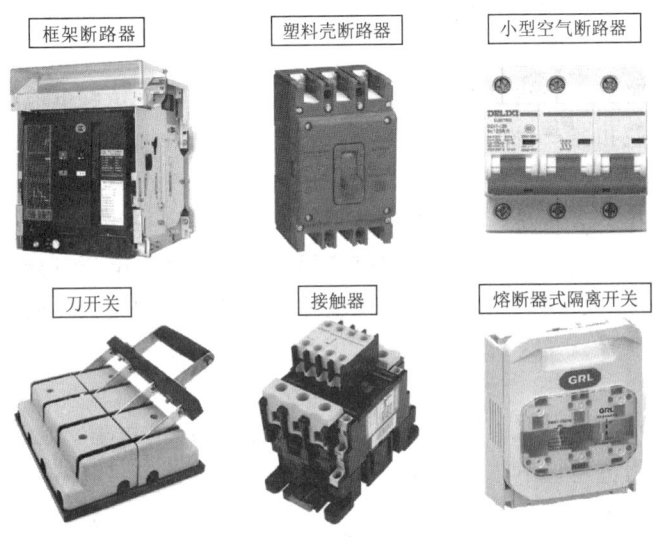

图 2.27　常见的 380V 开关

### 2.3.5.1　380V 断路器

1. 框架断路器

框架式断路器又称万能式断路器，是一种能接通、承载以及分断正常条件下的 380V 配电网的电流，也能在规定的非正常电路条件下接通、承载一定时间和分断电流的机械开关电器。其分合闸方式多变，可以利用手柄、杠杆电磁铁和电动机操作机构进行分合闸。框架式断路器主要用于分配电能、保护线路及用电。

这种断路器一般都有一个钢制的框架，所有的零部件均安装在框架内。其容量较大，可装设多种功能的脱扣器和较多的辅助触头，有较高的分段能力和热稳定性，所以常用于要求高分断能力和选择性保护的场所，例如作为配电变压器低压侧主开关。

2. 塑料壳断路器

塑料壳断路器也被称为装置式断路器，能够在电流超过跳脱设定后自动切断电流；在低压配电网中用来分配电能，并为线路及电源设备提供过载、短路和欠电压保护；所有的零件都密封于塑料外壳中，辅助触点、欠电压脱扣器以及分励脱扣器等多采用模块化。

塑料壳断路器的分合闸方式通常为手柄，部分配合电动操作机构可进行遥控分合闸，一般用于配电变压器低压侧作为出线开关。

**3. 小型空气断路器**

小型空气断路器又称空气开关、空气断路器，一种只要电路中电流超过额定电流，就会自动断开的低压开关。小型空气断路器是低压配电网和电力拖动系统中非常重要的一种电器，它集控制和多种保护功能于一身。按照保护作用的不同，脱扣器可以分为过电流脱扣器、失压脱扣器等类型。脱扣方式有热动式脱扣、电磁式脱扣和失压脱扣 3 种。

（1）热动式脱扣：当线路发生一般性过载时，过载电流不能使电磁脱扣器动作，但能使热元件产生一定热量，促使金属片受热向上弯曲，推动杠杆使搭钩与锁扣脱开，将主触头分断，切断电源。

（2）电磁式脱扣：当线路发生短路或严重过载电流时，短路电流超过瞬时脱扣整定电流值，电磁脱扣器产生足够大的吸力，将衔铁吸合并撞击杠杆，使搭钩绕转轴座向上转动与锁扣脱开，锁扣在反力弹簧的作用下将主触头分断，切断电源。

（3）失压脱扣：当线路电压过低损坏设备时，欠压脱扣器工作跳开电路，可用于电动机保护。在小型光伏分布式发电也有应用，当交流并网电压过低时，并网发电有可能损伤设备，此时利用失压脱扣使并网断路器跳开，保护光伏发电设备的安全。

**2.3.5.2　380V 非灭弧开关**

**1. 刀开关**

刀开关是低压配电电器中结构最简单、应用最广泛的电器，广泛应用于照明电路、小容量的动力电路且不频繁启动的控制电路中。其作用是通断、隔离电路。

常用的刀开关种类有胶盖闸刀开关、铁壳开关和熔断器式刀开关。胶盖闸刀开关又称为开启式负荷开关，是最简单的一种开关结构。铁壳开关又称为封闭式负荷开关，一般应用于不频繁地接通和分断负荷电路。熔断器式刀开关即熔断器式隔离开关，是一种以熔断体或带有熔断体的载融件作为动触点的隔离开关。

**2. 接触器**

接触器的工作原理是：当接触器线圈通电后，线圈电流会产生电磁力并带动交流接触器动作。当线圈断电时，电磁吸力消失，交流接触器触点复原。接触器分合次数寿命较长，适合频繁分合闸的场合，但是本身没有灭弧装置，不能用于短路保护，通常与小型空气断路器配合使用。

在配电网自动化应用中，接触器常用于远控无功补偿，接触器、小型空气断路器和电容器串联，组成无功补偿支路。无功补偿控制器可以远控接触器的分合，对电容器投切数量和容量可按需求进行组合，同时小型空气断路器起到短路保护的作用。

**3. 熔断器式隔离开关**

熔断器式隔离开关适用于低压配电系统中，主要作为短路保护，以及线路的过载保护之用。在正常情况下，可供不频繁地手动接通和分断正常负载电流与过载电流，在短路情况下，由熔断器分断电流。熔断器式隔离开关在分布式光伏发电中，用于短路保护，以及检修时电源断开位置指示。

【任务实施】
1. 实训准备
某台区电源进线和用户出线情况。
2. 实训内容及步骤
实训内容：设计某台区开闭所一次接线图。
根据某台区配电网完成以下培训项目：
(1) 根据电源和用户情况设计10kV开闭所一次接线图。
(2) 根据用户配电容量，为开闭所主要开关设备选型。
3. 实训成果及考核评价
(1) 10kV开闭所一次接线图，占50%。
(2) 开关设备选型，占50%。

【思考与练习题】
1. 简述10kV断路器选型原则。
2. 简述当发生单相接地故障时用户分界负荷开关故障的处理方式。
3. 10kV环网柜主要由哪些设备组成？
4. 简述380V断路器种类及其适用场合。

# 任务2.4　认识配电变压器

【学习目标】
1. 认知配电变压器的结构、分类和应用。
2. 掌握柱上变压器的分类、结构和安装要点。
3. 能够辨识箱式变压器。

【任务引入】
配电变压器可将10kV电能转化为380V，有公变与专变之分。柱上变压器和箱式变压器分别用于配电网架空线路和电缆线路的电能分配。本任务学习配电变压器的参数与分类、柱上变压器结构和安装要点、箱式变压器的分类与结构，增强对中低压配电网的理解。

【重点难点】
重点：柱上变压器与箱式变压器的特点及应用。
难点：箱式变压器的分类与辨识。

【知识学习】
## 2.4.1　配电变压器
配电变压器简称配变，指配电网中改变电压和电流的一种静止电器，根据电磁感应定律传输交流电能，在电工学中变压器也属于电机。

### 2.4.1.1　配电变压器的结构
配电变压器的核心部件包含铁芯、绕组、套管等，用绝缘材质进行绝缘，外层变压器壳一般为金属壳便于接地。

(1) 铁芯：变压器的核心部件之一，既是变压器主磁通路，又是机械受力部分。按结构可分为芯式、壳式；按装配工艺分为叠积式、卷绕式。变压器运行时，产生的固定损耗为铁芯造成的涡流损耗，通常称为铁损。涡流损耗与铁芯厚度的平方成正比，为减少涡流损耗，常将铁芯制作成多片磁导体薄片叠加的形式，薄片表面涂上绝缘漆或绝缘氧化物。

(2) 绕组：变压器的电路部分，由铜或铝的绝缘导线绕成，按其高压绕组和低压绕组在铁芯上的布置，有两种基本形式：同芯式和交叠式。配电变压器高压绕组为额定电压10kV，低压侧为380V。绕组会产生与电流的平方成正比的发热损耗，通常称为铜损。此外，无功功率通过变压器绕组时会产生较多无功损耗，因此无功补偿通常安装在变压器低压侧，避免无功功率流过变压器绕组。

(3) 套管：套管是变压器引出线的绝缘支架，配电变压器高压侧有三个套管，低压侧为四个。套管不仅将引出线与大地绝缘，还起着固定引出线的作用，所以套管必须具有较高的电气和机械强度以及良好的热稳定性。

**2.4.1.2　配电变压器的技术参数**

配电变压器的主要技术参数包括：相数、额定频率、额定容量、额定电压、额定电流、阻抗电压、负载损耗、空载电流、空载损耗和连接组别。

变压器通常改变交流电压和电流，不改变频率。电能流经变压器时，会产生一定的能量损耗，造成电压下降，变压器电压下降的参数用阻抗电压表示。损耗分为固定损耗和可变损耗，固定损耗为变压器铁损，数值上接近空载损耗，可变损耗为变压器铜损。接线组别是一次绕组和二次绕组的组合方式和接线形式的一种表示方法，也称为连接组标号。

**2.4.1.3　配电变压器的并列使用要求**

通常每个用户在同一时间只连接至一个配电变压器低压侧，特殊用户需要组成低压环网或需要双变压器同时供电时，配电变压器需要并列使用。变压器并列要求接线组别、变比、阻抗电压相同。

(1) 配电变压器的接线组别相同：若接线组别不同，并列变压器二次绕组中会出现电压差，在变压器的二次侧内部产生循环电流，最严重时电压完全相反导致严重短路故障。

(2) 变压器的一次、二次电压相等、电压变比相同：并列变压器变比不同，二次电压不等，在二次绕组中也会产生环流，并占据变压器的容量，增加变压器的损耗。由于配电变压器高压侧为10kV，低压侧为380V，一般的配电变压器没有调压抽头，因此配电变压器基本满足这一点要求。

(3) 变压器的阻抗电压相等：两个容量相同的变压器并列运行时，阻抗电压大的变压器分配负荷小，阻抗电压小的分配负荷大。因此为了能正确利用变压器容量，变压器的阻抗电压应相等。这个条件涉及变压器并列运行的重要经济指标，也是对变压器进行状态诊断的主要参数依据之一，一般允许有10%的偏差。此外，两台并列变压器的容量比不能超过3∶1，因为容量不同的变压器阻抗电压通常不同，负荷分配不平衡。

#### 2.4.1.4 配电变压器的分类

配电变压器按照材质可分为干式变压器、油浸式变压器和非晶合金变压器等。

（1）干式变压器：干式变压器指铁芯和绕组不浸渍在绝缘油中的变压器。干式配电变压器冷却方式为自然空气冷却和强迫空气冷，自然空冷时可在额定容量下长期连续运行，强迫风冷时输出容量可提高。干式配电变压器具有承受热冲击能力强、过负载能力大，难燃，防火性能高，对湿度、灰尘不敏感等优势，有广泛的适应性。

（2）油浸式变压器：指用变压器油作为绝缘和冷却介质的变压器，冷却方式有油浸自冷、油浸风冷、油浸水冷及强迫油循环等。油浸式变压器优点是油绝缘性能好、导热性能好，同时变压器油廉价，能够解决变压器大容量散热问题和高电压绝缘问题。缺点是变压器油具有可燃性，当遇到火焰时可能会燃烧、爆炸。为了解决上述问题，油浸式变压器正朝着低损耗、低发热的方向发展，部分变压器开始应用植物有机合成油取代矿物油。

（3）非晶合金变压器：采用Dyn11连接组别，最突出的特点是比硅钢片铁芯变压器的空载损耗和空载电流降低很多，它的空载损耗比传统的硅钢铁芯的变压器要降低60%~80%，$CO_2$、$SO_2$排放量大大减少，具有明显的节能和环保效果。

#### 2.4.1.5 公变与专变

配电变压器按照应用场合分类，可分成公用变压器（简称"公变"）和专用变压器（简称"专变"），两类变压器在计量模式有较大不同。

公变由电力部门投资、管理，比如安装在居民小区的变压器。公变的用户由供电部门直接管理，采取低压计量到户方式。

专变一般是业主投资，电力部门代管，只给投资的业主自己使用，比如安装在大中型企业的变压器等。电力部门对专变采用低压设总表计量方式管理，专变的用户通常采用电能计量系统收取电费，计量系统的规模和方式由用户根据变压器和用户容量决定。

### 2.4.2 柱上变压器

#### 2.4.2.1 柱上变压器的分类

柱上变压器，是一种安装在配电网杆塔上的户外型变压器，通常安装在供电范围的中心位置，供电半径一般在0.5km范围内，以降低线损，满足电压质量的要求。柱上变压器的位置选择通常远离高温场所、爆炸物及可燃物仓库、盐雾场所、腐蚀性气体及灰尘较多的场所，并选择坚固的地基安装。

柱上变压器按杆塔数量分类可分为单杆式、双杆式、四杆式变压器，按照变压器相数可分为三相柱上变压器和单相柱上变压器。下面介绍常见的单杆式、双杆式三相柱上变压器。

1. 单杆式柱上变压器

当配电变压器容量30kVA及以下时，一般采用单杆安装配电变压器台架。其优点是结构简单、安装方便，并且用料和占地面积较少，比双杆式配电变压器节省造价33%。广泛用于农村配电网用户分散地区，尤其是耗电量不大但供电面积较大的种植地区，为农户生产、经营和生活供电。单杆式柱上变压器对杆塔工况有一定要求，其中大转角杆塔、分支杆塔和装有柱上断路器、隔离开关的杆塔，低压架空线较多的杆塔，不易巡视、检查、测负荷和检修吊装变压器的杆塔，都不应该安装单杆式柱上变压器。

2. 双杆式配电变压器

当配电变压器容量在 50～315kVA 时一般采用双杆式配电变压器，容量在 30～50kVA 的配电变压器也可以使用双杆式安装。对 50kVA 及以下的公用变压器，其高压侧电流较小，可安装电流参数较小的跌落式熔断器作为保护；50kVA 以上的公用变压器，高压侧除了安装跌落式熔断器，个别重要变压器还安装有负荷开关作为保护。

**2.4.2.2　柱上变压器结构**

柱上变压器由 10kV 进线线路、10kV 开关或跌落式熔断器、10kV 避雷器、配电变压器、低压配电箱、配变终端 TTU 等设备组成。上述设备安装于杆塔金属件上，杆塔按实际情况可安装拉线和护桩。图 2.28 为柱上变压器的应用案例，一回 10kV 电缆进线为双变压器供电，为了方便介绍，可将这两个变压器定义为 1# 变压器和 2# 变压器。

图 2.28　农村配电网柱上变压器应用案例

(1) 10kV 进线：可使用电缆支线从杆塔根部进线，连接至杆塔顶部再架空引下；也可以用架空支线直接进线。图 2.28 中，10kV 进线为一回电缆支线，在 1# 变压器杆塔顶部转架空，接入引线横担绝缘子为 1# 变压器供电，同时经过架空延长线为 2# 变压器供电。

(2) 配电变压器高压侧设备：高压设备有跌落式熔断器、10kV 避雷器等设备。1# 变压器使用 2 组跌落式熔断器，一组在避雷器上方变压器进线端，一组在避雷器下方靠近变压器处；2# 变压器只使用一组熔断器。10kV 避雷器主要目的是保护变压器，因此安装在靠近变压器处，而不是进线端，而10kV线路保护用的避雷器通常安装在柱上开关处。1#变压器和2#变压器都没有配备柱上开关，因此未使用线路避雷器。

(3) 配电变压器低压侧设备：低压侧指380V侧，主要设备为低压配电箱和架空线路。1#变压器的配电箱采用1进2出的结构，低压从变压器低压侧接入配电箱，出线由配电箱接入380V架空线路，1#变压器使用双回380V主干线路同杆架设的结构。配电箱进出线都应该配备低压断路器作为保护，必要时可以配置低压熔断器。对线路较长及有雷击可能的低压线路，配电箱内应安装低压避雷器。部分配电变压器还配置有无功补偿柜，一般和低压配电箱并排架设。

(4) 电气二次设备：核心部件为配变终端TTU，还包含了各类电表和相应的低压互感器，以及通信设备。TTU主要负责向配电网自动化主站发送变压器运行状态数据，为变压器安全可靠运行提供保障，当变压器出现异常时，可以由上级支线开关跳闸。电表主要为了采集变压器计量数据，便于配电营销。通信设备在城市配电网中可使用有线和无线通信，在农村配电网中主要使用无线通信。

3. 柱上变压器安装要点

(1) 变压器的起吊：吊装一般采用机械和人工吊装。

(2) 配电变压器的固定：配电变压器吊到变压器台架横梁上后，用专门固定金具，将配电变压器固定在变台横梁上。

(3) 跌落式熔断器、避雷器的安装：要求跌落式熔断器的横担标准线对地面的垂直高度不低于4700mm，各相熔断器水平距离不小于500mm。避雷器横担通常安装在进线熔断器下方、间距大于1100mm处。

(4) 避雷器的接引：避雷器的接地端、变压器的外壳及低压侧中性点与接地装置引上线相连接，保证同时接地。接地装置的接地电阻必须符合要求定值，接地装置施工完毕应进行接地电阻测试，合格后方可填土。

### 2.4.3 箱式变压器

#### 2.4.3.1 箱式变压器概述

2.8 柱上配电变压器

箱式变压器又称户外成套变压器，也有称为组合式变压器、预装式变压器，是一种将变压器、高压开关及保护装置、低压配电装置和计量系统、无功补偿装置组合在一起的成套变配电设备。箱式变压器并不只是变压器，它相当于一个小型变电站，将高压开关设备、配电变压器和低压配电装置，按一定接线方案将高压受电、变压器降压、低压配电等功能有机地组合在一起，安装在一个防潮、防锈、防尘、防鼠、防火、防盗、隔热、全封闭、可移动的钢结构箱体内，全封闭运行，特别适用于城网建设与改造，是继土建变电站之后崛起的一种崭新的变电站。

箱式变压器有技术先进、安全可靠、自动化程度高、工厂预制化、组合方式灵活、投资省见效快、占地面积小、外形美观、易与环境协调等优点。

箱式变压器通过配电变压器终端TTU对变压器进行监控，利用相关仪器对箱体内湿度、温度进行控制和远方烟雾报警，满足无人值班的要求，自动化程度较高。箱式变压器采用模块化结构，各模块很容易拼装，缩短了设计制造周期；现场从安装到投运大约只需5~8天的时间,大大缩短了建设工期。通过选择外壳样式,极易与周围环境协调一致,既可作为固定式变电站,也可作为移动式变电站,并具有点缀和美化环境的作用。

**2.4.3.2 箱式变压器的分类**

箱式变压器按外观及外壳材质可分为木条式景观外壳箱变、石材式景观外壳箱变、普通铁壳式箱变以及按用户要求定制等外观形式。

1. 木条式景观外壳箱变

优点:抗晒性能强、不易导热,有利于降低箱变内部设备的运行温度;并且抗冻性好、耐腐蚀、不生锈,维修较少,使用寿命长;有较好的防潮性能,不会因冷热变化而产生凝露。木条式景观外壳箱变在潮湿环境下使用,较好地避免了二次设备受潮失效的问题,在我国南方地区和沿海使用较多。

2. 石材式景观外壳箱变

优点:有较好的阻燃性能,防火性能好,可根据周围环境选择外形和颜色,同时起到美化环境的作用。石材式景观外壳箱变外壳可使用陶瓷砖、大理石瓷砖、微晶石瓷砖、喷墨砖等装饰材料,纹理、色彩、质感、手感以及视觉效果都能较为完好地配合市政设施和野外风景区。石材式景观外壳箱变如图2.29(a)所示。

(a) 石材式景观外壳箱变　　　　　　　(b) 广告牌型箱变

图2.29　箱式变压器

3. 普通铁壳式箱变

普通铁壳式箱变按照我国引进方式可以分为美式箱变和欧式箱变。美式箱变采用紧凑型壳体,体积较小占地面积较小,成本低廉;主要缺点是开关设备和保护装置布置较少,自动化程度相对较低,因此供电可靠性不高,通常用于重要性不高的用户供电。欧式箱变体积较大,外层金属的箱体内起到屏蔽的作用,与配电网自动化系统配合较好;但是不利于安装,对环境布置有一定的要求,适合用在用户重要性较高、负荷较大的场合使用。我国城市老区的配电网电缆化改造通常使用美式箱变,新区和景区建设使用欧式箱变。

4. 按用户要求定制箱变

按用户要求定制箱变是一种自定义的箱变,通常为有特殊要求的用户使用,例如图2.29(b)的广告牌型箱变。可根据周围环境选择外形和颜色,同时起到美化环境的作用。

## 2.4.3.3 箱式变压器的结构

箱式变压器按照箱体结构分为高压室、变压器室和低压室，常见结构有高压室、变压器室、低压室串联构成"目"字形布置，也有高压室和低压室背向布置的"品"字形布置。"目"字形布置连接方便，易于维护，通常用于容量较大的变压器；"品"字形能有效利用空间，用于小容量变压器。变压器室和低压室如图 2.30 所示。

（a）变压器室

（b）低压室

图 2.30 箱式变压器的变压器室和低压室

1. 高压室

高压室配备高压进线柜、高压出线柜、高压环网柜、高压计量柜。高压进线柜连接外部线路和高压室设备，高压出线柜用于连接变压器高压侧，高压环网柜用于箱变组环网，高压计量柜用于配变高压侧计量。其中高压环网柜选配用于环网型箱变，同时具有箱变和环网柜的作用，一般用于重要用户组环网，供电可靠性高，同时避免环网柜和箱变重复安装。根据客户和实际用处的不同，高压侧会有不同的开关柜。如果用于终端用户，不需要环网则没有高压环网柜。高压计量柜根据用户方电业局要求配备。

高压室电气设备如 10kV 负荷开关、熔断器、电流互感器、电压互感器、接地刀闸、避雷器等，安装于各柜体内或表面的面板上。除了环网型箱变，一般不使用断路器。

2. 变压器室

配电变压器安装于变压器室内，配变使用的型号与柱上变相同，柱上变与箱变区别主要为现场安装方式。变压器室内会安装通风散热装置，一般增加风扇强制向外抽风，也有部分箱变使用空调设备降低变压器室的温度。

3. 低压室

低压室包括低压进线柜、低压出线柜、低压补偿柜。

低压进线柜安装有变压器低压侧主开关，一般使用框架断路器，一些容量较小的箱变使用塑料壳断路器。断路器一侧连接变压器低压出线，另一侧连接到箱变低压母线上。

无功补偿柜主要功能是无功补偿电容器的投切,电容器支路并联连接至低压母线,采用熔断器、小型空气断路器作为保护。电容器通过接触器按需求遥控投切,当电容器支路发生故障时,由小型空气断路器跳开故障,当开关拒动可以由熔断器断开故障。低压出线柜一般设置一组电流互感器和无功电表,测量总补偿的无功电流和功率,而不是单独测量每一路电容器的无功电流和功率。由于补偿柜应用于容量较大的箱变内,例如欧式箱变,美式箱变由于空间问题一般不装配。

低压出线柜用于用户出线,装配有塑料壳断路器、电流互感器及相关仪表等设备。普通塑料壳断路器不具备遥控分合闸功能,因此低压出线开关为人工分合。

【任务实施】

1. 实训准备

某供电台区 10kV 配电变压器安装图及施工设计说明书。

2. 实训内容及步骤

实训内容:完善 10kV 配电变压器安装图。

根据某台区供电情况完成以下培训项目:

(1) 完善 10kV 杆上变压器立面安装图标注。

(2) 核实安装图设备之间的间距是否满足规程要求。

(3) 完善杆上变压器立面安装装置材料表。

3. 实训成果及考核评价

(1) 10kV 杆上变压器立面安装图,占 70%。

(2) 杆上变压器立面安装装置材料表,占 30%。

【思考与练习题】

1. 简述配电变压器的结构。

2. 简述柱上变压器安装注意事项。

3. 简述柱上变压器与箱式变压器的特点及适用范围。

## 任务 2.5　了解配电网的防雷与接地

【学习目标】

1. 能够辨识 10kV 配电网主要的防雷设备与措施。

2. 认知不同类型的 10kV 配电网中性点接地方式。

3. 了解我国常用的低压配电网接地系统。

【任务引入】

可靠的防雷与接地是配电网安全运行的重要保障,可提高供电可靠性和安全性。本任务学习内容为:雷电对 10kV 配电网的影响、配电网架空线路和设备的防雷方式、10kV 配电网中性点接地系统分类、380V 接地系统分类。

【重点难点】

重点:10kV 配电网的防雷措施和常用设备。

难点:10kV 配电网中性点经消弧线圈接地系统的工作方式。

【知识学习】
## 2.5.1 配电网的防雷方式
配电网大部分故障都是由雷击引起的,因此做好10kV配电网防雷,有利于减轻配电网自动化系统在恶劣天气下的监控压力。10kV配电网架空线路容易受到雷击影响,电缆线路影响则较小,因此本节主要介绍柱上变压器和架空线路防雷。

### 2.5.1.1 雷电对10kV配电网的影响
(1) 电网雷电过电压闪络:雷电过电压闪络,主要表现为电弧放电的形式,瞬间电弧电流很大,但时间很短。相间雷电过电压闪络形成金属性短路通道,引起数千安培工频续流,电弧能量将骤增。

(2) 10kV架空绝缘导线断线:当架空绝缘线路受到雷击时,产生较大的雷电过电压。当过电压超过导线绝缘层的耐压水平时,电场最薄弱点将发生绝缘层击穿,通常击穿点在绝缘子两端0.3m内,会形成针孔大小的击穿点;然后对绝缘子沿面放电形成闪络,并且电弧向绝缘子根部扩散,最后形成金属性短路通道。此时绝缘层燃烧,并且和电弧共同产生大量热量熔断导线。部分沿海地区,雷击断线事故数量占配电网事故总数的75%。

(3) 10kV架空裸导线跳闸事故频繁:当雷击架空裸导线产生巨大雷电过电压时,绝缘子沿面有可能形成闪络,并且电弧向绝缘子根部扩散,最后形成金属性短路通道,引发线路跳闸事故。因为导线不属于可燃物,电弧放电一般不会烧断导线。

### 2.5.1.2 局部提高绝缘水平
10kV杆塔高度相对较低,雷击天气通常会伴随大风,容易将树枝、绳索等物品吹到架空导线上,因此中低压配电网以架空绝缘线为主,以防止其他原因发生事故。针对架空绝缘线容易断线的问题,可以采用局部提高绝缘水平的方式。

可以使用硅橡胶绝缘横担,代替金属横担和陶瓷、玻璃绝缘子的组合。全线提高10kV架空线路绝缘水平,解决绝缘子附近容易发生导线绝缘击穿的问题,让雷电无法产生电弧。实际工程中为了降低线路造价,也可使用在绝缘子处增加绝缘材料的方式。

此种方式主要的优点是可有效提高线路绝缘水平,免维护,降低了雷击闪络发生的概率。缺点主要为绝缘横担的投资成本较大,而且只能降低电弧发生的几率,无法解决发生电弧的情况下燃烧断线的问题。

### 2.5.1.3 10kV避雷器
10kV避雷器是配电网防雷的重要手段之一,是一种过电压保护的设备,是配电变压器和配电线路防雷保护的基本保护元件。

**1. 避雷器的作用**

避雷器的作用,是用来保护并防止电力系统中各种电器设备免受雷电过电压、操作过电压、工频暂态过电压冲击而损坏。

一旦被保护设备过电压且危及被保护设备绝缘时,10kV避雷器立即动作,将高电压冲击电流导向大地,从而限制电压幅值,当电压恢复到额定值时,避雷器迅速恢复原状,从而起到保护配电线路和配电变压器的作用。避雷器不仅可用来防护雷电产生的高电压，也可用来防护操作过电压。

但避雷器也有一定的缺点：避雷器保护范围较小，尤其是10kV避雷器，只能够保护附近的电气设备免受雷害。在消弧线圈接地的配电网系统中，如果发生避雷器击穿，将会造成永久性接地故障。

2. 避雷器的类型

避雷器的类型主要有保护间隙、阀型避雷器和氧化锌避雷器。保护间隙主要用于限制大气过电压，一般用于配电网线路、开关设备和配电变压器进线段保护。阀型避雷器与氧化锌避雷器除了用于配电网之外，还可以用于变电站和发电厂的保护，主要用于限制大气过电压，也可用来限制操作高电压。

3. 10kV避雷器的安装配置

避雷器常见的接线方式是一端连接在线路上，另一端和大地连接，通常与被保护设备并联接线。避雷器通常安装在被保护设备的附近，距离越近越好，例如柱上开关和变压器，还包括容易出现雷击闪络的线路杆塔上。

10kV避雷器是配电变压器防雷保护的基本保护元件，一般在配电变压器和跌落式熔断器之间安装避雷器。避雷器的接地线，应与变压器低压绕组中性点及变压器金属外壳连接在一起共同接地。

**2.5.1.4　架空避雷线和其他防雷装置**

架空避雷线是指在空旷地区，与输配电导线同杆架设，并直接接地的架空导线。架空避雷线是一种常见的防雷方式，也称为架空地线，通常用于输电线路和变电站，用于配电线路和配电变压器保护较少。架空避雷线安装高度高于输配电导线，将过电压雷击引入地下，从而起到防雷的作用。

架空避雷线杆塔投资成本大，用于10kV杆塔经济性不佳，并且当遇到雷击时，避雷线连同杆塔产生瞬时过电压，有可能造成架空绝缘线感应过电压，有一定概率引发闪络烧断绝缘导线。因此，绝缘线为主的中低压架空配电线路一般不使用避雷线，只在特殊场合应用。当10kV配电网大跨度架设于河流、山谷之上时，可使用较高的跨越杆塔架设避雷线保护，同时使用不容易产生感应过电压的裸导线传输电能。

此外，10kV架空线路的防雷方式还包括保护间隙、放电绝缘子、防雷金具、悬垂线夹闪络保护器、电压保护器等设备，也可以采用增长线路线径的方式防止雷击过电压。

**2.5.2　10kV配电网的接地**

配电网中性点接地方式可分为：中性点不接地系统、经消弧线圈接地系统、低电阻接地系统和高电阻接地系统。其中，低电阻接地系统属于单相接地故障电流较大的系统，简称大电流系统；其余属于小电流系统，也称为中性点非有效接地方式。

配电网中性点接地方式的选择，要考虑技术、经济等因素，还需要考虑配电网的运行方式、供电可靠性要求、故障时的过电压、人身安全、对继电保护的技术要求、设备投资等因素，10kV配电网常用中性点非有效接地方式。中性点接地系统分类如图2.31所示。

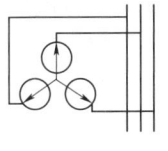 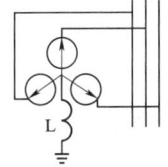 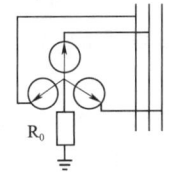

(a) 中性点不接地系统　　(b) 中性点经消弧　　(c) 中性点低电阻接地系统
　　　　　　　　　　　　　　线圈接地系统　　　　　或高电阻接地系统

图 2.31　中性点接地系统分类

### 2.5.2.1　10kV 配电网中性点不接地系统

(1) 单相接地故障的特点：由于系统中性点不接地，故障点和中性点之间没有金属通路，因此故障电流为配电网全系统电容电流之和，系统越大电容电流越高。电容电流容易产生电弧：电流大于 30A 时，一般形成稳定电弧，烧毁设备绝缘，严重时引发相间短路；电流为 5～30A，因为配电网电感和电容谐振形成间歇性电弧，引起谐振过电压，破坏系统绝缘；如果接地电流在 5A 以下，当交流电流经过零值时电弧就会自然熄灭。

(2) 系统的优点和缺点：单相接地短路电流小，单相线电压仍然对称，可以带故障运行 0.5～2h，增加了供电可靠性。但是单相接地时稳态非故障相电压升高 1.73倍，并且在一定的接地故障电流下，可能出现间歇性电弧，将出现严重暂态过电压。

(3) 应用与设备配置：一般在电容电流比较小的配电网，采用中性点不接地方式，通常为架空线路。应用时要求系统内设备或电缆绝缘等级相应提高，并配备避雷器以减少暂态过电压对配电网的影响。

### 2.5.2.2　10kV 配电网中性点经消弧线圈接地系统

(1) 消弧线圈的作用：消弧线圈相当于一个电感，装设于变压器中性点与大地之间，构成了故障点与中性点之间的电感通路。单相接地故障时，消弧线圈产生一个感性电流，用于补偿系统的电容电流，从而减小了接地故障点电弧电流，使电弧能自行熄灭，从而避免了由此引起的各种危害，提高了供电可靠性。当系统正常运行时，消弧线圈与系统导线对地的分布电容形成串联谐振回路；发生接地故障时，消弧线圈与系统的分布电容组成并联谐振电路。按消弧线圈补偿电容电流的大小可分为全补偿、欠补偿和过补偿方式。

(2) 单相接地故障的特点：全补偿方式，故障残余电流最小，有利接地故障点电弧自熄，但中性点电压有可能较高。欠补偿方式，故障残余电流较大，故障点电弧自熄较困难，易产生串联谐振过电压。过补偿方式，故障残余电流较大，不利于接地故障点电弧自熄，但不易产生串联谐振过电压。

(3) 系统的优点和缺点：消弧线圈能补偿故障点电容电流，降低故障点电压上升速率，防止弧光过电压。但是当配电网中等效电容很大时，消弧线圈容量需要随之增大，经济性不佳；同时由于故障电流较小，单相接地继电保护检测定位困难。

(4) 应用与设备配置：在实际运行中为了避免谐振过电压，应当采用过补偿方式。由于故障残余电流较小，消弧线圈容量需要以配电网实际运行方式作为参照进行调整，在同时具有电缆的配电网中，多采用自动补偿型消弧线圈接地方式。消弧线圈接地系统，要求中性点的长时间电压位移不应超过系统标称相电压的15%，单相故障残余电流不宜超过10A，必要时可将系统分区运行。不宜将多台消弧线圈集中安装在系统中的一处，如果变压器无中性点或中性点未引出，应装设专用接地变压器，其容量应与消弧线圈的容量相配合。

**2.5.2.3　10kV 配电网中性点经低电阻接地系统**

根据接地故障电流的大小，中性点电阻接地方式可划分为低电阻或高电阻接地。当单相接地故障电流较大为低电阻接地方式，故障电流小于10A 时为高电阻接地方式。

（1）单相接地故障的特点：当发生单相接地故障时，故障电流较大，同时暂态过电压较大，接地故障电压传导到低压侧，严重时可达到额定电压5倍，易引起人身伤亡或火灾事故。因此当系统内发生单相接地故障，应当立即切断故障线路，优先保证供电安全，供电的连续性得不到保证。

（2）应用与设备配置：以电缆线路为主的10kV 配电网中，单相接地电流允许达到2000A；以架空线路为主的10kV 配电网中，单相接地电流允许达到300A。同时应当配备能快速定位和隔离故障的配电网自动化设备，将故障快速排除。目前在我国部分城市配电网中，逐步采用中性点经小电阻接地方式。

**2.5.2.4　10kV 配电网中性点经高电阻接地系统**

（1）单相接地故障的特点：由于电阻属于耗能元件，可以有效释放电容电流的电荷，同时消耗谐振过电压的能量，并将暂态过电压限制在允许水平。当发生单相接地故障时，由于中性点存在通路，因此非故障相的电压升高幅度不高，传到低压侧后电压升高一般为20%的水平，距离故障点较远的负载电压上升程度更低，能满足长期运行的要求，供电的连续性得到保证。此外，高电阻接地系统具有可简化保护配置、方便检测接地故障线路、隔离故障点的特点。但是由于其不能减小接地故障电流，仅适用于容性电流较小的系统。

（2）应用与设备配置：中性点经高电阻接地系统中，需要安装绝缘监测装置。发生接地故障时，绝缘监测装置发出信号，运行管理人员找出接地故障线路，及时排除故障。目前我国上海、广州、深圳、珠海、苏州等城市已采用中性点经高电阻接地方式，限制过电压不超过额定2.6倍，同时可以保证接地保护的灵敏度和选择性。

### 2.5.3　380V 配电网的接地

**2.5.3.1　380V 接地系统分类**

我国的低压配电系统，即380V 系统有三种接地形式：IT 系统、TT 系统、TN 系统。

接地系统由两个英文拼写而成，其中第一个字母代表电源侧的接地方式，第二个字母代表负载的可导电表面的接地方式。例如第一个字母 T 表示电源端有一点直接接地，I 表示电源端不接地或有一点通过阻抗接地；负载侧要求可导电表面都接地，T 表示负载接地点与电源接地点各自独立接地，N 表示电源和负载有公共接地点。我国低压配电网常用 TN 接线方式，尤其是 TN-S 系统、TN-C-S 系统使用得较多。

## 2.5.3.2 IT系统和TT系统

(1) IT系统：IT系统是电源中性点不接地，用电设备可导电表面就近直接接地的系统，如图2.32（a）所示。如果用在供电距离很长，发生短路故障或漏电使设备外壳带电时，漏电电流与大地之间形成通路，由于电流较小，开关设备不一定动作，存在隐患。因此，IT系统我国用得较少。

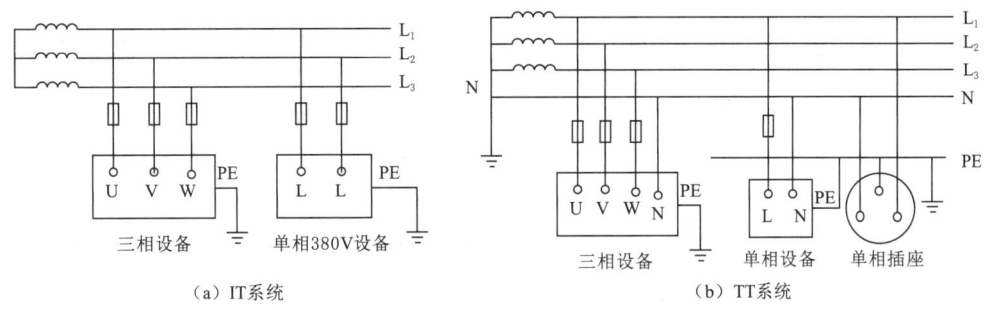

图2.32 IT系统和TT系统接线示意图

(2) TT系统：系统接线示意图如图2.32（b）所示。接地线PE与零线N没有直接连接，正常运行时零线N有不平衡电流，而地线PE没有电流。TT系统PE线断线的几率小且容易被发现，适用于接地分散的场合。用电设备可导电表面带电时，接地电流较小，开关保护较难，同时接地材料消耗较多。由于存在这些缺点，限制了TT系统的普及应用。

### 2.5.3.3 TN系统

TN系统即电源中性点直接接地、用电设备可导电表面与电源中性点直接电气连接的系统。TN系统接地故障或设备可导电表面带电时，故障电流较大能够触发开关跳闸，同时有效降低设备表面带电电压。由于接地材料相对较少，TN系统经济性好、施工时间短，在我国和其他许多国家广泛得到应用。TN系统中，根据其保护零线是否与工作零线分开而划分为TN-C系统、TN-S系统、TN-C-S系统三种形式。

1. TN-C系统

TN-C系统如图2.33所示，PE线和N线的功能统一，设备与N线与PEN线直接连接，其优点是故障或设备漏电时开关或熔断器动作快。但TN-C系统也有一定缺点：三相负载不平衡时，零线N不平衡电流引起对地电压，设备外壳带电；如果零线断线，设备外壳带电问题严重；火线接地故障会导致设备外壳电压升高。由于固有技术上的种种弊端，现在已很少采用，尤其是在民用配电中已基本上不允许采用TN-C系统。

2. TN-S系统

TN-S系统俗称三相五线

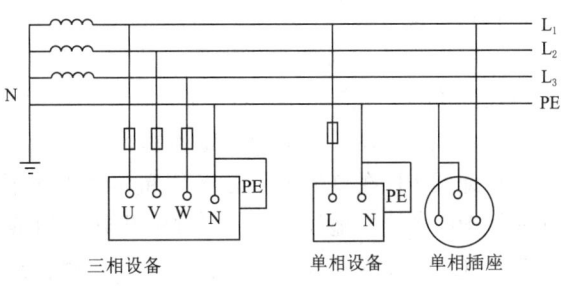

图2.33 TN-C系统接线示意图

制，电源侧零线 N、地线 PE 同时接地，用户侧零线 N 和地线 PE 则分开。TN-S 系统接线图如图 2.34 所示。

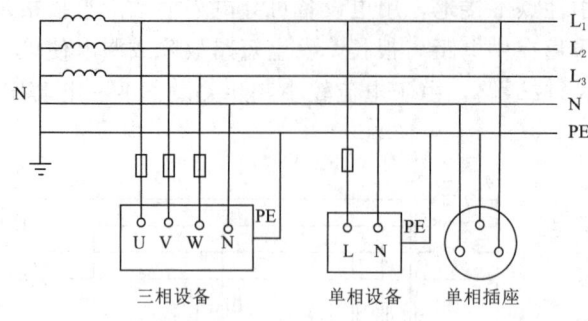

图 2.34　TN-S 系统接线示意图

系统正常运行时地线 PE 无电流且对地无电压，零线 N 有不平衡电流。实际应用时，要求地线 PE 不能断线运行；如需配置漏电开关保护漏电时的人身安全，地线 PE 用漏电开关断开；零线 N 不允许多点接地，地线 PE 可根据实际情况设置多个接地点。TN-S 方式配电系统安全可靠，适用于工业与民用建筑等低压配电系统。城市配电网，尤其是低压配电线路供电半径较短时，应用较多。

3. TN-C-S 系统

TN-C-S 系统是 TN-C 系统和 TN-S 系统的结合形式，接线图如图 2.35 所示。

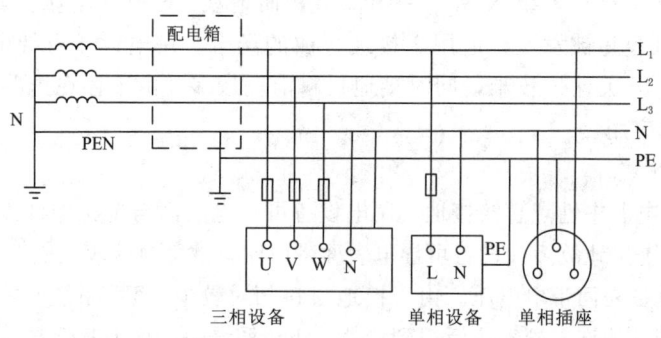

图 2.35　TN-C-S 系统接线示意图

TN-C-S 系统适合于电源点距离用户较远的低压配电网。例如农村配电网线路较长，如果使用 TN-S 系统，必须通过架空的方式将地线 PE 连接到配电变压器中性点，经济性不佳；而地线 PE 不允许断线，则长距离架空存在隐患。因此 TN-C-S 采用负载的地线 PE 随配电箱就近接地的方案。

TN-C-S 系统具有以下特点：

（1）可以降低设备外壳对地的电压但不能消除，电压的大小由负载不平衡的情况及线路长度决定，负载不平衡电流不能太大，而且在 PE 线上应多点接地。

（2）地线 PE 在任何情况下都不能由漏电开关断开，避免更大范围停电。

（3）地线 PE 在总配电箱处必须和零线 N 相接，其他各分配电箱处均不得把零线 N 和地线 PE 连接，地线 PE 上不许安装开关和熔断器。

TN-C-S 系统是在 TN-C 系统上的改进系统，当变压器中性点接地良好，且三相负载比较平衡时，TN-C-S 系统运行效果较为理想，但是三相负载不平衡时则必须采用TN-S系统。

**【任务实施】**

1. 实训准备

某区域10kV配电网接地系统设计方案。

2. 实训内容及步骤

实训内容：某区域10kV配电网接地系统改造。

根据某区域10kV配电网接地系统完成以下培训项目：

(1) 10kV避雷器改造方案设计。

(2) 10kV架空避雷线设计。

3. 实训成果及考核评价

10kV配电网接地系统改造方案，占100%。

**【思考与练习题】**

1. 简述10kV配电网的防雷主要措施。

2. 简述10kV避雷器的安装配置要求。

3. 简述中性点经低电阻接地系统配置要求。

4. TN-S系统与TN-C系统相比具有哪些优点？

2.10 低压配电网的接地

# 项目3 配电网自动化系统

## 任务3.1 认知配电网自动化主站系统

【学习目标】
1. 认知配电网自动化主站系统和功能。
2. 掌握配电网自动化主站系统的运行控制基本操作。
3. 了解主站的配电网运行管理系统和配电网调度自动化系统。

【任务引入】
配电网自动化主站系统是配电网自动化系统的核心部分，包含基于配电网数据采集与监控系统DSCADA、馈线自动化FA、配电网通信系统的配电网运行控制系统，基于地理信息系统GIS的配电网运行管理系统DMS，以及配电网调度自动化系统DPAS。

【重点难点】
重点：配电网数据采集与监控系统DSCADA的功能与基本操作。
难点：配电网自动化主站各部分的构成与功能。

【知识学习】

### 3.1.1 配电网自动化主站系统及其功能

#### 3.1.1.1 配电网自动化系统

配电网自动化是对配电网上的设备进行远方实时监视、协调及控制的一个集成自动化系统。它是近几年发展起来的新兴技术和领域，是现代计算机技术和通信技术在配电网监视与控制上的应用。配电网自动化系统构成如图3.1所示，由配电网运行控制系统、配电网运行管理系统、通信系统、配电网自动化子站、配电网自动化终端构成。

配电网运行管理系统按照电压等级，可以分为能量管理系统EMS和配电网运行管理系统DMS，见表3.1。同时，配电网运行管理系统DMS也是配电网自动化主站的组成部分。

能量管理系统EMS负责输变电调度自动化的运行管理，管辖范围涉及35kV及以上输电网络；配电网运行管理系统DMS负责配电网运行与管理，管理10kV及以下配电线路。

#### 3.1.1.2 配电网自动化主站系统

1. 配电网自动化主站系统的定义

配电网自动化主站系统是配电网自动化系统的核心部分，实物可见图1.8的PRS-3000智能配电网主站系统。PRS-3000智能配电网主站系统由通用平台、配电网数据

## 任务 3.1 认知配电网自动化主站系统

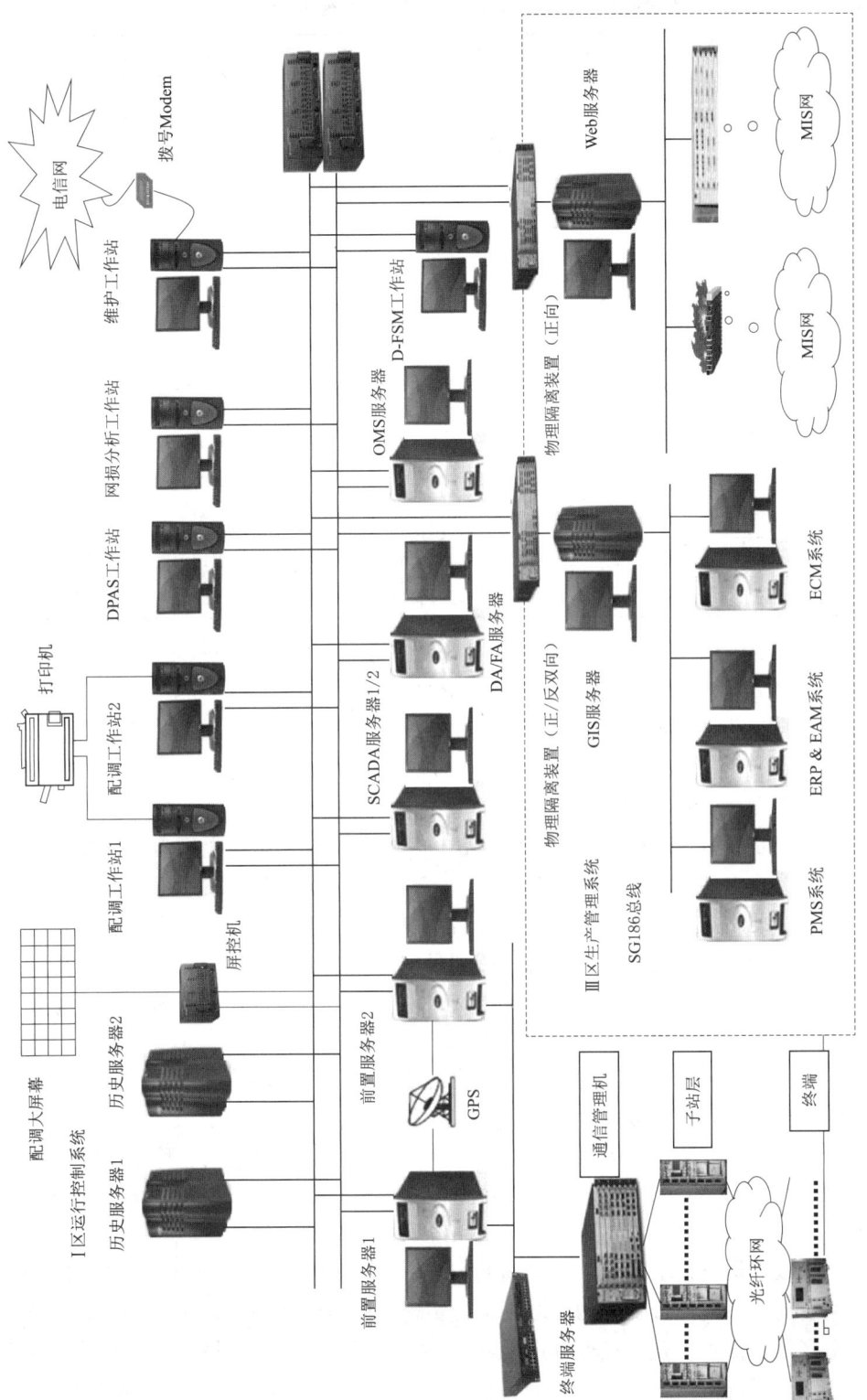

图 3.1 配电网自动化系统构成图例

表 3.1　　能量管理系统 EMS 和配电网运行管理系统 DMS 的对比

| 项 目 名 称 | 能量管理系统 EMS | 配电网运行管理系统 DMS |
|---|---|---|
| 数据采集与监控 SCADA 功能控制范围 | 变电站内开关 | 变电站内 10kV 出线开关 |
| | | 10kV 开闭所 |
| | | 户外 10kV 开关 |
| | | 箱式/柱上变压器 |
| 主站平台设计 | 通用平台，支持 EMS/DMS | 通用平台，支持 EMS/DMS |
| 监控终端和子系统 | 远程终端单元 RTU | DTU |
| | | FTU |
| | | TTU |
| | 变电站综合自动化系统 | 配电网自动化子站 |
| 自动作图与设备管理 | EMS 一般不考虑 | DMS 特有功能 |
| 地理信息系统 GIS | 输电 GIS | 配电网 GIS，配网管理的平台 |
| 安全功能 | 变电站保护 | 馈线自动化 FA |
| 高级软件功能 | 调度自动化 PAS | 配电网调度自动化 DPAS |
| 管理功能 | 调度员运行管理 | 配电网运行管理 |

采集与监控 DSCADA、馈线自动化 FA 系统、基于地理信息系统 GIS 的配电网运行管理系统 DMS 和配电网调度自动化系统 DPAS 组成。

配电网自动化主站系统和输电网自动化系统相比而言，难点主要体现在以下几个方面：

(1) 监控点多、数据面广：输电网自动化的测控对象一般都是较大型的 110kV 以上变电站以及少数 35kV 和 10kV 变电站，因此站点少。而配电网自动化主站系统的测控对象为变电站 10kV 出线开关、10kV 开闭所、小区变电站、配电变电站、分段开关等，因此站点非常多。站点多不仅给系统组织带来较大困难，而且在控制中心的计算机网络上，要处理大量的信息，特别是图形工作站要想较清晰地展现配电网的运行方式，困难将更大。因此，对于配电网自动化主站的后台控制主机，无论是硬件还是软件，较输电网自动化系统，都有更高的要求。

(2) 通信要求可靠性高：配电网自动化终端设备的运行环境基本是户外，温度范围广，湿度变化大，环境非常恶劣。因此，设备的关键部分必须采用工业级芯片，还要考虑防雨、散热、防雷等因素，所以设备制造难度大，造价也高。因经常需要调整配电网的运行方式，对配电网自动化系统中的站端设备进行远方控制频繁，这也要求配电网自动化主站与终端设备之间的通信系统具有较高的可靠性。

(3) 馈线自动化设定复杂：故障位置判断、隔离故障区段、恢复正常区段供电，是配电网自动化系统最重要的功能之一。为实现这些功能必须确保在故障期间，能够获取停电区段的信息，并通过远方控制跳开一部分开关，再合上另一部分开关。计算机系统和通信系统应当配置备用电源，避免故障区段停电时无法从线路取电的问题。同时关键位置的开关，也应当配置满足分合闸储能要求的备用电源。

2. 配电网自动化主站系统设计原则

（1）标准性：系统应遵循相关国际和国内标准，包括软硬件平台、通信协议、数据库以及应用程序接口等标准；应采用开放式体系结构，提供开放式环境，支持多种硬件平台，应能在多种操作系统环境下稳定运行。

（2）可靠性：系统选用的软硬件产品应经过行业认证机构检测，具有可靠的质量保证；单点故障不应引起系统功能丧失和数据丢失。

（3）安全性：系统应具有完善的权限管理机制，保证信息安全；系统应具备数据备份及恢复机制，保证数据安全。

（4）易用性：系统中的软硬件和数据信息应便于维护，有完善的检测、维护工具和诊断软件；各功能模块可灵活配置；人机界面友好，交互手段丰富。

（5）先进性：系统硬件应选用符合行业应用方向的主流产品，满足配电网发展需要；系统支撑和应用软件应符合行业应用方向，满足配电网应用功能发展需求；系统构架和设计思路应具有前瞻性，满足智能配电网发展的需求。

**3.1.1.3 配电网自动化主站系统的功能**

配电网自动化主站系统功能较多，涉及配电网运行、维护、管理各个方面。

以 PRS-3000 智能配电网主站系统为例，功能包括数据采集、数据处理、人机界面功能、图形编辑功能、事故及事故报警处理、事件顺序记录、历史断面回显及事故追忆、安全子系统、容错措施、打印输出、系统对时、系统的设备管理功能、站端系统维护、馈线自动化 FA、开放的系统接口等。

1. 数据采集

配电网自动化系统主站（以下简称配电主站）通过通信网络收集配电网自动化终端采集系统的实时数据，实现基本"四遥"功能，其示意图见图 3.2。此外配电主站与相关系统、子站之间依靠通信网络联络。

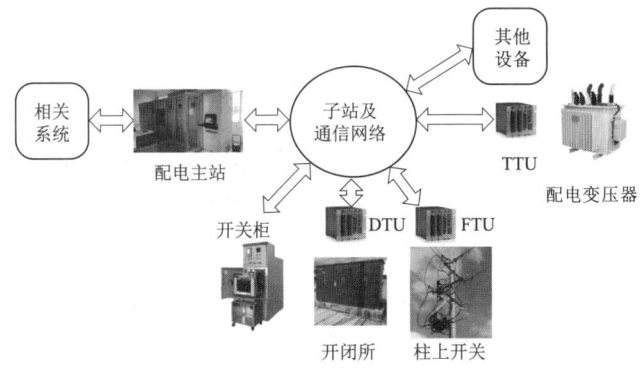

图 3.2　配电网自动化主站系统基本"四遥"功能示意图

（1）遥测功能：配电网自动化终端包括馈线终端 FTU、站所终端 DTU 和配变终端 TTU，终端通过电流互感器、电压互感器，采集配电网各线路、开关上的电压、电流、功率频率等电参数，通过通信网络上传至配电网自动化主站，实现线路运行监控功能。

(2) 遥信功能：配电网自动化终端除了电参数，还将开关设备、变压器的状态参数，例如分合闸状态、分合闸时间、分合闸原因、设备温度等参数，用于检测配电网设备工况和运行条件变化的情况。遥信与遥测的区别是，遥信功能通常使用传感器、设备辅助触点构成二次回路采集设备状态，遥测需要配合互感器构成二次回路测量电参数。

(3) 遥控功能：配电网自动化主站通过通信网络，向各终端发出开关分合闸命令，包括正常分合闸、故障分合闸、停电分闸和复电合闸命令，终端利用其继电器与开关设备分合闸线圈连接，完成分合闸控制。可解决配电网线路户外设备难以派人长期值守的问题，主站的闭锁功能也能避免开关设备合闸到故障上或检修线路上，保障配电网和人员的安全。

(4) 遥调功能：主要指配电网电能质量远程调节功能，包括配电网线路无功补偿设备自动投切功能、三相不平衡治理功能等。

数据采集系统的特点：采用面向对象技术，分组、分层设计的结构；通信规约类库和通信设备类库设计的开放性和可扩展性；基于事件驱动的程序设计流程；同组主备系统任务分流机制的实现。

2. 数据处理

能够对数据进行检查，对数据进行合理性检验，删除不合理的实时数据。功能包括模拟量数据处理、状态量处理、报警量处理、累计量处理、计算量处理等。

3. 人机界面功能

采用全图形化人机接口设计，应用面向电力对象的开放性处理机制，提供跨应用的统一图形平台，供跨应用显示访问。图形及人机界面系统全部采用了面向对象技术，所有图元和电力系统符号作为对象处理，使处理更加方便，图形系统可显示高质量的三维图形，可显示更加富有真实感的图像，系统还支持单机多屏的显示方式。

PRS-3000 配电网自动化主站人机主界面如图 3.3 所示，包括配电网接线图、通信工况、事项查询、曲线查看、节点调节、实时数据、实时告警等功能。

4. 图形编辑功能

图形编辑系统能以单线图方式显示 10kV 架空线路、10kV 电缆线路图，图形能在线生成、编辑、修改。在系统画面中，有多种动态的数据表格，包括实时数据的值、状态或报警条件，可查询显示及操作模拟显示，对于遥控操作具有安全保护功能。并具有改变画面前景颜色、背景颜色、横向位移、旋转角度等功能，并能在线对各种图形进行处理，同时提供调度日常事务处理所需的其他信息。

配电网主站系统提供功能强大的绘图包实现图形的在线编辑。在一个有权限的机器上编辑的图形可实时更新到全系统。该绘图包具有如下功能：所有图符都可与实时数据库连接，实现图符的动态显示。图上任意的实时数据动态点可以采用任意字体、方向、颜色和格式显示。具有方便、灵活、丰富的图元编辑功能。支持图元的块定义、拷贝、移动、删除和块读入、存盘功能。图形编辑还具有块图元对齐、等分、等大小和图元的旋转，绘图仪出图功能，图形的在线编辑与系统时间可同时更新。

## 任务 3.1 认知配电网自动化主站系统

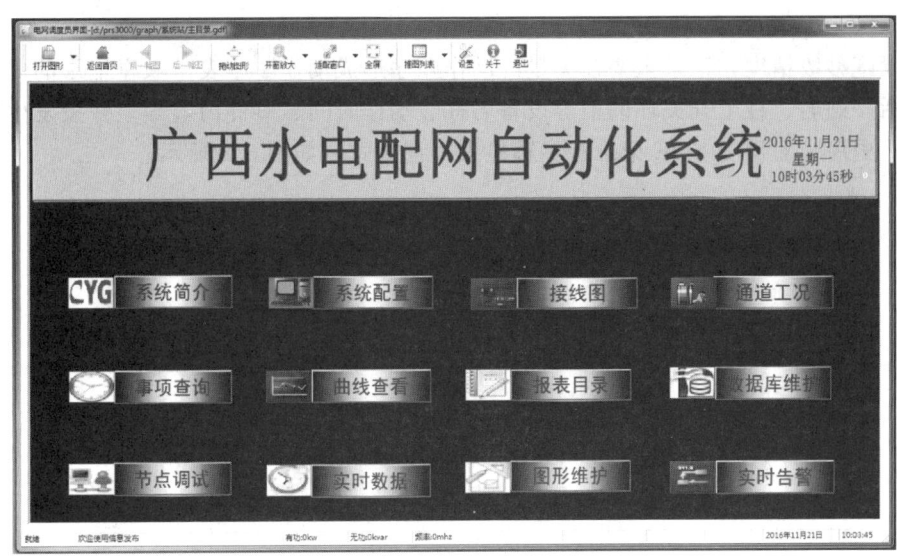

图 3.3 PRS-3000 主站人机主界面

**5. 事故及事故报警处理**

事故包括：电力设备的运行状态改变；模拟量及累积量；主站设备、配电网自动化终端不正常操作和设备故障；通道故障报警；设备及程序运行事件；配电网故障诊断事件；综合自动化保护事件；操作事件，包括库操作、人工置数、遥控、遥调操作等；用户定义的其他报警。

事项告警界面如图 3.4 所示，例如配电网开关设备分合闸位置变位，包括人为操作变位、保护变位、开关变位次数等信息。为了保证安全，需要人为确认具体事项，保证配电网和现场工作人员的安全。

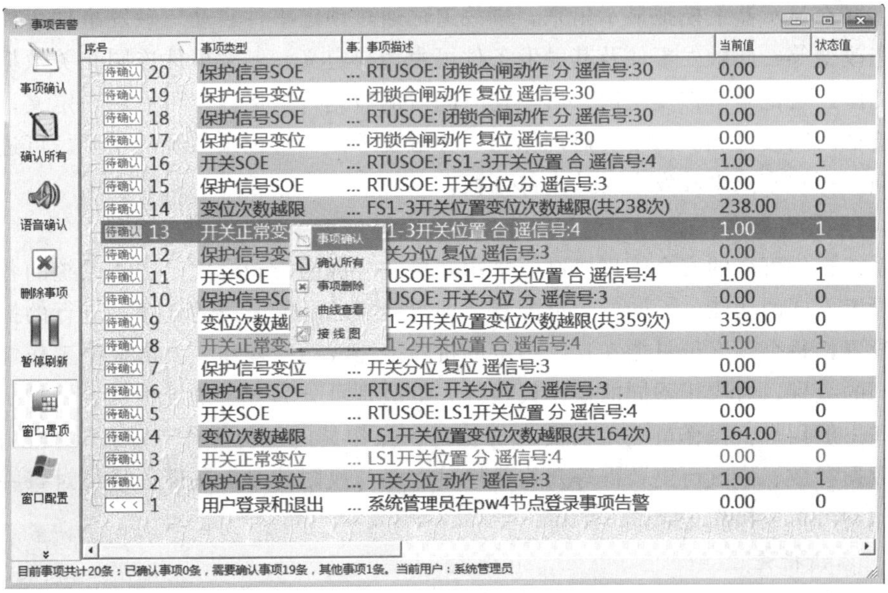

图 3.4 PRS-3000 主站事项告警界面

## 6. 事件顺序记录（SOE）

以毫秒级精度，记录主要开关量的动作顺序形成动作顺序表。顺序记录的内容主要包括厂站名、柱上开关环网柜等设备名称、动作时间、事件内容等；并按发生顺序存入历史库。对历史 SOE 记录有多种检索查询方式，如图 3.5 所示。

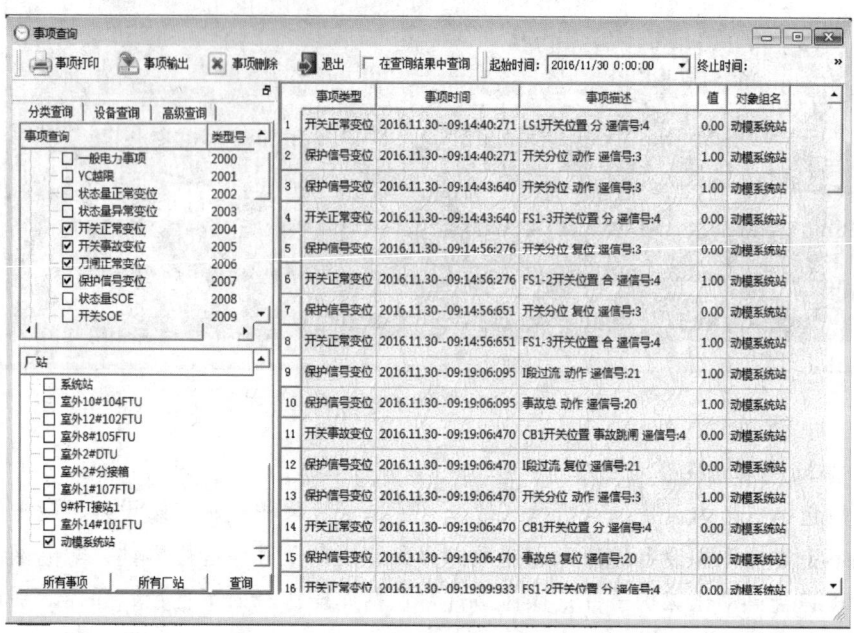

图 3.5　PRS-3000 主站事件顺序记录功能

## 7. 历史断面回显及事故追忆（PDR）

系统按历史数据预定义的存盘点，可以任意回显过去及当前任一时刻的系统运行状态，并在显示器上模拟显示出来。事故追忆通过预定事件启动，触发事件可以是设备状态改变等，此触发事件及其触发条件可由用户定义，触发事件连同相关数据可存入历史库。可记录事件发生前、后一定时间段的数据，追忆内容可由用户定义，事故前后追忆时间段可调。调度员启动作为一种触发事件，可记录系统的快照。可进行事故重演，可观察到事故发生时的全部画面。

## 8. 安全子系统

系统提供可靠的安全管理机制，采用多层、分级的管理模式。主站系统的各个节点可设置不同的功能、不同的人员配置，即每台机器所能完成的任务、进行的操作可在线设置，每个调度员只能在自己指定的机器上完成调度操作。人员根据工作性质分为不同的级别，对应于不同的操作权限。人员级别可分为：系统维护员、维护员、操作员和一般用户。操作员登录需要身份认证。操作员的任何操作（遥控、人工置数、修改数据参数、修改历史数据等）均要经过密码与权限的双重认证。系统对每一个重要操作均可形成操作记录。

## 9. 容错措施

系统提供丰富的容错措施，包括：通信超时处理；通信校验错处理；通信封锁与解锁处理；遥控上锁与解锁处理；遥控二级确认处理；分母为零，非法值（无穷大、无穷小等）处理。

10. 打印输出

报表打印，配调工作站均可召唤打印所需要的报表；报表的生成在报表工作站上进行；报表可定时打印，时间等均可设置，例如实时打印和图形打印。

11. 系统对时

系统可由 GPS 全球定位时钟提供标准时间，同时向全系统发对钟命令，包括主站系统的各个节点的机器、FTU、DTU、TTU 等。可实现与网络上其他系统的对时服务。支持人工对时功能。

12. 系统的设备管理功能

配电网主站系统在调度员界面上以图形的方式显示全系统的运行情况，包括：系统实时运行工况，各子系统运行情况，系统配置图及其运行情况，FTU、DTU、TTU 配置图及其运行情况，各节点 CPU 负载，各个机器参数表，主机运行监视和故障自动切换，网络运行状态监视及网络数据传输监视，各节点系统运行进程状态监视和在线编辑，提供在线系统维护功能。

13. 站端系统维护

系统具有强大的维护功能，利用现有的通信通道，可在配电主站端维护配电网子站和配电终端，也可远程/当地通过笔记本电脑维护配电网子站，即通过配电网子站维护配电终端。维护功能包括参数设定、工况显示、系统诊断等。提供在线分段开关定值远方设置与修改功能。

14. 馈线自动化 FA

正常情况下，远方实时监视馈线开关和馈线电流、电压等情况，在配电网线路发生故障时获取故障记录，自动定位故障发生位置和区段，对线路开关进行远方分闸操作以隔离故障区段，并对隔离后所产生的失电非故障区段与正常供电区段联络开关进行远方合闸操作以恢复供电。

15. 开放的系统接口

可实现与上级 SCADA 系统的数据交换，具有与 MIS 系统的接口和负荷控制系统的接口，系统可灵活实现和用电营业管理系统的接口。

### 3.1.2 配电网运行控制系统

配电网运行控制系统包括配电网数据采集与监控系统（DSCADA）、馈线自动化 FA 系统、配电网通信系统。本节主要从功能配置和典型操作方面介绍配电网监控系统（DSCADA），馈线自动化将在项目 4 学习，配电网通信系统见任务 3.3。

#### 3.1.2.1 配电网数据采集与监控系统（DSCADA）

配电网数据采集与监控系统功能包括：数据采集、数据处理、控制功能、人机界面功能（工况监视功能）、图形编辑功能、事件及事故报警处理、事件顺序记录（SOE）、历史断面回显及事故追忆（PDR）、安全子系统、容错措施、打印输出、系统时间的统一、系统的设备管理、监视功能、站端系统维护，是配电网自动化主站的基础和必备系统。

3.2

配电网自动化主站系统有哪些基本功能

在主站软件系统构成方面，配电网数据采集与监控系统功包含平台层基于中间件的数据总线，以及应用层的基本功能，如图3.6所示。

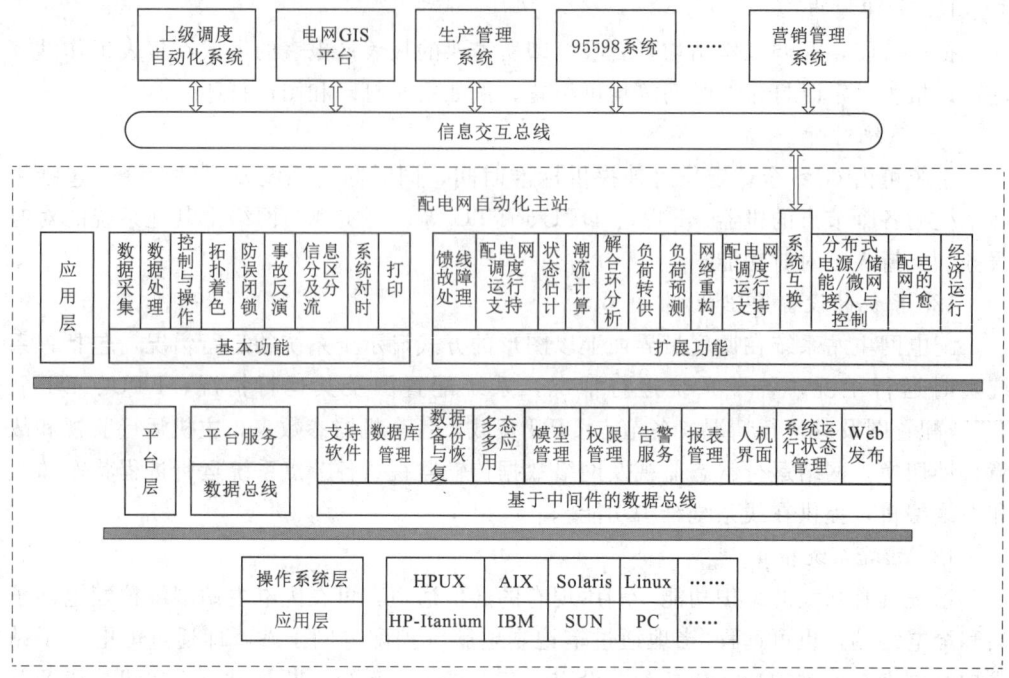

图3.6 配电网自动化主站软件系统构成

#### 3.1.2.2 配电网自动化主站的遥控分合闸操作

运行中的10kV线路，开关分合闸操作有可能会导致用户停电，因此实训系统配置动模系统用于实操演练，操作步骤、界面、要求等与现场10kV开关一致，或者对不带电的10kV线路进行遥控分合闸操作演练。遥控分合闸操作的前提是，现场开关设备处于可远控分合闸状态，即控制切换按钮处于远控位置。

1. 主站系统电气主接线界面

配电网自动化主站配备有图形化的操作界面，如图3.7所示。

直接点击开关设备可以查看开关设备数据，包括开关两侧电压、电流、功率、频率等电参数数据，还包括开关分合闸状态、开关分合闸状态、弹簧储能状态等。

线路和开关设备以电气接线图的方式显示，同界面可显示数量较多的开关和线路。当线路带电时系统会标记彩色，不同的馈线颜色各异，停电时为灰白色，直观显示供电和停电区段。当2回线路的联络开关闭合时，联络的线路标记为相同的颜色，便于操作管理。电气接线图要求操作人员熟知配电网实际地理接线和供电范围，以免影响配电网的运行。当系统用于培训时，也可显示为实际的地理接线图，但是同屏幕内显示的线路和开关数量较少，只适合区域配电网的局部监控，不利于整体监控。

2. 遥控分合闸操作

PRS-3000主站的遥控分合闸操作，分为状态检查、主接线图操作、开关操作三个步骤：

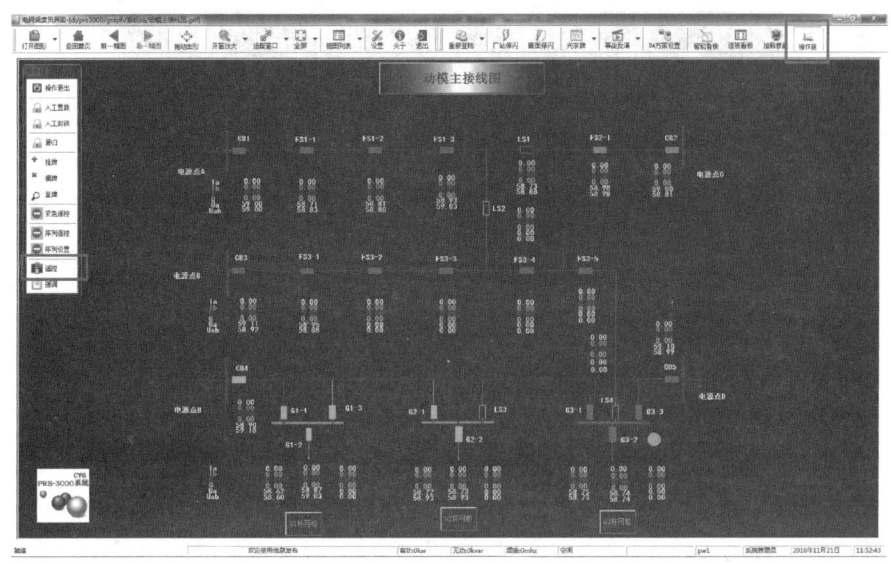

图 3.7 配电网自动化主站软件系统界面

(1) 开关和通信状态检查：开关的切换按钮处于遥控位置，并确认通信正常。

(2) 配电网主接线图操作：电气主接线图选择"操作盘"按钮，调出操作盘菜单，选择"遥控"按钮，密码界面输入正确密码，即可对开关进行遥控分合闸操作。

(3) 开关遥控分合闸：点击需要操作的开关，弹出控制预置对话框，选择"预置"，此时弹出控制执行对话框，选择"执行"按钮，即可进行开关设备远控分合闸操作。开关分合闸操作完成后，应当检查停电情况或供电区段更变情况等。

#### 3.1.2.3 配电网自动化系统挂牌操作

PRS-3000 系统提供了软件挂牌操作的功能，当主接线图进行了挂牌操作，则终端分合闸操作被闭锁，此时不可进行遥控分合闸操作。挂牌操作可用于检修遥控合闸闭锁，提醒主站操作人员和子站工作人员，避免误合闸。

挂牌操作的设置方法：电气主接线图选择"操作盘"按钮，调出操作盘菜单，选择"挂牌"按钮，密码界面输入正确密码即进行挂牌操作。挂牌操作的操作对象可以是开关或者线路，当需要摘牌的时候，可以点击"摘牌"案件，逐个摘牌。

注意当软件挂牌时，就地操作依然可以对开关进行分合闸操作，因此检修分合闸操作以现场工作人员命令为准，挂牌功能仅用于遥控闭锁和远方人员提醒。

挂牌效果如图 3.8 所示，图中 FS3-1 和 FS3-2 开关处于分闸状态，两个开关之间的线路停电，软件挂牌不影响现场操作。在挂上线路检修牌或故障牌后，两侧开关都无法遥控操作，开关的挂牌只能闭锁本开关遥控分合闸。

#### 3.1.2.4 配电网自动化系统状态及历史事项查询

PRS-3000 配网自动化系统提供曲线查看功能、实时事项告警、历史事项查询功能。

*1. 曲线查看功能*

在电气主接线图界面，选择相应开关的参数，如电流、有功功率、无功功率、相

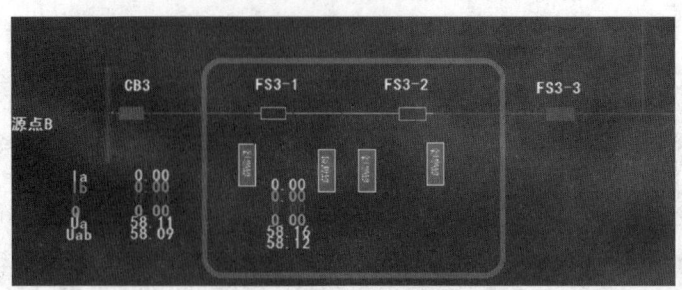

图 3.8 配电网自动化系统挂牌操作案例

电压、线电压等参数，即可对参数曲线进行查看。

2. 实时事项告警功能

实时事项告警可以通过列表、语音报警、短信报警等多种形式对当前发生的系统事项、操作事项、电力历史事项等进行提醒，为调度人员掌握当前系统的运行情况提供重要信息。在系统标志区单击"实时运行"组右侧箭头，弹出应用程序列表后，选择"事项告警"，输入密码进入事项告警界面。弹出的事项告警界面可见图 3.4，确认事项有两种方式：

（1）单事项确认（系统设置中"自动搜索匹配"无效）：当有新事项时，需要进行确认的事项显示"待确认"图标，选择该事项点击"事项确认"按钮后，图标变成"已确认"。

（2）匹配确认（系统设置中"自动搜索匹配"有效）：当有新事项时，需要进行确认的事项显示"匹配中"图标，操作后显示"已匹配"图标。

3. 历史事项查询功能

控制台主界面选择"历史事项查询"，进入事项查询窗口。事项查询选择"SCADA 事件"中的"开关正常变位""开关事故变位""刀闸正常变位""保护信号变位"，厂站选择主接线上的开关设备，设定时间，可查询开关操作历史事项。注意启动历史查询功能，必须在服务器主站创建历史数据库表进程。

### 3.1.3 配电网运行管理系统

配电网运行管理系统主要包括配电网地理信息系统、配电网生产管理系统。如果配电网主站系统未选配，也可以通过信息交互总线从相关系统中调用数据与功能。

#### 3.1.3.1 配电网地理信息系统（GIS）

1. 配电网 GIS 的概念

配电网地理信息系统简称配电网 GIS，是一种直接将地图和坐标信息融入配电网经营活动之中，应用全新配电网自动化技术的管理工具。

建设配电网 GIS 的目的是为配电网络运行管理提供一种基于地理位置空间信息的计算机管理的现代化技术手段。利用这种手段可随时了解配电网分布及其相关属性和实时信息，以提高配电网规划建设、运行、维护、设备管理的水平和工作效率，并支持相关的管理过程，例如用电业务扩展报装、营业抄表、事故抢修、负荷管理与调度、电能质量管理、线损管理、供电可靠性统计等。

配电网 GIS 必须与其他实时系统（配电网自动化系统、调度系统）相连接，并能在地理背景图上动态显示实时系统采集的配电网运行的信息。

2. 配电网 GIS 的特点

配电网 GIS 具有设计模式的一体化和系统配置的开放性两个显著特点。

（1）设计模式的一体化：包含图形文件全网统一、支撑平台与 GIS 平台一体化设计结构、历史数据与 GIS 系统空间数据一体化设计、有效合理的功能分布、界面一体化设计。

（2）系统配置的开放性：全开放系统配置充分体现了系统的灵活性，内容包括线路模型、支持用户自定义设备类型、支持用户自定义台账数据的数据属性、支持用户自定义或定做系统管理用对话框等。

3. 配电网 GIS 的功能

配电网 GIS 主要有实时显示功能、地图操作、系统通用工具等，还包括维护功能等。

（1）实时显示功能：是配电网 GIS 实用性的重要体现，主要包括遥测、遥信、线路带电状态等信息的实时显示。实时显示建立在配电网数据采集与监控系统 DSCADA 基础上，数据动态地显示在 GIS 图形上，可以有效提高配电网运行管理效率。

（2）地图操作：包括图层控制、图形无级缩放、地图导航、图形信息疏密效果自动校正、图形分类、突现电力设施等功能。

（3）系统通用工具：包括标尺测量、线路长度、地图标注等。可以测量地图上的距离，可以非常方便地应用于配电网的辅助设计，同时便于进行地图查询和地理位置定位。

（4）维护功能包括图形数据录入、属性数据录入和线路维护。

1）图形数据录入：包括电力设施图形的维护，对线路、开关、变压器、隔离开关、杆塔等电力设备，系统可提供专用工具进行增加、删除、修改等操作，支持用户自定义设备类型。也可以利用数字化仪、扫描仪等录入工具将行政区、建筑、街道等纸图转化为电子地图。

2）属性数据录入：数据包括变电站参数、变电站数据、变电站开关数据、线路参数、线路设备参数、柱上设备、10kV 杆塔、低压台变等参数。

3）线路维护：线路的维护是系统中最重要的维护，包括杆塔编号自动重排、杆塔台账自动录入、架空转电缆线路和电缆转架空线路自动处理方案。

### 3.1.3.2 配电网生产管理系统

配电网生产管理系统为配电网的运行、维护和工程施工工作提供了信息化、科学化的工具，是配电网安全、可靠运行和高质量供电的重要保障。

根据当前配电运行部门在运行维护、检修和工程施工工作中的实际需求，主站所配备的配电网生产管理系统，主要包括以下几个方面的功能：

（1）运行管理：结合配电网实时信息，对配电网实时运行工况进行管理。主要有实时配电网络工况监测功能、实时网络统计查询功能、实时网络运行方式研究功能。

（2）停电管理：故障定位显示、故障信息统计、抢修和恢复、计划停电信息查询统计、供电可靠性指标数据的统计、提供停电事故的重演功能、模拟停电操作功能。

（3）设备及其维护检修管理：设备管理、设备维护及检修管理、巡视及检修功能。

（4）工程设计管理：工程规划辅助设计、施工计划和工作管理、工程资料输出功能。

（5）操作票、工作票及停电申请单管理功能：操作票和工作票是电力生产过程中调度和运行维护人员经常接触的工作，两票制度同时是保证电力生产安全的重要制度。

（6）安全管理：安全器具管理、安全记录和事故管理、安全教育培训功能。

（7）故障投诉电话管理：故障投诉电话的输入、故障投诉电话的处理功能。

（8）信息发布功能：配电网自动化主站系统可以通过信息发布功能向局域网或因特网发布信息，在客户端可以进行 GIS 的查询、统计、实时浏览等功能。

#### 3.1.3.3 配电网自动化主站系统的信息交互

配电网自动化主站系统的信息交互构成可见图 3.6 上部，配电网自动化主站系统通过信息交互总线与生产管理系统、上一级调度自动化系统、电网 GIS 平台、营销管理信息系统、95598 系统之间完成信息交互。

配电网实时数据、历史数据、故障信息、电源信息上传至信息交互总线，并接受电气单线图、网络拓扑和设备信息、停电信息、上一级调度的实时数据、变电站图形和拓扑，营销数据、用户信息、用户故障信息等。配电网自动化主站系统交互的信息见表 3.2。

表 3.2　　　　　　　　配电网自动化主站系统的信息交互

| 相关系统 | 配电网主站发送 | 配电网主站接收 |
| --- | --- | --- |
| 生产管理系统 | 配电网实时数据、历史数据 | 电气单线图、网络拓扑和设备信息、停电信息 |
| 上一级调度自动化系统 | 配电网实时数据、历史数据、电源信息 | 上一级调度的实时数据、变电站图形和拓扑 |
| 电网 GIS 平台 | 配电网实时数据、历史数据 | 地理图、拓扑数据 |
| 营销管理信息系统 | 配电网实时数据、历史数据 | 营销数据、用户信息、用户故障信息等 |
| 95598 系统 | 配电网实时数据、历史数据 | 用户故障信息和特殊情况信息 |

### 3.1.4 配电网调度自动化系统

随着配电网数据采集与监控 DSCADA 系统的成功应用，供电企业不再满足数据的采集和控制的功能，开始要求对基础数据进行分析，为配电运行方式等提供决策参考。同时输电网调度自动化的大量应用，为配电网调度自动化系统的发展提供成功经验。

配电网调度自动化系统主要是以配电网的网络结构及电网实时、历史运行状态或假想的运行状态为基础，通过理论计算分析配电网当前运行或未来运行状态的指标，例如经济性、安全性、可靠性等，为配电网安全、经济运行及其规划提供参考。配电网调度自动化系统的高级功能软件充分考虑了配电网与输电网的区别，针对配电网络结构和运行特点，开发了若干种实用的算法，主要包括拓扑分析、实时网损分析、潮流计算、故障分析等。

#### 3.1.4.1 配电网络拓扑分析功能

基本功能主要有：根据开关和隔离开关状态，确定电网的拓扑结构，如节点-支路的连接关系；当系统解列时，按节点规模从大到小的顺序、给出各个子系统的拓扑结果；对每个子系统内的节点进行优化排号；可由开关变位事项驱动或召唤驱动；对网络元件（线路、变压器、电容器、负荷等）设置切除/投运命令；对不带电网络还要表示出是否接地；对环网运行的情况给出告警。

采用快速简捷的分析方法，满足拓扑分析可靠、快速、有效的主要要求。例如馈线开关断开，则为该开关一侧的连接点或连接点组分配一个新母线；如果馈线开关闭合，则合并这个开关两侧连接点的母线为一个母线。

#### 3.1.4.2 实时网损分析功能

配电网网损计算根据电网的实际负荷及电网的正常运行方式，计算电网中各元件在一定时间内的电能损耗。通过线损计算，可以鉴定配电网结构及其运行方式的经济性能；查明配电网中损耗过大的元件及损耗大的原因；根据各元件损耗所占的比重，包括固定损耗和可变损耗所占的比重，对电力网的某些薄弱环节确定技术降损的主攻方向；考核实际线损是否真实、准确，合理分析管理损耗的程度，以便采取适当的管理措施，减少此类损耗。

配电网的网损计算，包括配变损耗的统计和线路损耗的统计的内容。

#### 3.1.4.3 配电网潮流计算功能

配电网潮流计算是配电网分析应用软件最基本的功能模块，是配电网运行分析和规划设计最常用的工具。不仅为配电网稳态运行的潮流分布提供依据，也为其他应用软件，如静态安全分析、故障电流计算等，提供研究方式和办法。

配网潮流计算功能和特点：具有实时刷新数据的功能，刷新时间可灵活定值；具有保存实时遥测、遥信数据的功能；具有模拟开关操作的功能；具有取历史断面、实时数据计算的功能；提供多种基本的潮流算法，也可计算环网运行的潮流分布；具有与站内图形、数据及表格的热点查询功能；具有计算告警信息显示功能（包括配变信息报警）。

#### 3.1.4.4 配电网故障分析功能

可进行故障设置和分析，可以在配电网数据采集与监控系统 DSCADA 的电气接线图，以及 GIS 的地理接线图中，单击选择故障线路，进行短路故障设置，包括故障类型、故障位置、故障过渡电阻等。可以同时设置多重短路故障，实现对复杂故障的分析计算。计算结果包括故障电压、电流，线路、节点各相、各序电压电流值。

配电网故障分析功能和特点如下：

（1）具有打印功能，包括表格与图形的打印。

（2）通过点击线路灵活设置短路点，出现短路信息过程，短路计算的短路形式包括 A 相接地、BC 相间短路、BC 相间短路接地、ABC 三相短路。

（3）具有读取历史数据、实时数据计算的功能。

(4) 有与站内图形、数据及表格的热点查询功能。

(5) 具有计算结果的表格查询功能,包括线路信息(3相电流、3相电压、各序电压、各序电流)。

(6) 根据设计的要求,计算出不同的保护定值。

**【任务实施】**

1. 实训准备

PRS-3000配电网自动化主站系统。

2. 实训内容及步骤

实训内容:配电网自动化主站的运行控制基本操作。

根据配电网数据采集与监控系统DSCADA的操作界面完成以下培训项目:

(1) 配电网自动化主站的遥控分合闸操作。

(2) 配电网自动化主站挂牌操作。

(3) 配电网自动化系统状态及历史事项查询。

(4) 根据实际情况,可在教师指导下完成故障复电操作。

3. 实训成果及考核评价

(1) 遥控分合闸操作、挂牌操作、状态及历史事项查询的实训项目操作,占50%。

(2) 实训认真度、责任度、努力程度,20%。

(3) 实训成果报告,30%。

**【思考与练习题】**

1. 什么是配电网自动化主站系统?

2. 配网自动化主站系统的基本功能有哪些?

3. 配电网数据采集与监控系统DSCADA的功能有哪些?有什么具体操作方式?

4. 简述配电网GIS的概念与功能。

5. 为什么配电网自动化主站系统需要信息交互?

6. 配电网调度自动化系统的功能是什么?

## 任务3.2 认知配电网自动化终端

**【学习目标】**

1. 掌握配电网自动化终端的类型。

2. 了解配电网自动化终端的作用、操作和接线。

3. 认知故障指示器的工作方式和技术要求。

**【任务引入】**

配电网自动化终端主要功能有"三遥"、故障检测、数据存储、参数设置、终端自检、对时、遥测越限检测、继电保护、数据转发等功能,类型包括馈线终端FTU、站所终端DTU、配变终端TTU,以及故障指示器等辅助的终端。本任务还介绍了终端的基本操作、接线,以及故障指示器的分类、工作方式和技术要求。

## 任务3.2 认知配电网自动化终端

【重点难点】

重点：配电网自动化终端的类型和功能。

难点：站所终端的遥控、遥信接线原理。

【知识学习】

### 3.2.1 配电网自动化终端

#### 3.2.1.1 配电网自动化终端的定义与分类

1. 配电网自动化终端的定义

配电网自动化终端简称配电终端，是安装在10kV中压配电网的各种远方监测、控制单元的总称。配电网自动化终端主要应用于目前配电网中的环网柜、小型开闭所、箱式变电站、柱上开关、配电变压器等，可与配电网自动化主站和子站系统配合，实现电量的采集和控制，故障检测、故障区段定位、隔离及非故障区段恢复供电，提高供电可靠性。

2. 配电网自动化终端的分类

配电网自动化终端的主要有三种基本类型，包括馈线终端（FTU）、站所终端（DTU）、配变终端（TTU）；此外还包括用于辅助的终端，例如故障指示器。

（1）馈线终端FTU：应用于架空线路的远方测控终端，主要作用是柱上开关监控。包括箱式结构与罩式结构，与开关、电压互感器、电流互感器集成，组成自动化成套设备。

（2）站所终端DTU：应用于电缆线路的远方测控终端。站所终端主要用于配电网馈线回路的开关站、配电室、环网柜、箱式变电站等处。

（3）配变终端TTU：也称为配电变压器终端，监测并记录配电变压器运行工况，集计量、电能质量监测、配变工况监测、无功补偿四项功能于一体。

（4）故障指示器：用于检测配电线路短路及接地故障的设备，可以免停电安装。

#### 3.2.1.2 配电网自动化终端的结构与连接

1. 配电网自动化终端的结构

配电网自动化终端结构包含输入输出接口、模数转换、DSP芯片、可编程逻辑器件、主CPU、通信元件、程序与数据存储模块等器件构成，结构示意图如图3.9所示。

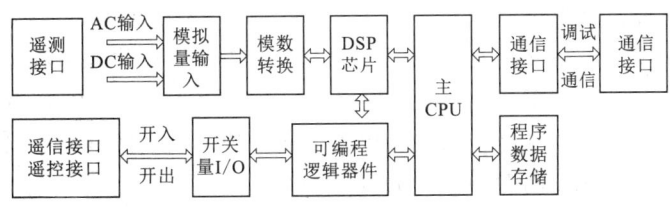

图3.9 配电网自动化终端结构示意图

外部接口主要有遥测接口、遥信接口、遥控接口和通信接口：遥测接口为模拟量输入，遥信接口为开关量输入，遥控接口为开关量输出，通信为双向接口，此外还有电源端口。

2. 配电网自动化终端与 10kV 设备的连接

配电网自动化终端外部结构如图 3.10 所示。

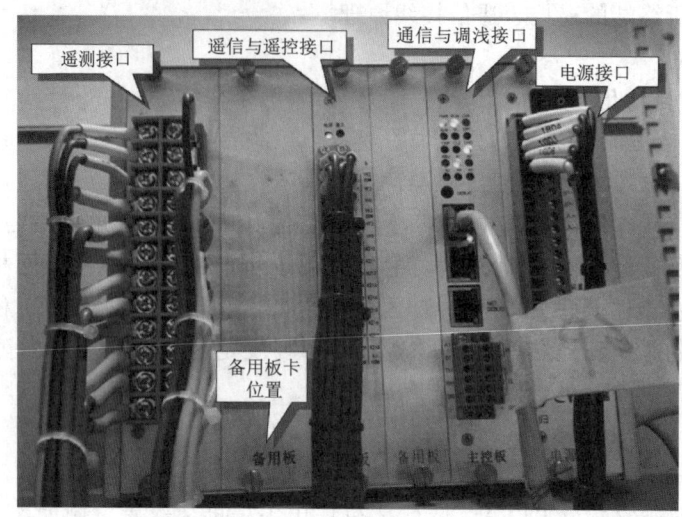

图 3.10　配电网自动化终端外部结构

10kV 设备遥测回路：遥测接口与电流互感器、电压互感器连接构成的电气二次回路，用于开关与变压器电压、电流等电参数的测量，以判断线路或设备的运行工况。

10kV 设备遥控回路：遥控接口、10kV 电气设备控制接口、控制电源构成的电气二次回路，用于开关等设备控制，例如开关分合闸线圈励磁控制。终端内部有遥控继电器，当配电网主站发出遥控命令时，继电器吸合，控制回路接通，控制电源的电压信号通过 10kV 设备控制接口，完成遥控操作。

10kV 设备遥信回路：连接遥信接口、10kV 电气设备状态辅助触点、信号电源的电气二次回路，用于电气设备设备状态的检测。当 10kV 电气设备状态辅助触点闭合时，信号电源高电平到达遥信接口，终端接收高电平信号并向主站发送相关信息。高电平所代表的 10kV 设备状态需要人工定义，例如某接口收到高电平信号代表开关设备处在合闸位置。

终端电源回路：配电网自动化终端工作电源端口与操作电源、工作电源的连接，还包括终端遥控功能开启接口。一般使用状态转换按钮设置就地和远方控制功能：当转换按钮处在"远方"位置，则遥控功能开启接口通电，主站可以控制终端内部遥控继电器吸合；当转换按钮处在"就地"位置，遥控功能开启接口没有电源，遥控继电器无法动作，避免了遥控勿合闸操作的可能。

通信网络：与通信网络、子站、配电网自动化主站以及相关仪器设备连接。

3. 配电网自动化终端与配电网自动化系统的连接

典型的配电网自动化系统由配电主站、配电终端、配电子站和通信通道等部分组成。配电网自动化终端利用通信接口，与配电网自动化系统通信连接，示意图如图 3.11 所示。

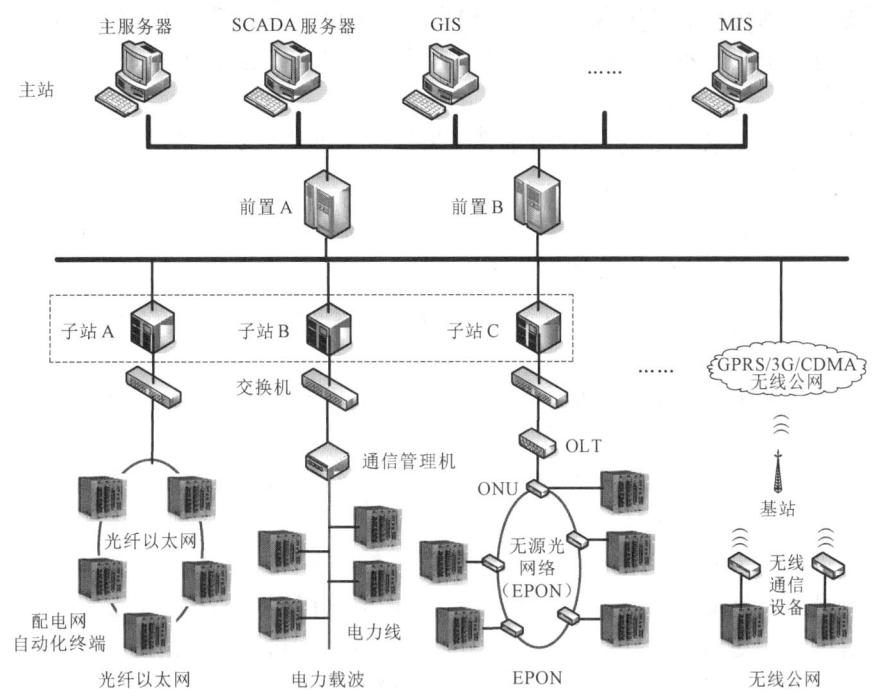

图 3.11 配电网自动化终端与配电网自动化系统的典型连接

配电自动化系统一般采用分层处理模式,由于配电网网络结构复杂、点多面广,因而可根据具体情况,对设备和信息采用不同的组织模式,一般情况下可根据建设规模分为:主站层—子站层—终端层的三层结构模式,主站—终端的两层结构模式。

三层结构模式适用于配电网络较大、信息相对集中的情况,其总体成本较高;两层结构模式适用于配电网络较小、信息分散的情况,其总体成本较低。

配电网自动化终端通过有线通信方式和无线通信方式,向配电网自动化主站发送遥测、遥信数据,配电网自动化主站向终端发送遥控信号,可有效完成主站对线路和开关设备的"三遥"功能。有的配电网自动化系统的子站,只用于远程操控配电网自动化主站的软件系统,子站本身不独立处理配电网的数据。

#### 3.2.1.3 配电网自动化终端的特性

配电网自动化终端采用模块化设计方法,以面向对象的设计思想,安装在被控一次设备的附近,主要有以下功能:信息采集、事件记录、时间校对、远程维护、参数设置、数据存储、自诊断自恢复、数据转发和通信功能、电源管理、故障检测与保护、执行远方控制命令、终端组网通信、故障自愈等。

3.3
什么是配电网自动化终端

配电网自动化终端完成对被控对象的信息采集和控制,既可以通过通信系统将信息上送至配电网自动化主站、子站,接收来自配电网自动化主站、子站的控制命令;也可以通过组网,将信息传送给临近配电网自动化终端,使网络各终端相互配合;还可以根据自身采集的信息,通过可靠逻辑判断,对配电开关进行分、合操作,实现配电网故障检测、故障定位、故障隔离和网络重构等自动化功能。

配电网自动化终端采用内、外箱结构设计，防雨水、防潮、防尘、防腐蚀、高温隔离、防电磁干扰等各种防护性能都完全满足户外安装、运行的需求。

#### 3.2.1.4 配电网自动化终端的功能

以 PRS-3300 系列配电网自动化终端为例，介绍其主要功能。

1. 遥测、遥信、遥控功能

（1）遥测功能：遥测量通过 TV/TA 将二次侧的电压/电流量转换成相应的弱电压信号后，进入 16 位 A/D 转换芯片进行采集，现场标准二次电压（220V 或 100V）和电流（5A 或 1A）经高精度小 TV、TA 隔离变换成弱信号，经模数转换器（A/D）送入 DSP 处理模块进行计算处理。计算得到的遥测量：总有功功率，总无功功率，总功率因数，频率，电流电压相位，电流、电压的谐波，零序电压和零序电流等。

（2）遥信功能：遥信输入信号以空接点的方式经光电隔离器后送入遥信采集模块进行处理。经硬件滤波、遥信防抖，得到遥信输入信号的分合状态。通过终端维护软件的组合遥信配置，还可以得到经过逻辑运算后的各种组合遥信。遥信防抖时间可设，从而确保稳定的遥信动作时才产生遥信变位，减少遥信的误报。常用遥信量如下：采集开关和接地开关的合、分状态量信息，采集终端电源状态信息，采集终端故障、异常信息、遥测越限等软遥信，过流、接地等故障遥信，采集各种故障指示器接入状态量，采集柜门开闭状态信息，采集开关储能状态，可以根据用户的具体要求定义遥信开入量。

（3）遥控功能：装置能接受遥控执行或撤销命令，完成开关的分闸、合闸操作。此外，遥控也可用作电池活化的控制接点。每个遥控接点可以单独设置遥控保持时间。

2. 参数设置功能

通过终端维护软件，可对装置参数进行设置和修改，包括系统参数、遥测参数、遥信参数、遥控参数、通信参数、保护定值与参数等。如果是带液晶和按钮的终端装置，也可以通过面板设置上述参数。

3. 终端自检功能

当终端检测到本身硬件故障，发出闭锁信号，同时闭锁终端出口继电器，如终端参数出错、RAM 故障、ROM 故障、电源故障、CPU 故障等。终端具备自诊断、自恢复功能，对各功能板件及重要芯片可进行自诊断，故障时能传送报警信息，异常时能自动复位，并自动恢复正常运行。

4. 对时功能

PRS-3300 系列配电网自动化终端具备对时功能。支持主站、B 码、SNTP 等多种校时方式，也可以通过维护软件设置主站时间。装置断电后时钟能正常计时，断电 24h 内时钟误差不超过 2s。

5. 数据存储功能

PRS-3300 系列配电网自动化终端具有历史数据存储功能，包括事件顺序记录（SOE）、遥信变位记录（COS）、远方和本地操作记录、装置异常记录、遥测历史数据记录等信息。所有的记录均可以通过后台维护软件查看。失电或通信中断后数据可长期保存，历史数据能补充上传。

6. 故障检测功能

PRS-3300系列配电网自动化终端能采集和监视被控设备的信息，根据采集的电压、电流大小及设置的定值，能够进行故障检测、故障类型判别，能快速计算故障电流大小，并将故障信息及性质上报给主站或子站，是配电网自动化的基础。

7. 遥测越限检测功能

遥测越限检测功能包括电流越限检测和电压越限检测。遥测越限可设置上限和下限值，终端根据采集的模拟量大小及设置的越限值进行计算和比较。当遥测高于上限或低于下限时，越限信息将以软遥信形式进行上送，并产生对应的SOE记录，可以上报给主站或子站；当越限定值设置为0时，退出越限告警功能。

8. 电压合格率

终端可以检测电压状况，自动按周期计算电压合格率，可以设置电压合格范围，检测周期可以选择年、月、日、时，装置显示统计周期内的电压合格率，并记录存储。

9. 同期功能

PRS-3351配电网自动化馈线终端提供遥合检同期功能，可实现一条线路的同期输出。线路侧电压$U_L$可接任意相电压和线电压，可界面设定线路电压相别。

10. 通信功能

终端通信配置包括以太网口和串行通信口，支持多种类型的通信方式，支持通信口多种规约灵活配置。

11. 调试功能

终端可通过以太网远程维护；可通过以太网口或串口连接便携机，供当地调试使用；终端面板上配有各种运行指示灯，如电源指示灯、运行指示灯、线路故障指示灯等，方便调试；具备扩充液晶、按键面板功能，可以通过液晶、按键面板调试。

12. 继电保护功能

配电终端具有完善的故障检测功能，可检测线路的短路和接地故障，并发出告警，也可作用于跳闸。FTU默认带保护跳闸功能，DTU区分带保护跳闸功能和不带保护跳闸功能的两种软件配置。继电保护功能主要包括：线路短路告警、线路接地告警、母线接地告警、三段过流保护、零序过流保护、合闸后加速、三相一次重合闸、三相二次重合闸、励磁涌流闭锁、励磁涌流闭锁逻辑图、线路有压检测功能、母线TV断线告警等功能。

13. 馈线自动化FA

馈线自动化FA可实现就地电压型、智能分布式和主站集中型馈线自动化，馈线自动化详细内容见项目4相关章节。

14. 电源管理功能

终端装置外接交直流220V/110V电源，电源管理模块将220V/110V交流电源转换为24V直流电源，提供给PRS-3300系列配电网自动化终端装置。PRS-3300系列配电网自动化终端电源管理模块具有体积小，转换效率高，性能稳定，一次、二次侧隔离，隔离强度高的优点。PRS-3300系列配电网自动化终端系列具有智能充电功能，可对外接的24V电池充电，在交流断电时电池也可不间断的对负载供电。

15. 数据转发功能

PRS-3300系列配电网自动化终端具有数据转发功能，对上可连接各种主站和子站，对下可连接各种电表和不具备远传功能的其他终端和设备。

### 3.2.2 配电网自动化终端的应用

#### 3.2.2.1 馈线终端的应用及实例

**1. 馈线终端的类型**

馈线终端 FTU 用于柱上开关，按照功能配置可分为三遥型馈线终端、二遥标准型馈线终端、二遥动作型馈线终端，以 PRS 系列终端为例，功能见表3.3。

表 3.3　　　　　　　　　馈线终端 FTU 类型和适用场合

| 型　号 | 名　称 | 适 用 场 合 |
|---|---|---|
| PRS-3351A | FTU"三遥"馈线终端 | 小型化设计，适用于对柱上分段开关、分支线开关、配电变压器等需要进行配电网自动化管理的场合，可选配同时监测控制同杆架设的两条配电线路及相应开关设备的功能 |
| PRS-3351FA | FTU"二遥"标准型终端 | 适用于仅需要"二遥"功能的普通分段开关或分支线 |
| PRS-3351FD | FTU"二遥"动作型终端 | 适用于需要具备故障自动隔离功能的重要分支线或用户分界开关，如故障频发的支线支点和可靠性要求高的用户节点 |

**2. 馈线终端与柱上开关的组合**

馈线终端与柱上开关的组合如图3.12所示。

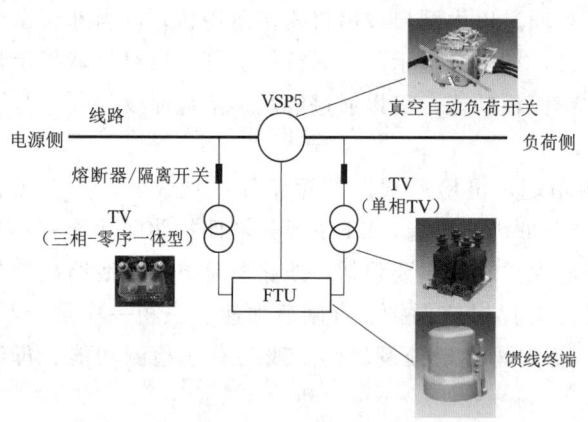

图 3.12　馈线终端与柱上开关组合示意图

馈线终端 FTU 为了现场安装维护方便，一般使用罩式结构和一体化箱式结构，预留控制电缆和互感器电缆航空接头。柱上断路器或负荷开关内部配备有电流互感器，馈线终端只需要通过控制电缆和柱上开关连接，就可以采集到电流数据，"二遥"终端具备遥信基本条件，"三遥"终端具备遥信遥控基本条件。柱上开关与电压互感器配置原则如下：

（1）开关作为第一个分段开关和分支线开关，只需在电源侧配置三相零序一体型 TV。

（2）柱上开关作为联络开关用时，两端均配置三相零序一体型 TV。

（3）柱上开关作为其他主干线开关，电源侧配置三相 TV、负荷侧配置单相 TV。

3. 馈线终端安装接线要求

(1) 航空插头的要求：要求全密封、插针和插孔灌胶密封、防 TA 开路。

(2) 馈线终端备用电源和通信要求：后备电源为蓄电池，交流失电后装置可正常工作 8h 以上，并可驱动一次开关分、合闸操作 3 次。后备为超级电容，满足失电后 15min 以上正常通信。内置无线通信模块和网络通信模块，实现遥信、遥测上送功能。

(3) 终端套件安装要求：控制器离地距离 2.5～3m；TV 距离开关本体距离大于 1m，以便日后维护更换；开关、TV、控制器接地要牢靠；控制电缆插接工序，对准豁口、直接推入、拧紧外护套，注意走线工艺。

(4) 二次部分验收要求：与主站通信（"三遥"）、对时；模拟量、开关状态量采集正确；运行、通信、遥测等状态指示正确；事件及事件顺序记录、与一次设备安装接线检查等。

4. 操作手柄与开关按键

馈线终端 FTU 的操作手柄与开关按键如图 3.13 所示。

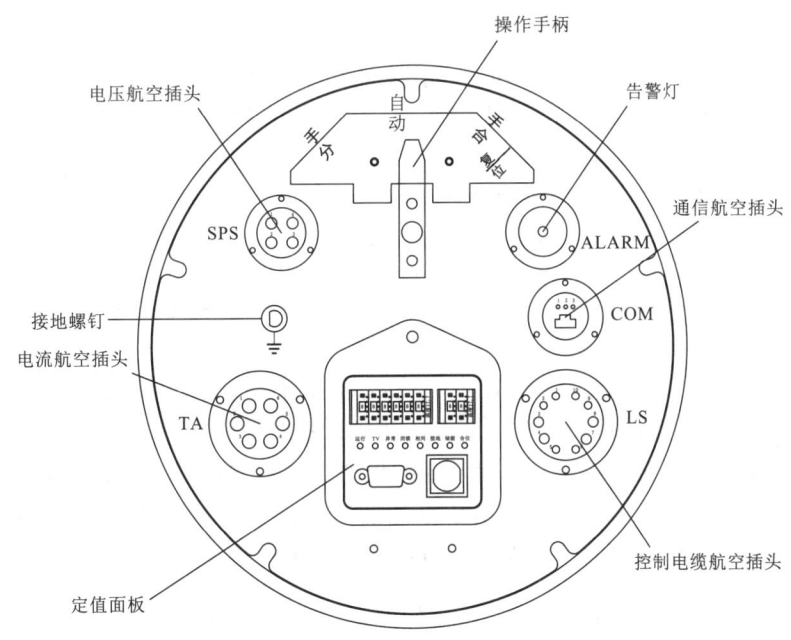

图 3.13 馈线终端底部操作盘案例

罩式结构馈线终端的操作盘一般位于终端底部，箱式终端操作盘位于箱体门后，通常有操作手柄、定值面板、航空插头、接地位置和警告灯等部件。

操作手柄负责开关设备的分合闸控制，包括就地、遥控分合闸与分合闸闭锁。常用的馈线终端操作手柄的控制方式如下：

(1) 远方：把手至"远方"位置时，主站可遥控操作开关，此时本地无法操作开关。

(2) 就地：把手至"就地"位置时，本地可操作开关，此时主站无法遥控操作开关。

(3) 自锁:把手至"自锁"位置时,本地无法操作开关,且装置的保护跳闸功能退出。

(4) 手分:把手至"手分"位置,装置输出跳闸出口。

(5) 手合:把手至"手合"位置,装置输出合闸出口。

(6) 自动:不进行分合闸操作时,把手打至"自动"位置。

#### 3.2.2.2 站所终端 DTU 的应用及实例

**1. 站所终端的类型**

站所终端 DTU 用于开闭所和环网柜开关,按照功能配置可分为"三遥"站所终端、"二遥"标准型终端、"二遥"动作型终端,以 PRS 系列终端为例,功能见表 3.4。

表 3.4　　　　　　　　　站所终端 DTU 类型和适用场合

| 型　号 | 名　称 | 适　用　场　合 |
|---|---|---|
| PRS-3342A | DTU "三遥" 站所终端 | 小型化机箱,适用于不多于 6 间隔的环网柜、小型开闭所、箱式变电站等需要进行配电网自动化管理的场合。可选配液晶面板 |
| PRS-3342B | DTU "三遥" 站所终端 | 中大型机箱,适用于不多于 16 间隔的环网柜、中大型开闭所、箱式变电站等需要进行配电网自动化管理的场合。可选配液晶面板 |
| PRS-3342EA | DTU "二遥" 标准型终端 | 适用于仅需要实现电缆配电线路的遥测、遥信及故障监测等"二遥"功能的环网柜、开闭所、配电房等站室,如无联络的末端站室 |
| PRS-3342EE | DTU "二遥" 动作型终端 | 适用于除了需要实现遥测、遥信及故障监测等"二遥"功能之外,还需实现故障的就地自动隔离功能的电缆配电线路 |

**2. 站所终端的模块化结构**

由于不同型号开闭所、环网柜的开关数量各异,为了安装兼容性,站所终端 DTU 通常做成模块式,通常为板卡结构,其接线图案例可如图 3.10 所示。

站所终端通常有遥测模块、遥信与遥控模块、通信与调试模块、电源模块集中类型的板卡,通过标准化接口安装于站所终端的主控板上,主控板包含 CPU 和存储器等元件。当某一类模块需求量较大时,可以新增此类模块板卡,安装于站所终端的预留板卡位置上。

**3. 站所终端的分合闸控制按钮**

开关分合闸控制是站所终端 DTU 的重要功能,就地远方切换按钮、分合闸按钮可以集成于站所终端本体上,也可以额外安装。站所终端的分合闸控制按钮如图 3.14 所示。

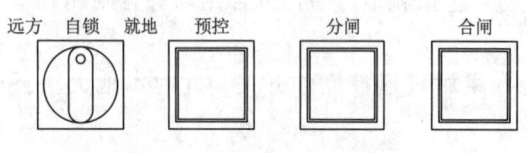

图 3.14　站所终端操作按钮

(1) 远方:把手至"远方"位置时,主站可遥控操作开关,此时就地无法操作开关。

(2) 就地:把手至"就地"位置时,就地可操作开关,此时主站无法遥控操作开关。

(3) 自锁：把手至"自锁"位置时，就地无法操作开关，且装置的保护跳闸功能退出。

(4) 预控：把手至"就地"位置，按下"预控"按钮，才可就地操作开关，操作完成后，恢复"预控"按钮。

(5) 分闸：把手至"就地"位置，按下"预控"按钮，然后按"分闸"，装置输出跳闸。

(6) 合闸：把手至"就地"位置，按下"预控"按钮，然后按"合闸"，装置输出合闸。

#### 3.2.2.3 站所终端分合闸控制回路接线案例

站所终端DTU可完成一个开闭所、环网柜的"三遥"基本功能，所接入的互感器、开关分合闸控制点、设备状态辅助触点较多，因此难以直接使用类似于馈线终端的航空插头接线，通常使用常规二次接线的方式，便于维护和扩展。本知识点以实训平台的站所终端接线作为案例，介绍站所终端的分合闸控制回路接线，接线图如图3.15所示。

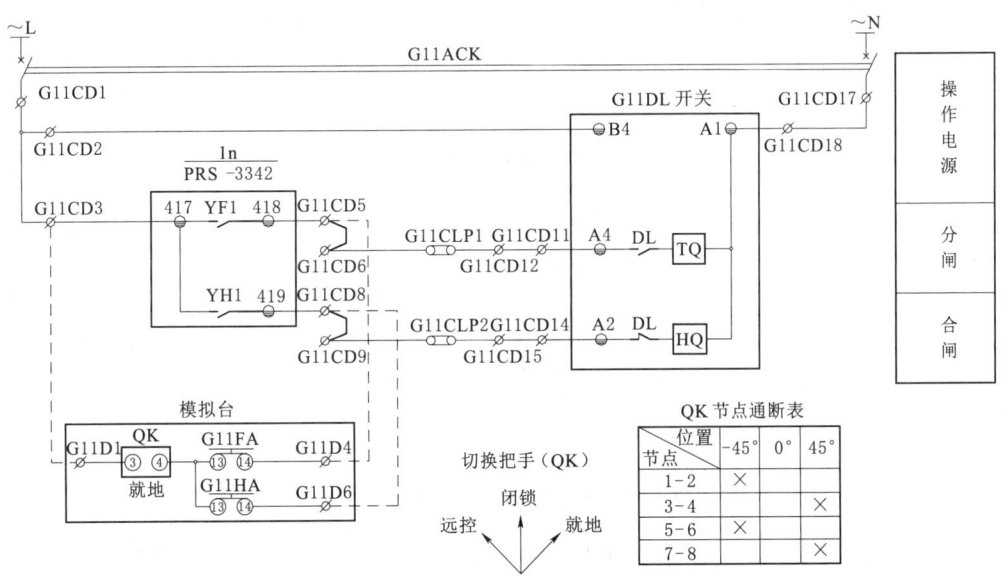

图 3.15 站所终端控制回路接线案例

**1. 分合闸控制回路的构成**

(1) 站所终端DTU：图3.15中PRS-3342为站所终端型号，1n代表站所终端编号，终端可控制6路开关分合闸，图中只标注了一路开关的分合闸控制元件，其余几路开关回路结构一致。YF1和YH1为站所终端内部继电器，用于配电网自动化主站遥控控制。当主站发出YF1遥控命令时YF1闭合，417-418两个端子短接；主站也可以遥控YH1闭合，417-419两个端子短接。需要注意的是，为了防止就地遥控操作同时进行，终端配备了切换功能，例如图3.15中的PRS-3342站所终端，只有

# 项目 3 配电网自动化系统

当终端 KIA3 远方位置 116 端子通电时,主站对 YF1 和 YH1 的遥控才有效,如果 KIA3 远方位置 116 端子没有电信号,则主站遥控功能闭锁。KIA3 远方位置 116 端子见图 3.16 中的相应位置。

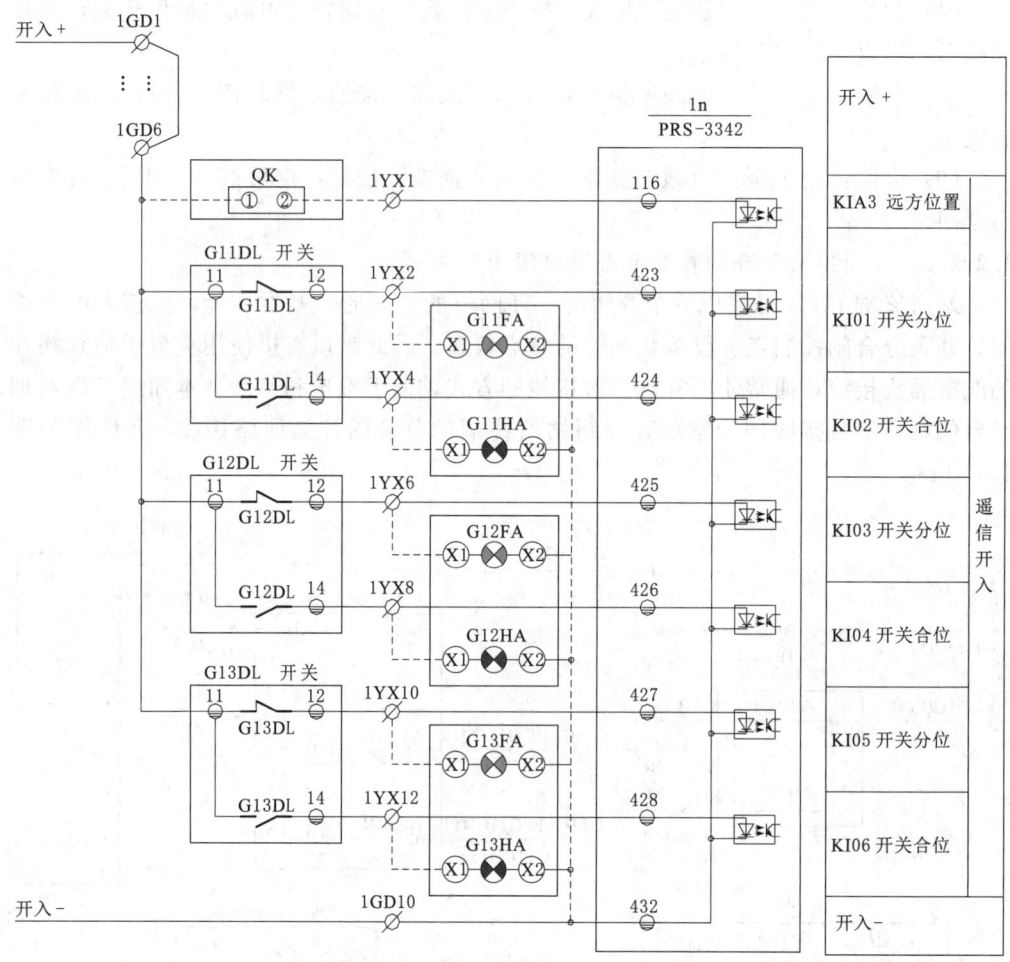

图 3.16 站所终端遥信回路接线案例

（2）开关设备:G11DL 为终端控制的开关设备,开关内部控制回路有 4 个端子,分别是 B4、A1 操作电源端子,A4 分闸端子,A2 合闸端子。TQ 为跳闸线圈,当线圈通电励磁,则开关跳闸;HQ 为合闸线圈,励磁合闸。图中 DL 的一对常开常闭触点,用于与分合闸线圈构成电气联锁结构;当开关处于分位,DL 常闭触点闭合,常开触点断开,开关处于合位则相反,因此同一时间只能对开关的合闸或跳闸中的一个线圈进行励磁。

（3）模拟台:包含两类按钮,QK 为就地遥控切换把手,G11FA 和 G11HA 为分合闸带指示灯按钮。QK 触点通断图如图 3.15 右下角所示,当把手处于远控位置则 1-2、5-6 两组触点分别接通,当把手处于就地位置则 3-4、7-8 分别接通。QK 只用于控制一路开关,因此 5-6、7-8 备用,3-4 触点位于图 3.15 中 QK 位置,1-2 触点位于图 3.16 中 QK 位置。G11FA 和 G11HA 为点触式按钮，13-14 为常开触点，当按下按钮是 13-14 触点闭合，松开按钮时触点断开。此外 G11FA 和 G11HA 的指示灯可见图 3.16。

（4）操作电源：使用 220V 交流电源，为开关电动机和分合闸线圈励磁供电，使用 G11ACK 小型空气断路器作为电源开关。

2. 遥控分合闸控制回路

（1）遥控预备：当状态切换把手 QK 切换到远控位置，即操作面板-45°位置。此时图 3.16 中的 QK 触点 1-2 接通，开入电压正极通过 QK 到达 KIA3 远方位置 116 端子，与负极的 432 端子构成电压差，116 端子高电平，终端可以进行遥控操作。此时 QK 的 3-4 触点断开，因此模拟台短路，不能进行就地分合闸操作。注意在遥控操作完成后，为了确保遥控功能正常，QK 保持在远控位置不变。

（2）遥控合闸：配电网自动化主站向 PRS-3342 站所终端发出遥控合闸命令，此时 YH1 继电器闭合，417 和 419 端子短接。操作电源电流从 417 端子流入，此时 417 端子、YH1 继电器触点、419 端子、压板和相关端子排、G11DL 开关 A2 端子、开关常闭辅助触点 DL、合闸线圈 HQ、G11DL 开关操作电源零线端子 A1，构成了合闸电流通路，合闸线圈 HQ 励磁，开关合闸。合闸后开关常闭辅助触点 DL 断开，合闸电流通路断开，避免了重复合闸误操作损坏 HQ 线圈甚至整个开关机构。合闸回路工作正常，G11DL 开关的从 B4 和 A1 端子取电，为弹簧储能。

（3）遥控分闸：主站向站所终端发出遥控分闸命令，YF1 继电器闭合，417 和 418 端子短接。注意开关处于合闸位置时，开关常开辅助触点 DL 是闭合状态。此时 417 端子、YF1、418 端子、A4 端子、开关常开辅助触点 DL、跳闸线圈 TQ、A1 端子构成了跳闸通路，跳闸线圈 TQ 励磁，开关跳闸。跳闸后开关常开辅助触点 DL 断开，避免了重复合闸跳闸操作发生。开关设备一般设计为储能一次可至少分合闸各一次，因此跳闸完成后不需要立刻储能。

3. 就地分合闸控制回路

（1）就地预备：当把手 QK 在操作面板 45°就地位置，即操作面板 45°位置。图 3.16 中 QK 触点 1-2 断开，KIA3 远方位置 116 端子无电压，主站对 YH1 和 YF1 继电器遥控命令无效。此时图 3.15 的 QK 3-4 触点接通，模拟台构成通路，并具备就地分合闸操作条件。

（2）就地合闸：按下合闸按钮 G11HA，操作电源电流从 QK 把手 3 触点端子流入，构成"QK 的 3-4 触点—G11HA 按钮—A2 端子—常闭辅助触点 DL—合闸线圈 HQ—A1 端子"的回路，G11DL 开关合闸。合闸后常闭辅助触点 DL 断开，G11DL 开关弹簧储能。

（3）就地分闸：按下跳闸按钮 G11FA，构成"QK 的 3-4 触点—G11FA 按钮—A4 端子—常开辅助触点 DL—跳闸线圈 TQ—A1 端子"的回路，常开辅助触点 DL 断开，G11DL 开关跳闸完成。

**3.2.2.4 站所终端遥信回路接线案例**

站所终端遥信回路接线案例如图 3.16 所示，此实训平台的开闭所为 G11DL、

G12DL、G13DL 三开关的结构，编号 1n 的站所终端型号为 PRS-3342。每组开关内部有一个连接 11-14 端子的常开辅助触点，和一个连接 11-12 端子的常闭辅助触点。G11FA、G11HA 等为模拟台上分合闸按钮的指示灯，合闸按钮为红灯，分闸按钮为绿灯，指示灯有电压则发亮。遥信回路的电源为 24V，开入＋为正极，开入-为负极。

1. 合闸状态回路

以 G11DL 开关为例，G12DL 和 G13DL 开关同理。当开关合闸位之时，开关常开辅助触点闭合，常闭辅助触点断开，因此开关 11 端子和 14 端子短接，11 端子和 12 端子断路。电流从 G11DL 开关 11 端子流入，经过 14 端子流出开关，并到达终端 424 端子。此时 424 端子高电平，终端向主站发送遥信信息。终端默认 424 端子高电平表示 KI02 开关合位，可人为将 G11DL 合位取代 KI02 的定义。除了向主站发送信息之外，模拟台指示灯也构成了回路，G11HA 指示灯发红光代表 G11DL 合位，同时 G11FA 指示灯不发亮。KIA3 远方位置 116 端子是否有电，不影响终端遥信功能；现场和远方主站能同时接收到开关合闸状态指示信号，便于开关设备运维管理。

2. 分闸状态回路

当 G11DL 开关分闸位置，11 端子和 12 端子短接，11 端子和 14 端子断路，终端向主站发送 423 端子高电平遥信信息，代表 G11DL 开关跳闸位置。同时 G11FA 指示灯发出绿光，代表开关处于分闸位置。

**3.2.2.5 配变终端**

配变终端也是配电变压器采集终端，英文简写为 TTU。

配变终端的具体案例功能可见项目 5 相关内容。

### 3.2.3 10kV 馈线故障指示器

故障指示器是一种安装于 10kV 配电网线路上，在不加装线路电流互感器的情况下，能获取线路电流值，检测线路接地和短路故障并发出报警信息的装置。在线路发生故障时，故障指示器可以通过报警辅助巡线人员，迅速定位故障区段，找出故障点。可大幅度减少故障查找的时间，减少用户停电时间，提高供电可靠性。我国配电网建设改造的步伐较快，故障指示器凭借其故障指示、定位的功能，在配电网自动化应用中越来越广泛。

**3.2.3.1 故障指示器的分类**

故障指示器可以按照应用场合、通信工况、指示的故障类型分类。

(1) 故障指示器按应用场合可分为架空型、电缆型和面板型三种类型。架空型和电缆型故障指示器传感器和指示装置集成于一个单元内，通过机械方式固定于架空线路和电缆线路上。架空可通型故障指示器案例如图 3.17 所示，一般由三个相序故障指示器组成，且可带电装卸，装卸过程中不误报警。电缆型故障指示器由三个相序故障指示器和一个零序故障指示器组成。面板型故障指示器的传感器和指示装置分别独立安装，安装在电缆线路设备的操作面板上，一次、二次设备可靠绝缘。

(2) 故障指示器按通信工况，分为就地型故障指示器和可通信故障指示器。就地型故障指示器不具备通信功能，检测到线路故障可就地翻牌或闪光告警，故障查找仍需人工介入。可通信故障指示器由故障指示器和通信终端组成，如图3.17所示，不仅可就地告警，通信终端可通过配电网通信网络将故障信息送至主站，完成远距离指示故障的功能。

（3）根据指示的故障类型可分为短路型、接地型、接地短路二合一型、录波型故障指示器。短路故障指示器是用于

图3.17 架空可通信型故障指示器

指示短路故障电流流通的装置；单相接地故障指示器可用于指示单相接地故障，其原理是通过接地检测原理，判断线路是否发生了接地故障；接地短路故障指示器在设计上，综合考虑了接地和短路时配电线路的特点；录波型故障指示器除了上述功能外，还可以对进行录波，并对比不同位置故障指示器的波形核实故障位置。

#### 3.2.3.2 故障指示器的工作方式

**1. 故障指示器指示故障的依据**

故障指示器主要通过电压电流的变化，识别故障特性，从而指示故障点。目前常见的故障指示器为自适应型，采用突变量法，通过电磁感应方式，测量线路中的电流突变及持续时间判断故障，判据比较全面，可以大大减少误动作的可能性。

当10kV配电线路发生故障时，线路电流有如下变化规律：

（1）从运行电流突增到故障电流，即有一个较大且增量为正值的变化。

（2）上级断路器、负荷开关、跌落式熔断器断开并清除故障，故障清除时间为保护装置动作时间、开关动作时间、故障电流熄弧时间之和。

（3）故障切除后线路停电，电流和电压下降为零。

因此利用以上特性，可有效判断接地、短路、励磁涌流、雷击、复电等工况。当线路上的电流突然增大，其变化量大于一个故障指示器设定值，然后在短时间内电流和电压又下降为零，则故障指示器判断流过电路的电流为故障电流。图3.18的5种电流变化的情况，故障指示器判定最右边的电流为故障电流，并指示故障。

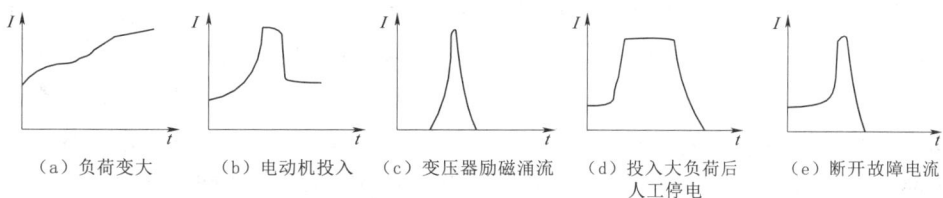

图3.18 配电网线路电流变化工况

**2. 故障指示器定位案例**

故障指示器定位案例示意如图3.19所示。

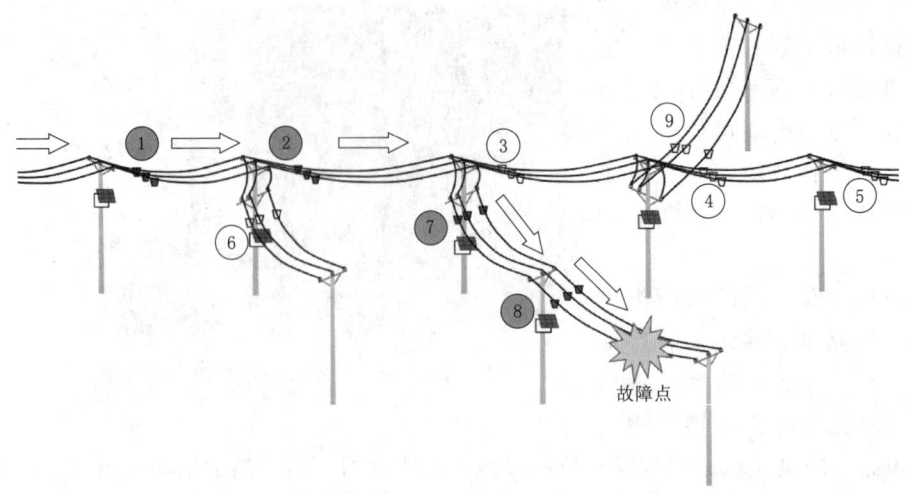

图 3.19 故障指示器定位案例示意图

线路上在 9 个位置上安装了通信型故障指示器，其中 1 号、2 号、3 号、4 号、5 号为主干线路故障指示器，6 号为分支线路 1 故障指示器，7 号、8 号为分支线路 2 故障指示器，9 号为分支线路 3 故障指示器。当分支线路 2 如图示位置发生故障时，1 号、2 号、7 号、8 号故障指示器检测到故障电流，发出报警信息，并将数据上传至配电网自动化主站，主站通过 GIS 图形指示故障点。3 号、4 号、5 号、6 号、9 号故障指示器未检测到故障电流，保持正常状态工作。

如果故障指示器不带通信功能，也可以人工现场判断故障点。从变电站 10kV 出线开始查找，故障点位置在最远发出报警信号故障指示器的下一段线路上。

故障录波型故障指示器也可以通过 1 号、2 号、7 号、8 号的波形，根据故障电流分量数据，尤其是零序电流分量对比分析，排除误动作的情况，核实故障点信息。

### 3.2.3.3 故障指示器的技术要求

一般情况下，在选择故障指示器时主要考虑以下技术条件。

(1) 正常工作条件：由于故障指示器要利用线路电流来判断线路是否带电，而有些故障指示器直接利用线路电流提取工作电源，因此存在一个最小的工作电流，即当线路电流大于该电流时，故障指示器才能正常工作，否则其处于休眠状态。

(2) 复位时间：故障指示器应能区分瞬时性故障和永久性故障，对于瞬时性故障，由于一般可以在重合闸后消除，因此要求故障指示器能够在来电后保持到预先设定好的复位时间再复位，这样便于运行人员查找出故障隐患，及时处理。而对于永久性故障，故障指示器可以在来电之后或预设的复位时间到后复位，这是由于故障已经被消除，继续保持指示状态已经没有必要，甚至会影响下次故障的指示。

(3) 正常工作环境：由于故障指示器在户外工作，应当满足温度、防潮条件，还应考虑电磁兼容性，如附近超高压线路的电晕放电、雷电闪络等电磁现象有可能导致误动作。

(4) 指示方式：目前的指示方式多为翻牌指示或闪光指示。

【任务实施】
1. 实训准备

PRS-3342A 终端、带电动操作机构的低压断路器、各类电线和工具箱。

2. 实训内容及步骤

实训内容：配电网自动化终端遥信、遥控接线，根据原理图完成以下培训项目：

（1）配电网自动化终端遥信、遥控原理图识图与接线设计。

（2）配电网自动化终端遥信回路接线。

（3）配电网自动化终端遥控回路接线。

3. 实训成果及考核评价

项目接线考核占 50%；实训认真度、责任度、努力程度占 20%；实训成果报告占 30%。

3.4 故障指示器的作用

【思考与练习题】
1. 什么是配电网自动化终端？有哪些分类？
2. 配电网自动化终端的功能有哪些？
3. 配电网自动化终端控制分合闸的注意事项或操作技术要点有哪些？
4. 简述配电网自动化终端遥信、遥控回路的基本原理。
5. 以示意图或文字描述的方式，解释故障指示器在线路中如何定位故障。

# 任务 3.3 了解配电网自动化通信系统

【学习目标】
1. 认知配电网自动化通信系统。
2. 掌握配电网自动化常用的通信方式。
3. 了解配电网自动化通信系统的结构。

【任务引入】

配电网自动化通信系统是配电网自动化系统的重要组成部分，用于将配电网自动化主站、配电网子站、配电网终端（FTU、DTU）层、配变终端 TTU 层、用户集中抄表系统连接成一个整体，负责传输配电网运行过程中产生的信息，并发送控制命令和调试参数。常见的通信方式主要有光纤以太网、电力载波、485 通信方式、无线通信方式。

【重点难点】

重点：配电网自动化通信系统的构成与特点。

难点：配电网自动化通信系统的分层结构。

【知识学习】

## 3.3.1 配电网自动化通信系统的概念和构成

### 3.3.1.1 配电网自动化通信系统的概念

配电网自动化通信系统，是指完成配电网信息传输功能的所有技术设备的总和。配电网自动化技术的通信网作为电力通信网的一部分，是确保配电网安全、稳定、经济运行的重要手段，是配电网自动化的重要基础设施。

配电网设备点多面广，大量设备产生大量数据，为了完成大量设备中任意两个设备之间的数据交互，需要建立一个网络互连的通信体系，配电网自动化通信系统而应运而生。配电网自动化通信系统的根本任务是保证配电网的安全稳定运行，起到信息交互的作用。

**3.3.1.2 通信系统的基本构成**

通信系统按照信息传输过程和单元类型可简化为图3.20。

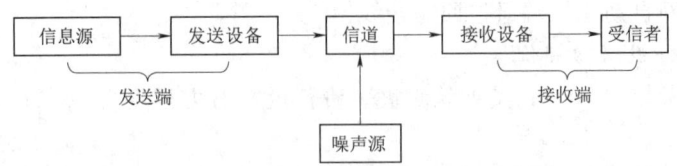

图3.20 通信系统简化模型

(1) 信息源：产生需传输的消息。
(2) 发送设备：将消息转换为合适在信道传输的信号。
(3) 信道：传输媒介，包括有线信道和无线信道。
(4) 噪声源：存在于发信机、信道、收信机，通常用等效噪声源来表示。
(5) 接收设备：把信号转换为消息，使收信者能够接受。
(6) 受信者：消息传输的目的地。

### 3.3.2 配电网自动化通信系统的硬件与软件

配电网自动化通信系统是两点或多点设备之间，借助特定的信道以二进制形式进行信息交换的过程。将数据准确、及时地传送到正确的目标设备是配电网自动化通信系统的基本任务。配电网自动化通信系统实际上是一个软硬件的结合体。

**3.3.2.1 配电网自动化通信系统的硬件设备**

(1) 发送与接收设备：在配电网自动化系统中，信息传输通常是双向的，因此发送与接收装置通常安装在同一个设备中，紧密连成一个整体。

1) 各种仪器仪表，如电能表、低压用户抄表采集器、低压用户抄表集中器等。
2) 各种终端单元，如馈线终端单元FTU、配变终端单元TTU、配电终端单元DTU等。
3) 主站的前置通信处理机、交换机、光电转换收发装置。

(2) 数据通信传输介质：数据通信传输介质也成为信道，配电网自动化数据通信系统可以采用无线传输介质，也可以采用双绞线、电缆、电力线、光缆等有线介质。

**3.3.2.2 配电网自动化通信系统的通信软件**

通信软件可分为通信网系统软件、通信设备软件、业务平台软件、应用软件、工具软件等类型。本节主要介绍与配电网数据交互有关的设备软件，例如通信与通信协议。

**1. 通信报文**

通信报文指将原信息，遵守通信协议进行二进制数字化，用于各个系统或设备之间交换信息。

配电网自动化系统中数据包含电压、电流、功率、频率、遥信参数、遥控命令、文本、参数值、图片、声音等原信息，多为模拟信号，难以远距离不失真传输，因此需要转换为二进制数字信号。无规则二进制码难以被设备识别，因此需要一定的规约对原信息进行转换，此规约称为通信协议。

2. 通信协议

通信实体间仅依靠传送的二进制码不能相互理解信息的内容，还要有一套事先规定、共同遵守的规约。通信设备之间控制数据通信与理解通信数据意义的一组规则，称为通信协议。协议定义了通信的内容，通信何时进行以及通信如何进行等内容。通信协议的关键要素是语法、语义和时序。

（1）语法是指通信中数据的结构、格式及数据表达的顺序。例如一个简单的通信协议可以定义数据的前8位或16位是发送者的地址，接着的8位或16位是接收者的地址，后面紧跟着的是要传送的指令或数据等。

（2）语义是指通信帧的位流中的每个部分的含义，收发双方是根据语义来理解通信数据的意义。

（3）时序包括两方面的特性：一是数据的发送时间；二是数据的发送速率。

### 3.3.3 配电网自动化通信的特点与要求

配电网自动化通信具有以下特点：

（1）终端数量极大。

（2）分散分布，覆盖面广。

（3）通道距离相对较短。

（4）网络结构复杂。

（5）现场电磁干扰强，工作环境恶劣。

配电网自动化通信的基本要求包括有效性、可靠性、适应性、经济性、保密性、标准性、维修性、工艺性等。配电自动化通信应结合地区配电网规模及应用需求，与配电网运行管理体制相适应，统筹利用专网通信和公网通信，满足配电网自动化、计量采集等各类业务对通信通道的要求，提高配电网供电质量和运行管理水平。

### 3.3.4 配电网自动化常用的通信方式

配电网自动化最常见的通信方式主要有光纤以太网、电力载波、485通信方式、无线通信方式，部分地方已经开始使用以太网无源光网络EPON。其中电力载波、485通信方式可查看项目5载波通信型智能电表、485通信型智能电表案例。

各类通信方式的实时性见表3.5。

表3.5　　　　　配电网自动化通信的常用通信方式的实时性

| | 光纤通信方式 | <2s |
|---|---|---|
| 遥信/遥测上送主站信息传送时间 | 载波通信方式 | <35s |
| | 无线通信方式 | <60s |
| 遥控从确认执行到命令送出主站系统的间隔时间 | | <2s |
| 系统时间与标准时间日误差 | | ≤1s |

#### 3.3.4.1 光纤以太网

PRS-3000 主站采用以太网和光纤通信方式,其中以太网用于连接主站服务器和相关系统,光电转换收发装置将以太网信号转化为光信号,通过光纤主信道与子站、配电网自动化终端进行外部通信。光纤以太网将光纤优势与以太网的优势结合在一起,既发挥光纤远距离、高速的可靠通信,又集成了通信组网的功能,实现了分组交换数据的功能,保证了配网自动化系统数据交互的快速性和实时性。

PRS-3000 配电网主站的交换机和光电转换收发装置如图 3.21 所示。

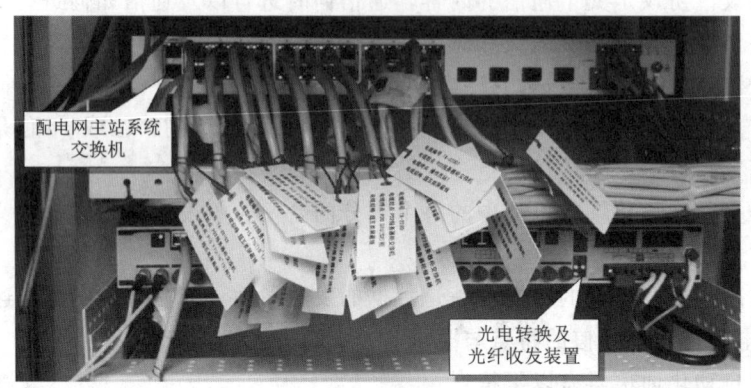

图 3.21 PRS-3000 配电网主站的交换机和光电转换收发装置

#### 3.3.4.2 无线通信方式

无线通信包括高频通信、微波通信、GPRS 通信等,在电力系统应用较早,电力工作人员积累了较多经验,但在配电网使用中延迟较大,因此逐渐被 5G 等更新的无线通信方式取代。无线通信适合使用在电能计量以及对遥信、遥控要求不高的配电网中。

#### 3.3.4.3 以太网无源光网络 EPON

以太网无源光网络 EPON 是一种应用光纤的接入网,光网络终端设备之间没有任何用电源的电子设备,所用的器件包括光纤、光分路器等都是无源器件。

### 3.3.5 配电网自动化通信系统的结构

配电网通信系统结构有多种类型,最典型的是分层结构,包括主站层通信结构、配电网主站—配电网子站层、配电网子站—配电网终端(FTU、DTU)层、配电网终端(FTU、DTU)—配变终端 TTU 层、TTU—集抄器层。其中配电网主站配置于当地的配电网运行管理中心,配电网子站安装于各 10kV 馈线出线的变电站,配电网终端(FTU、DTU)安装于线路分段,配变终端 TTU 安装于配电变压器,集中抄表系统安装于配电变压器至用户之间。

本知识点主要介绍配电网主站—配电网子站层—配电网终端(FTU、DTU)层的通信,以图 1.11 的单环网接线为案例,其配电网自动化系统通信结构案例如图 3.22 所示。

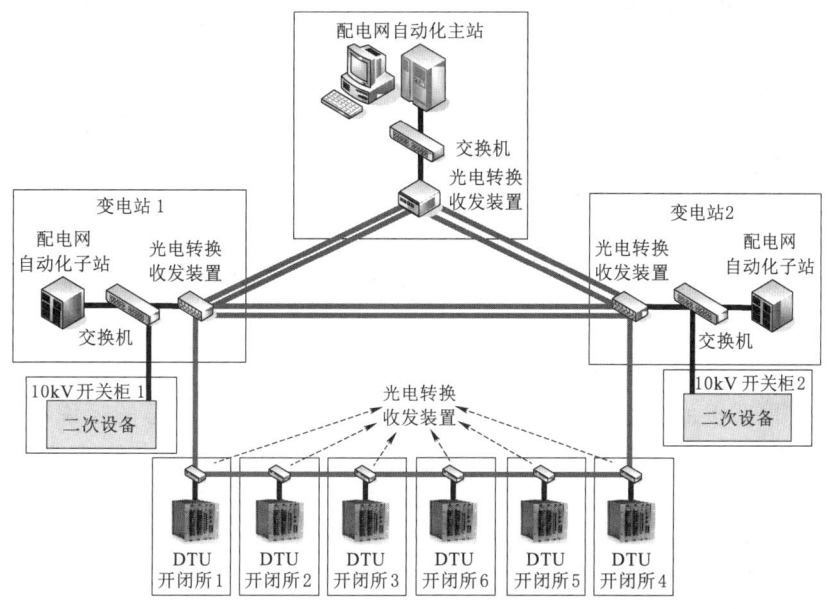

图 3.22 单环网接线配电网自动化系统通信结构案例

#### 3.3.5.1 配电网主站层

配电网自动化主站采用以太网组网,底层通信协议采用 TCP/IP。通过实时信息网关和调度 SCADA 系统交换实时信息,并与 MIS 系统实现信息共享。通过 GIS 网关与配电 GIS 系统交换配电设备台账、检修记录、地理位置等信息。主站、交换机、光电转换收发设备之间通过以太网电缆(俗称网线)连接,最后由光电转换收发设备与子站进行通信。

主站层网络结构可参考图 3.1 相关内容。

#### 3.3.5.2 配电网主站—配电网子站层

配电网主站—配电网子站层,配电网主站与配电网子站之间构成双环形通信,采用光纤通信作为主信道,构成同步数字体系 SDH。如果单一光纤信道出现故障,可以由其他光纤信道传输数据。子站、交换机、光电转换收发设备之间通过以太网电缆连接,由于开关柜在变电站内距离较近,使用以太网电缆连接其二次设备和交换机即可完成通信。

#### 3.3.5.3 配电网子站—配电网终端(FTU、DTU)层

由于变电站与配电网终端之间有一定距离,因此配电网子站与配电网终端(FTU、DTU)之间通常使用光纤作为通信信道,并组成环状提高通信可靠性。在这种方式下,沿着电力线路铺设的光纤(至少两芯),通过配电网子站内的光纤以太网接口单元和网络交换机将配电网终端(FTU、DTU)和配电网子站连接成高速的、多路由的、坚实可靠通信网络。

#### 3.3.5.4 配电网终端(FTU、DTU)—配变终端 TTU 层

现场配电网终端(FTU、DTU)与配变终端 TTU 数据传输实时性不需要严格要

求,所以不需要铺设昂贵的光纤通道,采用屏蔽双绞线或无线通信均可达到要求。一般情况下,配变终端TTU距离最近的配电网终端(FTU、DTU)不会很远,可以考虑采用RS-485级联的方式实现。考虑到配电网终端(FTU、DTU)中CPU的处理性能不强,所以配电网终端(FTU、DTU)转发TTU的数据,最佳方案是采用透明通道传输的方式,配电网终端(FTU、DTU)本身不作规约解释。

#### 3.3.5.5 TTU—集抄器层

TTU—集抄器层通信采用RS-485总线、载波通信等方式。集抄器距离TTU一般很近,并且数量也不多。TTU与集抄器层的更多内容可查看项目5相关内容。

综上所述,整个配电网自动化系统通信体系共分五个层次,实现的方式各不相同,针对不同层次的通信要求每个层次通信方式也各不相同。总的来说,配电网自动化中常用的通信方式有光纤、专线、无线等多种方式,但随着经济地不断发展,目前光纤介质已经成为主环网通信的主要通道。主站、子站、配电网终端间均采用基于TCP/IP协议的以太网通信,技术成熟,通用性强,易于其他系统的接入。配电网终端、TTU、集抄器之间通信系统可以很方便地增加通信节点数量。因此,本案例的通信系统结构具有先进性、实用性、开放性、高效性、易于扩充等特点。

### 3.3.6 配电网自动化通信的案例

#### 3.3.6.1 PRS-3000配电网通信系统案例

PRS-3000网络型配电网自动化系统是以主站、子站、FTU全以太网络的方式形成"三网合一"的配电网自动化系统。PRS-3000网络型配电网自动化系统以太网采用分层体系结构,可以使用路由器或网桥在IP层实现设备之间信息的路由,也可通过应用层路由信息经子站形成分组交换数据,通过子站分组形成了"路由"的概念。由于这些子站在网络上也是互连的,这就形成了以子站为核心的多"路由"自愈功能,并且可方便实现设备间的相互冗余。

PRS-3000系统支持多种通信方式,包括光纤、专线、电力载波、无线扩频等,可根据用户的通信系统实际情况和功能要求,提供高性价比的通信方案。通信规约类库和通信设备类库设计的开放性和可扩展性。

#### 3.3.6.2 故障和停电时的配电网自动化系统通信

配电网自动化系统对通信有较高的要求,一般都会配备蓄电池作为备用电源,以保证故障和停电时配电网自动化系统的通信能力。

当10kV配电网出现故障时,配电网自动化终端(FTU、DTU、TTU)将无法从线路获取操作电源,因为配电网终端和故障指示器通信终端要求配备蓄电池。

当配电网开闭所和环网柜,为了保证分合闸能够正常操作,需要配置DTU及通信系统蓄电池、开关储能蓄电池,其中DTU及通信系统的蓄电池要求能正常供电48h以上,开关储能蓄电池能提供至少8次分合闸储能的电能。

部分通信终端采用光伏组件向蓄电池供电,以保证能够持续供电。

站所终端DTU光电转换收发装置及备用电源如图3.23所示。

## 任务 3.3　了解配电网自动化通信系统

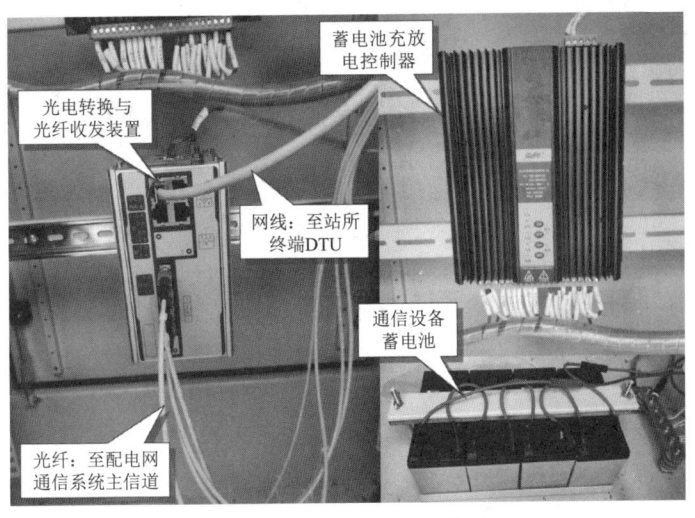

图 3.23　站所终端 DTU 光电转换收发装置及备用电源

3.5
配电网自动化通信系统

**【任务实施】**

1. 实训准备

预习 PRS-3000 配电网主站系统、子站平台使用说明。

2. 实训内容及步骤

实训内容：配电网自动化通信系统认知与操作，完成以下培训项目：

（1）了解 PRS-3000 系统通信设备与连接方式设备。

（2）通信信道状态监控。

（3）处理简单的通信故障。

3. 实训成果及考核评价

项目操作考核占 50%；实训认真度、责任度、努力程度占 20%；实训成果报告占 30%。

**【思考与练习题】**

1. 通信系统的基本构成是什么？有哪些基本部件？
2. 简述通信报文的含义。
3. 配电网自动化常用的通信方式有哪些？

# 项目4 馈线自动化

## 任务4.1 配电网的故障及保护方式

【学习目标】
1. 认知的配电网故障产生原因及危害。
2. 了解配电网故障的特点和保护配置。
3. 掌握馈线自动化的基本功能。

【任务引入】
本任务主要介绍配电网电气故障，故障产生原因包含外力因素、自然因素、安装维护操作因素等。单相接地故障难以查找是10kV配电网最显著的特点，配电网通常配备阶段式电流保护、自动重合闸、小电流接地选线装置、配电网低频减载、馈线自动化等保护。

【重点难点】
重点：馈线自动化的基本功能。
难点：配电网故障的特点。

【知识学习】

### 4.1.1 配电网故障产生原因及危害

我国的配电网分布广泛，建设速度较快。截至2020年底，全国10kV线路回路长度5373944km，其中架空线路长4370750km，电缆线路长1000586km。10kV架空线路城市线路长475645km，农村线路长3895104km；10kV电缆线路城市线路长637561km，农村线路长363025km。配电网为社会进步提供了重要保障，但由于10kV线路长度较长，其事故也成了电力系统故障数量最多的环节。

配电网的事故产生的原因较多，从故障产生的原因来看，配电网故障可以分为外力因素、自然因素、安装维护操作因素等。

#### 4.1.1.1 外力因素

外力因素，指人为对配电网线路或设备施加外部力量，导致导线发生断线、接地或短路的事故因素。可分为外力破坏配电网设施和外力改变导线通路状态的情况，其中交通事故、工程违规作业、高空抛物属于外力破坏，风筝、钓鱼竿属于外力改变通路的情况，见图4.1。

1. 交通事故

目前我国的机动车行业快速进步，配套市政工程建设也较快。但一些车辆违章驾驶问题也一直存在，同时由于道路扩建有可能导致未迁移的电线杆暴露在车道边缘，

## 任务 4.1 配电网的故障及保护方式

图 4.1 配电网故障原因的外力因素

造成配电网事故隐患。机动车有可能冲出道路将配电网杆塔撞击倾斜或倒塌,夜间停靠路边碰撞到标识不明的电线杆,引起线路故障。例如某 10kV 断路器跳闸,重合不成功,经查线发现,10kV 电杆被汽车撞断,导线绝缘外皮被撞坏,造成相间短路,且为永久性故障。

交通事故因素属于对配电网破坏力较强的事故,需要一定对策降低发生的概率:杆塔下部刷上红白相间宽度为 200mm 的荧光粉条,以便提醒汽车司机注意道路旁的电线杆;与交通管理部门联系,在道路旁安置交通安全提示牌,提醒司机注意交通安全;探讨迁移电杆的可能性;增加杆塔护桩,例如图 2.28 的柱上变防撞护桩。

2. 工程违规作业

配电网深入负荷中心,大量配电变压器面向用户端,线路通道远比输电网复杂,交跨各类高压线路、弱电线路、道路、建筑物、构筑物、堆积物等较多,在各类工程施工时,极易引发线路故障。例如在新建楼房或拆迁时,施工单位挖掘机司机,不注意电缆标志挖断主线或分支线电缆;吊车等施工机械碰线、施工开槽及挖砂取土等导致倒杆塔。

主要解决对策:做好保护配电网的宣传工作,向广大群众尤其是对于部分施工人员宣传保护线路的重要性,告知破坏线路和电力设备的法律责任。针对违章建筑进行解释、劝阻、下发隐患通知书,严重时抄送安全部门备案以明确责任。与城建、规划部门加强沟通联系,配合做好市政与配电网的规划、设计、施工等工作,不留电力事故隐患。

### 3. 高空抛物

高空抛物也被称为"悬在城市上空的痛",是一种不文明的行为,同时对配电网工作人员和设备造成一定隐患。如果高空抛物材质较硬,有可能砸坏绝缘子、跌落式熔断器等设备,长导体有可能造成接地短路事故。虽然造成配电网事故概率较低,但会带来很大的社会危害,应当配合《侵权责任法》等法律,做好配电网防高空抛物的宣传工作,必要时安装摄像头进行监控。

### 4. 风筝和钓鱼竿

此类活动有可能改变电流通路,危害人身安全,并造成配电网事故。目前我国配电网架空绝缘线较多,但还是存在放电间隙、验电环等裸露部分,而且风筝和钓鱼竿的绝缘水平通常不高,存在较大安全隐患。因此应当配合政府部门做好宣传,安装警示牌,加强线路的巡视检查,发现问题及时处理,防患于未然,保障线路的安全运行。

### 5. 其他外力因素

最常见的为窃电线路改装,常见于低压配电线路。私自搭接线路窃电有可能导致负载过高烧坏绝缘层,三相严重不平衡加上接地不良都可能造成事故。

#### 4.1.1.2 自然因素

自然因素是配电网故障的常见原因,包括雷击、大风、冰雪、大雨、地震、滑坡、山火、鸟害等,占配电网事故数量的大多数。其中雷击、大风、冰雪、大雨季节性较强,属于气候灾害,对架空线路影响较大;地震、滑坡属于地质灾害;山火、鸟害随机性较大,部分山火是人为改变自然环境导致,因此在电力事故中归为自然因素,见图 4.2。但由于配电网施工较为规范,政府部门灾难应急机制合理,此类事故一般不会造成人员直接伤亡。

雷击

大风

冰雪

山火

图 4.2 配电网故障原因的自然因素

1. 雷击

目前我国 10kV 配电线路跳闸事故 70% 以上由雷击造成，线路一旦遭遇雷击很容易造成设备损坏而停电。配电网遭遇雷击容易造成雷电过电压闪络、10kV 架空绝缘导线断线、10kV 架空裸导线跳闸事故。为了提高 10kV 配电线路运行的稳定性和可靠性，就必须做好 10kV 配电线路防雷措施。10kV 配电线路遭受雷击造成停电事故主要原因：避雷装置安装不合格、10kV 配电线路的地理位置不利于防雷、10kV 绝缘子作用失效等。

10kV 架空线路是规模很广的一种配电线路。配电线路防雷不完善容易遭受雷击，多发生于架空线路。但由于很多配电线路是架空线路和电缆线路混合型线路，因此电缆线路也有可能因为架空部分遭遇雷击引起过电压，防雷设备质量不合格也会导致防雷失效。地理环境也会影响配电线路的防雷效果，如配电线路在山区或地形较复杂的地区，安装防雷接地装置效果会变弱；如果线路在矿区上方，地下金属矿物有可能增加雷击概率。绝缘子污闪和绝缘效果减弱会使绝缘子失去绝缘效果。

减小配电网雷击影响的办法有：局部提高绝缘水平，安装 10kV 避雷器、采取架空避雷线、安装保护间隙、放电绝缘子、防雷金具、悬垂线夹闪络保护器、电压保护器，增长线路线径等。当无法避免雷击时，可使用馈线自动化等方案和不停电作业等方式，减小雷击造成的影响。

2. 大风

大风是电力系统常见灾害之一，尤其是台风为代表的极端天气灾害，严重破坏了配电网的安全运行。大风有可能将树枝吹起，触碰导线、配变，导致某一点对地绝缘性能丧失，形成单相接地通路，造成单相接地故障。在大风作用下使线路的两相导线震动、接触造成直接放电，并在放电点形成强烈的电弧，烧坏导线，造成供电中断。台风伴随大雨，容易造成配电网杆塔所在地泥土松软，可能发生杆塔倒塌，导致配电线路断线。

解决配电网防风问题，可加强配电网本身的线路、配变基础，选择受风力较小的位置立杆，增加拉线，并定期修剪树枝。在城市配电网地区，可以采用电缆线路防风。

3. 冰雪

冰雪灾害通常发生在冬季、秋冬交替和冬春交替之际，降雪或降雨后遇低温形成积雪、结冰现象，直接表现为强暴风雪、冰冻、风雪流等；以及可能引发的次生、衍生事故灾害，例如冰雪洪水、冰川泥石流。

强暴风雪导致气温降低，杆塔、线路和配变积雪，多发生在我国北方地区，容易引起接地和短路故障。冰冻现象分布面积较广，在南方高降雨地区也时有发生，冰冻引起配电线路导线、杆塔结冰，导线受力增大导致断线，严重时甚至杆塔倒塌，对配电设备安全运行构成严重威胁，引发电网大面积停电事件。风雪流指风将积雪吹动，并沉积于特定位置的现象，严重时埋没配电变压器导致事故的发生。

配电网防冰的措施，可以采用不容易附着冰雪材质的绝缘线、绝缘横担，杆塔避免修建在冰雪风口处，巡检人员配备相应除冰工具。城市配电网地区可采用电缆线路防冰雪。

**4. 大雨**

我国每年夏季南方地区都会有较强的季节性降水，当发生洪涝灾害时，有可能导致洪水冲刷杆塔导致倒塌、洪水漂浮物撞击导致杆塔断裂、浸泡土质松软地基导致杆塔下沉倾斜、水淹配电变压器等设备、电缆线路积水等问题。

为防范大雨对配电网的影响，在线路设计时，应充分调研收集线路地区的水文地质情况，杆塔位置宜按历史最高洪水位以上设置杆塔位置，提高杆塔的强度并增加导线高度。开闭站、环网柜、箱变基础应设置在防水位之上，必要时增加自动抽水装置。

**5. 地震**

地震是破坏力较大的地质灾害，有可能导致架空线路断线、杆塔倒塌，受灾情况与地震烈度关系较大；电缆线路因为受地质环境的影响发生电缆错位、松动、断裂等，其损坏的程度取决于地块震动移动的幅度。架空线路相较于电缆线路，在地震发生后维修和更换较为便捷，而电缆线路由于无法准确判断损坏地点，因而会增加修复难度和时长。同时地震会破坏配电网通信，影响配电网自动化系统的工作。

为了防止地震的破坏，配电网在建设过程中应当考虑备用电源，将其设置在不容易受到地震破坏、水淹的场所。地震发生后，电力部门应当配合救灾部门，建立上下畅通的应急指挥体系。在电力工作人员安全的前提下，抢修架空线路，电缆受损严重地段也应当架设架空线路应急。优先保证医院、物资中心、地震避难所等重要用户供电。在救人工作完成后逐渐恢复路灯、地铁等城市基础设施的供电。

**6. 滑坡**

滑坡一般发生在降雨地区，主要破坏农村配电网架空线路，发生位置有一定随机性，受灾面积较小，但对人身财产威胁较大。应对措施主要有设计建设时慎重选址、配电网自动化系统能为检修发现故障位置、采用不停电作业的方式配合检修等。

**7. 山火**

山火会烧坏配电网的绝缘层，同时使空气绝缘能力下降，导致接地和短路故障发生，严重时威胁救火人员的安全。目前我国每年可探明山火有数万计，对配电网乃至电力系统构成了一定威胁。因此日常做好防火宣传，发生山火使用配电网自动化系统快速定位故障，并快速隔离故障。

**8. 鸟害**

可使用驱鸟器减少鸟类对配电线路运行的影响。

**4.1.1.3 安装维护操作因素**

安装维护操作因素主要是电力工作人员不规范操作引起的，例如施工质量、误操作、检修不严等，尽管发生概率和影响范围都较小，但是对人员安全影响较大。

**1. 施工质量**

施工质量不到位容易影响配电网的安全运行，例如架空线路导线连接不当、电缆接头工艺不佳，都有可能引起断线、绝缘层烧毁，导致接地和短路。架空导线连接不当，接触点在较大电流作用下长期发热而造成烧断；电缆接头如果绝缘层有划痕或尖角,可能会导致电位突变放电烧坏绝缘层,造成相间短路故障。

2. 误操作

配电网电气运行人员在电气设备操作过程中,发生误操作,轻则造成设备损坏和停电,重则人身伤亡事故,是电力安全生产的一大危害。这主要是由于人员技术素质参差不齐、轻视规章制度、防误闭锁装置不完善或管理不严、精神状态不良、管理人员违章指挥、检修人员误操作等因素导致。

3. 检修不严

配电网线路和配电变压器检修,具有检修点多、检修范围广、工作量大的特点,且检修较为集中、全面协调困难、参与检修的人员较多、检修持续时间长、电网的危险点较多。如果检修人员注意力不集中,在不经意间就会导致事故的发生。

为了杜绝这类事故发生,应做到:严把施工质量关,严禁不按规程乱施工;定期巡视检查配电线路,发现问题及时采取措施处理,保障安全运行;严格按照规范进行操作检修。

#### 4.1.1.4 配电网故障的危害

(1) 单相接地故障时产生电弧,烧坏导线绝缘层甚至引起断线事故,危害人身和设备安全。短路产生很大的热量,导体温度升高,将导体绝缘破坏,严重时发生火灾。

(2) 短路产生巨大的电磁力,尤其是短路的暂态瞬间,瞬时电磁力有可能破坏电气设备的机械结构,两相短路有可能引发三相短路。

(3) 短路使配电网电压降低,电流升高,电力用户不能按正常状态供电,严重时有可能损坏电气设备。单相接地故障使非故障相电压不正常,有可能损伤用户的绝缘。

(4) 接地和短路造成停电,造成国民经济的损失,给生活生产工作带来不便。

(5) 严重的短路将影响电力系统运行的稳定性,使同步发电机失步。

(6) 配电网单相短路,间歇性电弧会产生不平衡磁场,对通信网络和弱电设备产生严重电磁干扰,使其无法正常工作。

为了减小配电网故障的影响,除了采取相应措施减小事故概率外,还应该做到等定位故障、隔离故障、恢复非故障区段供电,减小故障区段检修时间。

### 4.1.2 配电网故障的特点

#### 4.1.2.1 配电网故障的分类

按照配电网故障的类型,可以分为单相故障、相间短路、不同线路相间短路故障;按照故障的性质,可以分为瞬时性故障和永久性故障。

4.1
配电网故障产生原因及危害

瞬时性故障也称为临时故障,指的是一种能够影响配电网正常运行,且可在短时间内自行恢复的故障。这类故障由保护动作断开电源后,故障点的电弧能够自行熄灭、绝缘强度重新恢复,若重合闸动作就能恢复正常供电。架空线路的故障中,90%的故障为临时故障。

永久性故障是一种影响设备运行,不采取措施就不能恢复设备正常运行的故障。这类故障重合闸装置动作会再次跳开断路器,重合线路断路器一般不成功。

低压配电网的电气故障多为负荷过重、设备故障引起,线路自身故障概率相对较低,因此当低压设备出线异常时,应当优先切断电源。低压配电网常见的设备故障有:变压器故障、配电柜故障、断路器故障、熔断器故障、剩余电流动作保护装置故障、无功补偿装置故障、仪器仪表故障等。高压配电网故障特性与同电压等级的输电网类似。

本节以10kV配电网为例,介绍不同类型的永久性故障。

**4.1.2.2  10kV单相接地故障**

单相接地故障是10kV配电网最容易发生且最难查找的故障,一般发生于架空线路。指三相导线中的某一相导线因为某种原因直接接地,或通过电弧等方式的非金属接地。

对于小电流接地系统,由于中性点非有效接地,当系统发生单相接地故障时,故障点不会产生大的短路电流,但各线路电容电流的分布具有一定的规律,所以通过这种可循的规律能确定出故障线路甚至定位故障区段。

1. 10kV配电网中性点不接地系统单相接地故障特性

中性点不接地电网中发生单相接地时,故障点流过的是全系统对地电容电流,其大小取决于变电站线路的类型和长度。若变电站出线较多,线路较长,或者连接着大量电缆线路,这种情况下接地点的容性电流较大,可能会燃起电弧,引起弧光接地过电压,从而使非故障相的对地电压进一步升高。10kV配电网中性点不接地系统单相接地故障特性如下:

(1) 全系统都将出现零序电压,若为金属性接地,故障相对地电压为零,非故障相对地电压升高至正常相电压的1.73倍。

(2) 非故障线路零序电流的数值等于本身的对地电容电流,相位超前零序电压90°,电容性无功功率的方向为变电站母线流向线路故障点。

(3) 故障线路流过的零序电流为全系统非故障线路对地电容电流之和,相位滞后零序电压90°,电容性无功功率的方向为线路故障点流向母线。

(4) 故障线路与非故障线路的零序电流相位相差180°。

2. 10kV配电网中性点经消弧线圈接地系统单相接地故障特性

为了消除弧光过电压的影响,通常在变压器的中性点与大地之间接入一个消弧线圈,它与流过接地点的容性电流分量相抵消,大大减小了接地点的电流,使电弧易于自行熄灭,减少高幅值电弧接地过电压发生的概率。

10kV配电网中性点经消弧线圈接地系统单相接地故障特性主要有:

(1) 地点零序电流,由全系统电容电流之和以及消弧线圈补偿的电流两部分组成。由于两者相位相反,接地点电流相对不接地系统大大减小,因此故障线路与非故障线路的零序电流值相差不大。

(2) 过补偿方式下,故障线路的零序电流是残余电流和本线路的电容电流之和,其无功功率的方向和非故障线路的方向一致,由母线流向线路。因此,这种情况下,无法用零序功率方向的差别判别系统的故障线路。

### 4.1.2.3　10kV 配电网相间短路

10kV 配电网相间短路指同一回线路不同相之间的短路故障，包括三相短路、两相短路、两相短路接地。

（1）三相短路：当配电网发生三相短路时，稳态短路电流对称。在配电网架空线路发生概率较低；电缆线路故障时，如果跳闸时间较长，有可能电弧烧毁绝缘层，导致故障变为三相短路。暂态电流瞬时值出现在短路发生后半个周期左右，与暂态周期分量和非周期分量起始值有关。最大瞬时电流也叫冲击电流，最严重时可达稳态短路电流的 2.8 倍。

（2）两相短路：架空线路和电缆线路均有可能发生，其中电缆线路两相短路有扩大为三相短路的可能。同等条件下，故障电流为三相短路电流的 0.87 倍。

（3）两相短路接地：中性点不接地系统，零序阻抗较大，两相短路接地的电压电流特性与两相短路一致。中性点经消弧线圈接地系统，电流幅值和相位与零序阻抗有关。

### 4.1.2.4　10kV 双线异名相接地

配电网中，还有可能发生不同回线路同时发生接地故障并构成回路的情况。

如图 4.3 所示的双线异名相接地，线路 1 的 A 相和线路 2 的 C 相接地后，大地形成短路电流通路，此时的短路特性与两相短路接地类似。如果断路器 1 先跳闸，线路 1 故障电流消失，则此时线路 2 变为单相短路故障。因此双线异名相接地断开故障过程中，存在故障类型变换的情况。

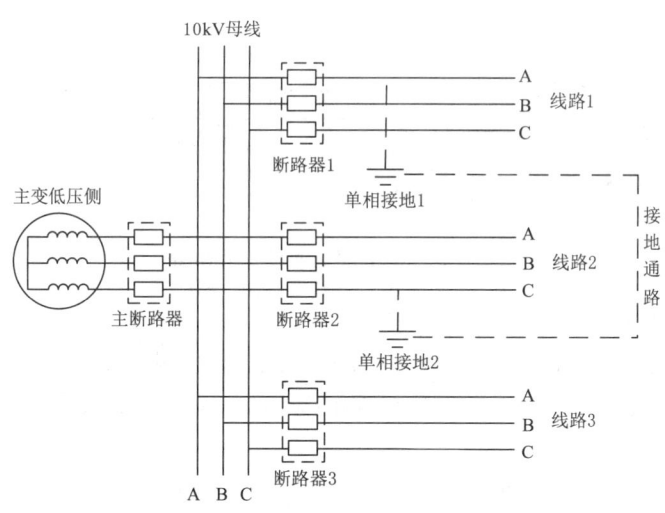

图 4.3　配电网双线异名相接地示意图

### 4.1.3　配电网保护配置

配电网线路和设备数量较多，很多故障发生在靠近用户侧的位置，因此配电网保护配置与输电网存在差异。配电网除了自身防护的要求，减小外力因素、自然因素、安装维护操作因素导致故障的概率，还应该配备一定的继电保护策略，还需要考虑馈线开关之间的配合，以及配电网负荷的调节，并采取相应的管理措施。

4.2
配电网故障的特点

配电网的保护配置，包括变电站、配电网线路、配电网调度方面。变电站对配电网的保护，保护配置主要为10kV断路器保护，分为阶段式电流保护、自动重合闸、小电流接地选线等。馈线自动化方案由分段开关、支线开关保护、开关自动倒闸方案构成。配电网调度方面的保护，有配电网低频减载等。本知识点主要讲解变电站和调度方面对配电网的保护，馈线自动化将在本项目相关知识点进一步介绍。

**4.1.3.1　阶段式电流保护**

配电网保护的作用主要是防止配电设备被短路电流烧毁，或者寿命严重降低，例如短路电流损坏配电变压器。配电网保护不追求高速动作，对高电压等级的电源影响较小，因此保护主要采用电流型保护，保护原理、配置和整定都比较简单。一般使用阶段式电流保护，例如三段式电流保护，用于保护配电网线路相间故障。变电站的配电网的三段式电流保护，配置于10kV出线断路器的测控保护装置处。

三段式电流保护分为无时限电流速断保护、限时电流速断保护、定时限过电流保护，可以根据配电网阻抗的数值完成整定计算，满足要求时也可采用额定电流作为基准计算。

以图4.4的10kV配电线路为例，介绍三段式电流保护的配置原则。图中的线路通过断路器分为2段，常开联络开关可以视为线路末端，正常情况下线路以辐射型方式运行。断路器1为变电站线路出口处断路器，其三段式保护1属于变电站对配电网保护和馈线自动化方案的重要部分；断路器2为户外断路器，其三段式保护2为馈线自动化方案的一部分。

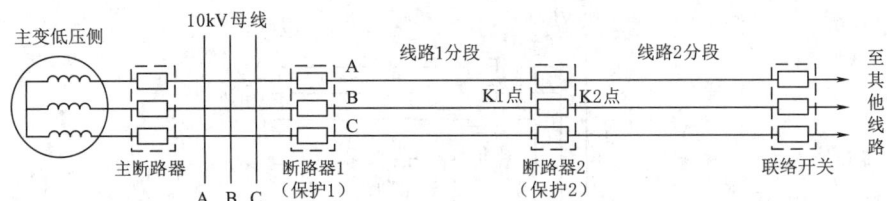

图4.4　10kV配电网接线示意图

**1. 无时限电流速断保护**

无时限电流速断保护也称为电流速断保护或电流Ⅰ段保护，保护简单可靠，动作迅速；但不能保护线路全长，在线路较短或运行方式变化较大时可能无保护范围。

对断路器1的三段式保护1来说，线路1分段末端和线路2分段的起始段发生故障，也就是断路器2的K1点和K2点位置，相同的短路类型电流区别不大。因此保护1无法区分本线路末端短路和相邻线路首端的短路，如果K2点故障时保护1与保护2同时动作，则停电范围过大，不满足继电保护选择性的要求。

解决上述问题的方法优先保证选择性：保护1保证下一段线路出口处短路时不启动，即保护1的Ⅰ段保护按躲开下一条线路出口处短路的条件整定。对保护1的Ⅰ段电流保护整定动作电流必须大于断路器2处最大短路电流（最大运行方式下三相短路时的电流），一般可靠性系数1.2～1.3。因此本线路末端短路时保护1的Ⅰ段保护不能启动,也就是该保护不能保护线路1分段全长。需要注意的是,在系统最小运行方式下的两相短路时,要求保护1的Ⅰ段保护可以动作的范围不小于线路全长的15%~20%。

同理,保护2的无时限电流速断保护,不能保护线路2分段全长,整定动作电流必须大于联络开关处最大短路电流,可靠性系数1.2~1.3。

2. 限时电流速断保护

限时电流速断保护也称为限时速断和电流Ⅱ段保护,能保护本条线路全长;但不能作为下一段线路的后备保护,且受系统运行方式变化较大。

限时电流速断保护要求任何情况下都可以保护线路全长、满足灵敏性、力求最小的动作时限、与下一级保护之间满足选择性的要求。为了满足选择性要求,带时限并将保护范围延伸到下一条线路,与下一条线路的限时电流速断保护配合,时限比下一条线路的限时电流速断保护长一个时阶。

一般要求保护1的电流Ⅱ段保护动作电流,为保护2的电流Ⅰ段的1.1~1.2倍。当灵敏度校验不满足要求时,要与相邻线路的限时电流速断保护配合,即保护1的电流Ⅱ段保护与保护2的电流Ⅱ段保护配合。

例如线路2分段发生故障时,保护1、保护2同时启动,保护2先动作并切除故障,最后保护1返回,满足选择性要求。

3. 定时限过电流保护

定时限过电流保护也称为过流保护、过负荷保护和电流Ⅲ段保护,不仅能作为本线路的近后备,而且能作为下一条线路的远后备;可以保护本线路的全长,也可以保护相邻线路的全长;但动作时间长,而且越靠近电源端其动作时限越大,对靠电源端的故障不能快速切除。

定时限过电流保护整定值,由配电线路最大负载、自启动系数、返回系数决定。自启动系数由网络具体接线和负荷性质决定,一般大于1;返回系数一般采用0.85~0.95。

一般要求近后备保护灵敏度系数要达到1.3~1.5,远后备保护灵敏度系数要达到1.2。

4. 以额定电流为基准整定三段式电流保护

配电网接线复杂,新建、扩建和改造较为频繁,因此精确计算配电网三段式保护的数值,时间成本较高,因此工程上满足条件的情况下,可以使用额定电流倍数整定。Ⅰ段保护一般为额定电流7~10倍,无延时出口跳闸;Ⅱ段保护一般为额定电流3.5~6倍,短延时出口跳闸;Ⅲ段保护一般为额定电流2~3倍,较长延时出口跳闸。

假设图4.4的线路1分段末端最大短路电流为1229A,负载电流为200A;线路2分段末端最大短路电流为706A,负载电流为100A。两种方法整定的数值见表4.1。

### 4.1.3.2 自动重合闸

配电网自动重合闸装置是10kV开关设备因故障跳开后,再按需要自动投入的一种装置,用于配电网临时故障保护,是变电站和馈线自动化保护的重要部分。

表 4.1　　基于阻抗计算整定值与基于额定电流为基准的整定值

| 基准 | 基于阻抗整定值（电流与灵敏度） | | | 基于额定电流为基准整定值（电流） | | |
|---|---|---|---|---|---|---|
| | Ⅰ段保护 | Ⅱ段保护 | Ⅲ段保护 | Ⅰ段保护 | Ⅱ段保护 | Ⅲ段保护 |
| 断路器1 | 1475A<br>60% | 743A<br>1.41 | 565A<br>5.44/1.86 | 1400A | 700A | 550A |
| 断路器2 | 847A<br>32.22% | 467A<br>1.31 | 296A<br>1.49 | 800A | 400A | 300A |

1. 自动重合闸的作用

(1) 对临时故障，可迅速恢复供电，从而能提高供电的可靠性。

(2) 可以纠正由于 10kV 开关设备误动作引起的误跳闸。

(3) 配电网设计与建设过程中，由于考虑重合闸的作用，有些情况下可以使用过渡接线以节约投资，当目标接线完成后重合闸更有利于临时故障的排除。

2. 配电网自动重合闸的不利影响

配电网自动重合闸，合闸于永久性故障时，使配电网又一次受到故障电流的冲击。这是因为短时间内连续切断两次短路电流，使配电网开关设备的工作条件变得更加恶劣。

**4.1.3.3　小电流接地选线装置**

小电流接地选线装置是一种配电网的保护设备，适用于 10kV 中性点不接地或中性点经大电阻、消弧线圈接地系统的单相接地选线，能够指明发生单相故障的线路及故障相。

10kV 配电网中性点非有效接地系统中，单相故障电流较小，并且电流信号太小、干扰大信噪比小、随机因素影响不确定、电容电流波形不稳定、谐波电流大小随时间变化，使用阶段式电流保护灵敏度难以满足要求，而且各回线路都出现零序电流，因此需要小电流接地选线装置确定故障线路，并进一步明确故障相。

小电流接地信号装置的判断方法或依据主要有：零序电压的大小、电容电流的大小、电容电流的方向、零序电流有功分量、5次谐波分量、故障电流暂态分量首半波、信号注入法、比幅比相法、突变量法、谐波比幅比相法等。

主要优点有：不用整定，调试简单，维护量小，自动选择显示故障线路；选线方案先进，选线准确，带方向，可以区分线路和母线接地；记录接地初始时刻及累计时间，抗干扰功能强，数据采集精度高；装置不受系统运行方式，线路长、短，接地电阻的影响；具有判断瞬间接地故障，可配置接地跳闸系统，实现自动跳闸；使用后大大方便了值班电工，减轻电厂电气值班员的工作量，减少了故障查找时间，提高了工作效率。

我国配电网对小电流接地信号装置提出了更高的要求，例如减小相对测量误差、减小长距离二次电缆容易引起的测量误差、减小随机因素影响、提高自身性能等。

**4.1.3.4　配电网低频减载**

当电力系统出现有功功率不足的时候，将会引起频率的下降，一般应当使用备用电源提高有功功率。若备用电源不足，则需要使用低频减载装置根据频率下降的程度分级切除负荷。低频减载是一种防止电力系统出现频率崩溃的安全控制措施，由频率测量和减载两个环节组成，通常应用于10kV配电网负载控制。

按照低频减载装置动作的选择性将频率分级，第一级动作频率一般整定在48～48.5Hz，最后一级动作频率由系统允许的最低频率下限确定，一般为46～46.5Hz。前一级动作后，若频率继续下降，后一级才动作。

### 4.1.4 馈线自动化

#### 4.1.4.1 馈线自动化的定义

馈线自动化指的是10kV配电线路的自动化，是配电网自动化系统的重要组成部分之一。馈线自动化英文简写FA，指利用自动化装置或系统，监控线路的运行情况，及时发现故障，迅速判断故障区段、隔离故障、恢复非故障区段的供电。

4.3
配电网保护配置

馈线自动化融合了继电保护、远方终端和重合闸等多种技术和配置，能快速切除故障，在几秒到几十秒之间能实现故障的隔离，几十秒到几分钟之间实现非故障区段恢复供电。馈线自动化是目前配电网自动化系统处理10kV配电线路的主流方案，能将馈线保护融合至主站监控系统中，提高了配电网的供电可靠性。

总的来说，馈线自动化优点：可以大幅度减少停电时间，提高配电网的供电可靠性；可以有效提高供电质量；节省总体投资；减少电网运行与检修费用；提升配电网管理水平。

#### 4.1.4.2 馈线自动化的功能

1. 馈线自动化的核心功能

馈线自动化的核心功能：正常运行时检测线路状态，如电流、电压、开关状态及进行相关操作，通过网络重构实现负荷控制和降低网络损耗；当线路发生故障时，能准确确定故障所在线路，跳开故障线路开关，使故障线路被隔离，并恢复非故障线路的供电。

2. 馈线自动化的基本功能

（1）数据采集功能：架空线路、电缆线路的开关设备，以及配电变压器数据的采集和监视，由配电网自动化终端来完成。

（2）状态监视与故障处理功能：状态监视功能用于正常状态和事故状态的监控，事故处理故障区段自动判断、指示与自动隔离，故障消除后迅速恢复供电功能。

（3）控制操作功能：在配电网正常运行过程中遥控10kV出线断路器分合闸，并能带负荷遥控环网开关、柱上开关分合闸，包括主干线路、支线断路器和负荷开关。

（4）无功控制功能：对安装在线路上的无功补偿电容器组的自动投切控制。

（5）其他功能：包括事故告警功能、报表功能、对时功能等。

#### 4.1.4.3 10kV配电网故障处理过程

配电网发生故障时，处理过程包括故障切除、故障定位、故障隔离、恢复非故障区段供电、人工检修、恢复正常供电等环节。其中馈线自动化包括故障切除、故障定位、故障隔离、恢复非故障区段供电环节，是故障处理的第一阶段，见表4.2。

表 4.2　　　　　　　　　　10kV 配电网故障处理过程

| | 故障处理阶段 | 故 障 处 理 环 节 |
|---|---|---|
| 1 | 馈线自动化阶段 | 故障切除、故障定位、故障隔离、恢复非故障区段供电 |
| 2 | 现场故障检修阶段 | 人工检修 |
| 3 | 恢复供电阶段 | 恢复正常供电 |

【任务实施】

1. 实训准备

10kV 测控保护装置。

2. 实训内容及步骤

实训内容：认知配电网的保护设备的安装接线。

根据 10kV 测控保护装置的接线图完成以下培训项目：

(1) 10kV 测控保护装置接线图识图。

(2) 10kV 测控保护装置设置三段式电流保护的基本操作流程。

3. 实训成果及考核评价

(1) 接线图识图、设置三段式电流保护的基本操作流程的实训项目操作考核占 50%。

(2) 实训认真度、责任度、努力程度占 20%。

(3) 实训成果报告占 30%。

【思考与练习题】

1. 配电网故障产生的原因主要有哪些？一般发生在架空线路还是电缆线路？
2. 配电网的故障有哪些危害？
3. 配电网故障有哪些类型？
4. 10kV 单相接地故障的特性是什么？
5. 配电网有哪些保护配置？这些保护配置主要在哪些情况下使用？
6. 简述馈线自动化的功能。

## 任务 4.2　认知就地电压型馈线自动化方案

【学习目标】

1. 认知就地电压型馈线自动化方案的基本类型。
2. 掌握就地电压型馈线自动化方案配置和开关动作逻辑。
3. 分析不同类型接线故障时就地电压型馈线自动化处理过程。

【任务引入】

就地电压型馈线自动化是一种用于乡镇和城市部分区域的馈线自动化方案，普及最广的就地电压型 FA 包括电压时间型 FA、电压电流型 FA。本节在介绍 X 时限与 Y 时限的基础上，学习变电站出线断路器、分段负荷开关、联络开关、主干线路和支线断路器、支路负荷开关的电压时间型 FA 基本动作逻辑，以及故障处理过程。

## 任务 4.2 认知就地电压型馈线自动化方案

【重点难点】

重点：就地电压型馈线自动化方案的故障处理过程。

难点：就地电压型馈线自动化方案的开关动作逻辑。

【知识学习】

### 4.2.1 就地电压型馈线自动化方案分类和配置

就地电压型馈线自动化简称就地电压型FA，是指以电压为开关动作的基本依据，不依靠通信和主站支持，各开关设备独立工作，实现故障的就地定位、隔离和恢复非故障区段的馈线自动化方案。

就地电压型馈线自动化方案分为电压时间型FA、电压电流型FA、自适应综合型FA、基于断路器的就地电压型FA、电流计数型FA等类型。其中电压时间型FA和电压电流型FA应用较为广泛，两种FA的主要配置见表4.3。

表 4.3　　　　　　　电压时间型 FA 和电压电流型 FA 主要配置

| 配置类型 | 电压时间型 FA | 电压电流型 FA |
| --- | --- | --- |
| 变电站出线断路器 | 阶段式电流保护、零序保护、自动重合闸（一次或两次） | 阶段式电流保护、零序保护、自动重合闸（一次或两次） |
| 分段、分支负荷开关终端 | 具备采集三相电压、三相电流、零序电流的能力，具备电压时间型FA的功能 | 具备采集三相电压、三相电流、零序电流的能力，具备电压电流型FA的功能 |
| 联络开关终端 | 具备采集开关两侧三相电压、三相电流，具备就地电压型FA的联络开关逻辑功能 | 具备采集开关两侧三相电压、三相电流，具备就地电压型FA的联络开关逻辑功能 |
| 电流互感器 | 配置两相或三相测量TA，变比600/5，精度0.5级 | 配置三相变比为600/5的测量TA和保护TA，测量TA精度0.5级，保护TA变比10P20 |
| 主干线路单相故障（额外功能） | 额外功能，可在主干线路分段开关内加装50VA的零序TV检测零序电压，可处理单相接地故障 | （a）小电流接地系统：可在主干线路分段开关内加装50VA的零序TV检测零序电压。<br>（b）小电阻接地系统：主干线路开关加装0.5VA，变比为20/1的零序TA |

### 4.2.2 电压时间型馈线自动化方案

#### 4.2.2.1 电压时间型 FA 的定义、分类和特点

1. 定义

电压时间型FA是一种不需要通信支持的馈线自动化方案。当发生故障时，线路上的开关，根据其控制器的分合闸及闭锁逻辑独立完成动作，仅依靠开关分合闸状态、得电压时间、失电压时间即可完成开关自动倒闸配合，实现故障定位、故障隔离、恢复非故障区段供电的功能。

2. 分类

电压时间型FA在变电站出线断路器、分段和分支断路器的阶段式电流保护基础上，增加了分段负荷开关、联络开关、支路负荷开关的"来电合闸、失压分闸"电压时间闭锁合闸逻辑，断路器与负荷开关相互配合，实现馈线自动化处理过程。

变电站出线断路器二次重合闸，与"无压释放、来电即合"的分段分支负荷开关

配合。断路器一次重合闸定位故障点,完成故障点两侧闭锁;二次重合恢复非故障区段供电。基本型和改进型电压时间型FA,均要求同一时刻只能有一个开关合闸,以免引起闭锁逻辑不正确动作,但允许多个开关同时分闸。

电压时间型馈线自动化方案可分为基本电压时间型FA、短时闭锁失压分闸功能的电压时间型FA、变电站出线断路器只具备一次重合功能的电压时间型FA、阶段式电流保护级差配合的电压时间型FA等类型,见表4.4。

表4.4　　　　　　　电压时间型馈线自动化类型和开关逻辑

| 电压时间型馈线自动化类型 | 变电站出线断路器 | 分段负荷开关 | 联络开关 | 主干和支线断路器 | 支路负荷开关 |
| --- | --- | --- | --- | --- | --- |
| 基本型 | 二次重合 | 电压时间型FA基本逻辑 | 联络开关的电压时间型FA逻辑 | 无配置 | 可配备 |
| 短时闭锁失压分闸型 | 二次重合 | 短时闭锁失压分闸逻辑 | 联络开关的电压时间型FA逻辑 | 无配置 | 可配备 |
| 变电站出线断路器只具备一次重合型 | 一次重合 | 电压时间型FA基本逻辑,首个负荷开关时限不同 | 联络开关的电压时间型FA逻辑 | 无配置 | 可配备 |
| 阶段式电流保护级差配合型 | 二次重合 | 电压时间型FA基本逻辑 | 联络开关的电压时间型FA逻辑 | 配备 | 可配备 |

3. 特点

(1) 具有就地隔离功能,采用"无压释放、来电即合"的简单原理。
(2) 不依赖通信及后台系统就能实现馈线自动化。
(3) 不依赖后备电源,设备维护工作量较少。
(4) 无需与变电站级差配合,无需对站内进行任何改造。
(5) 故障处理时间为分钟级,可能需要变电站2次重合闸配合。

**4.2.2.2　电压时间型馈线自动化的开关逻辑**

就地电压型馈线自动化有两个重要的参数——X时限与Y时限,X时限是指合闸逻辑工作的时间,Y时限是指合闸后故障检测时间,示意图见图4.5。开关分位时,电源侧有压并且保持X时限,开关合闸。开关合闸之后,经过Y时限未检测到故障,确认合闸成功。

4.4
就地电压型馈线自动化方案

图4.5　X时限与Y时限示意图

1. 变电站出线断路器

基本电压时间型FA和短时闭锁失压分闸功能的电压时间型FA,要求变电站出线断路器配备二次重合闸,并具备闭锁二次重合闸的功能。如果一次重合闸Y时限内检测到故障电流,表明故障在断路器相邻分段线路,则二次重合闸闭锁。

对于部分变电站出线断路器只具备一次重合功能的情况,则要求线路上的第一个负荷开关X时限较大,以便断路器完成下一次分合闸储能。

2. 分段负荷开关

分段负荷开关主要使用"无压释放、来电即合"的电压时间型馈线自动化逻辑,主要分为基本型逻辑和短时闭锁失压分闸逻辑。其中基本型逻辑如图 4.6 所示，短时闭锁失压分闸逻辑如图 4.7 所示。

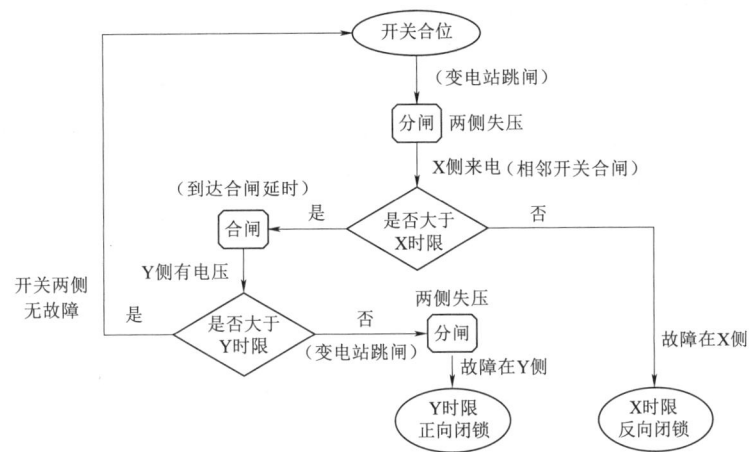

图 4.6　分段负荷开关的电压时间型 FA 基本动作逻辑

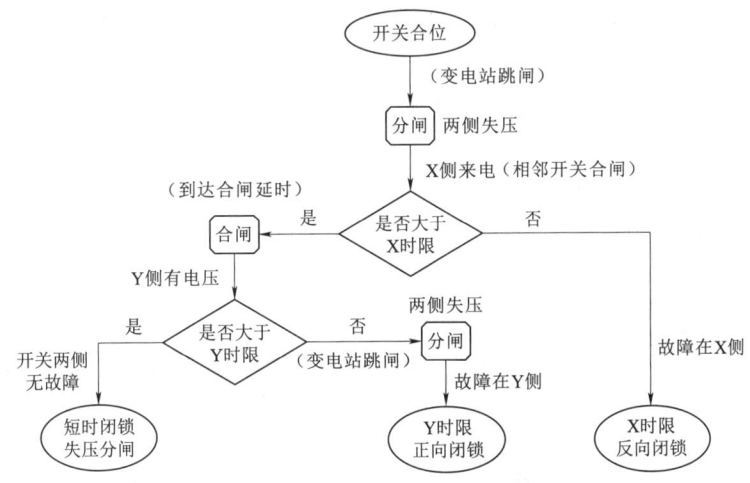

图 4.7　带短时闭锁失压分闸功能的分段负荷开关的电压时间型 FA 动作逻辑

（1）故障失压分闸：当发生故障时，变电站出线断路器跳闸，使得分段负荷开关两侧失压，启动"无压释放"的自动分闸逻辑，开关从合位变为分位。

（2）故障点不在开关两侧：开关在分位，单侧来电 X 时限未失压，说明故障点不在开关电源侧，开关合闸由分位变为合位。合闸后 Y 时限未失压，说明故障点不在负载侧，开关为合位。此时，基本型逻辑开关回到开关合位初始状态；短时闭锁失压分闸逻辑开关会闭锁再次失压分闸，保持合闸 5min 时间后逻辑回到开关合位初始状态。

（3）X 时限闭锁：故障点在开关的电源侧，分段负荷开关为分位。当线路合闸至故障段时，分段开关检测到电源侧残压。当变电站出线断路器跳闸，在 X 时限内分段开关再次失压并保持分位，同时反向闭锁负荷侧得电合闸。一般设置分段负荷开关 X 时限为 7s；变电站出线断路器只具备一次重合功能的电压时间型 FA，首个负荷开关合闸延迟定义为 37s。

(4) Y 时限闭锁：故障点在开关的负载侧，分段负荷开关为分位。在电源侧有压得电 X 时限合闸到故障点上，变电站出线断路器跳闸，Y 时限内开关两侧同时失压，则电源侧 Y 时限闭锁，正向闭锁电源侧得电合闸。分段负荷开关 Y 时限一般为 5s。

零序电压跳闸：为选配功能，用于检测零序故障。假设单相故障点在分段负荷开关的 Y 侧，则在其合闸之前检测不到零序电压；开关合闸后，在 Y 时限内检测到零序电压，开关自动分闸，并正向闭锁；下一级分段负荷开关检测到 X 时限零序电压消失，反向闭锁故障。

**3. 联络开关**

联络开关一般使用负荷开关，正常运行时为常开，用于不同回线路之间的转供电使用。联络开关的电压时间型 FA 逻辑如下。

(1) 失压延时合闸：单侧失压，延时后合闸。延时合闸的时间，要求大于两侧主干线路完成故障定位、故障隔离的总时间。

(2) 闭锁合闸。

1) 正常运行工况闭锁合闸：开关处于分位，两侧有压，禁止合闸。

2) 故障点在开关相邻线路分段闭锁合闸：瞬时加压闭锁，脉冲残压闭锁合闸。

**4. 主干线路和支线断路器**

与变电站出线断路器开关逻辑基本相同，共同构成阶段式电流保护级差配合。

**5. 支路负荷开关**

与分段负荷开关的逻辑的区别，主要是支路负荷开关不设置 X 时限闭锁，仅闭锁 Y 时限，因此支路负荷开关只闭锁相邻 Y 侧的故障。由于应用电压时间型 FA 的 10kV 配电网支线不组环网，Y 时限闭锁也能满足要求。

**4.2.2.3 单辐射接线电压时间型馈线自动化方案**

单辐射接线如图 4.8 所示，包括变电站出线断路器、分段负荷开关、支路负荷开关，其中实心代表为合闸状态，空心代表分闸状态。

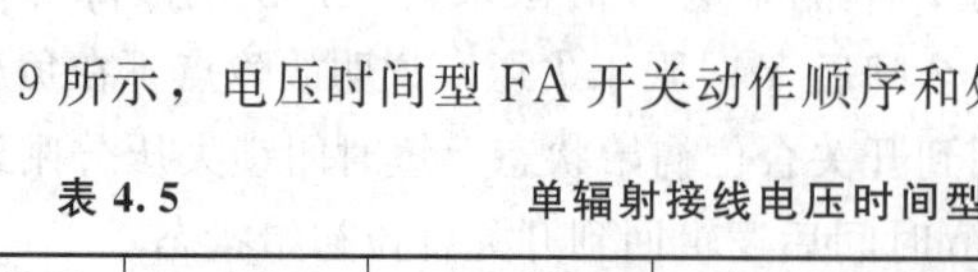

各开关的定义见表 4.5，其中断路器一次重合时间为 1s，二次重合延时 5s。

**1. 主干线路故障**

如果主干线路发生故障 A，如图 4.9 所示，电压时间型 FA 开关动作顺序和处理过程如下。

图 4.8 单辐射接线电压时间型 FA 案例

表 4.5  单辐射接线电压时间型 FA 开关定义和逻辑

| 编号 | 开关类型 | 开关作用 | 分合闸逻辑 | X 时限 | Y 时限 | 合闸延时 | 其他功能 |
|------|----------|----------|------------|--------|--------|----------|----------|
| CB1 | 断路器 | 变电站出线 | 变电站二次重合 | — | 2s | 1s/5s | 闭锁二次重合 |
| FS1 | 负荷开关 | 主干线路分段 | 无压释放、来电即合 | 7s | 5s | 7s | 基本型 |
| FS2 | 负荷开关 | 主干线路分段 | 无压释放、来电即合 | 7s | 5s | 7s | 基本型 |

续表

| 编号 | 开关类型 | 开关作用 | 分合闸逻辑 | X时限 | Y时限 | 合闸延时 | 其他功能 |
|---|---|---|---|---|---|---|---|
| FS3 | 负荷开关 | 主干线路分段 | 无压释放、来电即合 | 7s | 5s | 7s | 基本型 |
| ZS1 | 负荷开关 | 主分支线 | 无压释放、来电即合 | — | 5s | 21s | 零序电压跳闸 |
| ZS11 | 负荷开关 | 二级分支 | 无压释放、来电即合 | — | 5s | 7s | 零序电压跳闸 |
| ZS12 | 负荷开关 | 二级分支 | 无压释放、来电即合 | — | 5s | 14s | 零序电压跳闸 |
| ZS2 | 负荷开关 | 主分支线 | 无压释放、来电即合 | — | 5s | 35s | 零序电压跳闸 |
| ZS21 | 负荷开关 | 二级分支 | 无压释放、来电即合 | — | 5s | 7s | 零序电压跳闸 |

(1) 变电站出线断路器 CB1 保护跳闸：主干线路负荷开关 FS1、FS2、FS3 都不具备零序电压跳闸，因此无论是任何类型故障，均由 CB1 保护跳闸，线路失电，如图 4.10 所示。

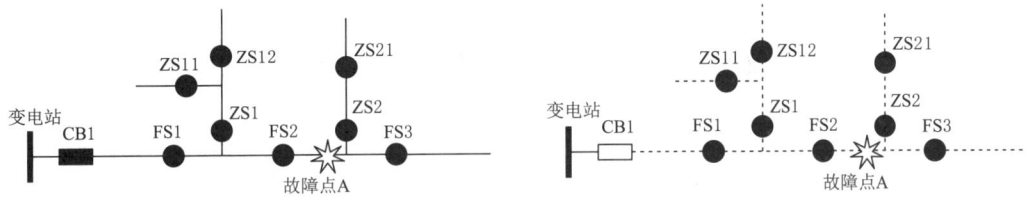

图 4.9 单辐射接线电压时间型 FA 主干线路故障　　图 4.10 变电站出线断路器保护跳闸

(2) 线路所有负荷开关失电跳闸：分段开关与负荷开关均启动"无压释放"的自动分闸逻辑，如图 4.11 所示。

(3) 变电站 CB1 重合闸，分段负荷开关 FS1 的 X 侧来电进入合闸延时，如图 4.12 所示。

图 4.11 负荷开关无压释放跳闸　　图 4.12 变电站出线断路器重合闸

(4) 分段负荷开关 FS1 合闸：当 FS1 延时时间达到 7s 合闸，并进入合闸后计时；同时分段负荷开关 FS2、分支线 1 主负荷开关 ZS1 单侧来电，进入合闸延时。当合闸 5s 后 FS1 判断自身两侧无故障，逻辑返回初始状态，等待下一次分闸逻辑执行。线路状态如图 4.13 所示。

(5) 分段负荷开关 FS2 合闸：当 FS2、ZS1 延时时间达到 7s，ZS1 达到 X 时限但未达到延时继续计时，FS2 合闸并进入合闸后计时。此时合闸到了故障上，线路又出现故障电流，此时有残压加于 FS3、ZS2 的 X 侧，如图 4.14 所示。

(6) 变电站出线断路器 CB1 再次保护跳闸，线路失电，如图 4.15 所示。

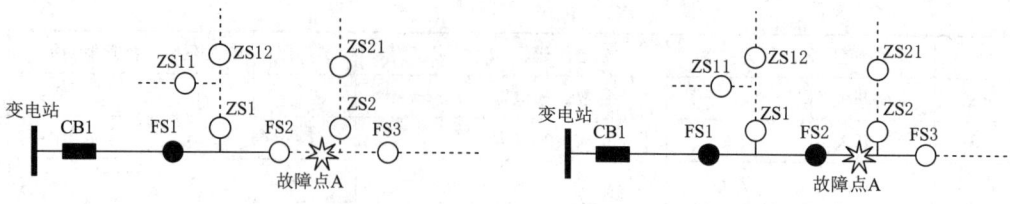

图 4.13　首分段开关得压延时合闸　　　图 4.14　第二分段开关得压延时合闸

(7) 启动闭锁逻辑：线路失压后 FS1、FS2 跳闸。此时 FS2 的 Y 侧有压时间小于 Y 时限，开关正向闭锁合闸。FS3 的 X 侧有压时间小于 X 时限，开关反向闭锁合闸。由于故障点在 ZS2 的 X 侧，因此无闭锁逻辑，如图 4.16 所示。

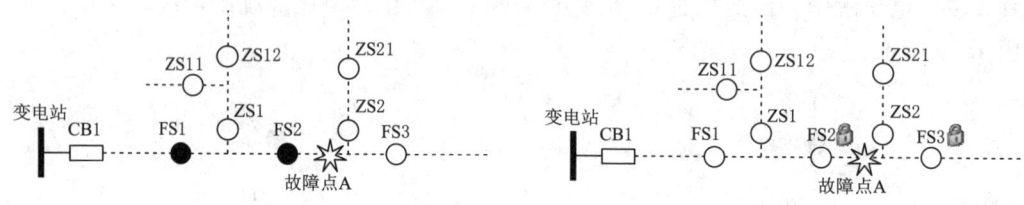

图 4.15　第二分段开关得压延时合闸　　　图 4.16　电压时间型 FA 闭锁启动

(8) 变电站出线断路器二次重合闸，FS1 的 X 侧来电进入合闸延时，如图 4.17 所示。

(9) 分段负荷开关 FS1 单侧来电 7s 合闸，ZS1 单侧来电进入合闸延时，FS2 已正向闭锁不会合闸。线路状态如图 4.18 所示。

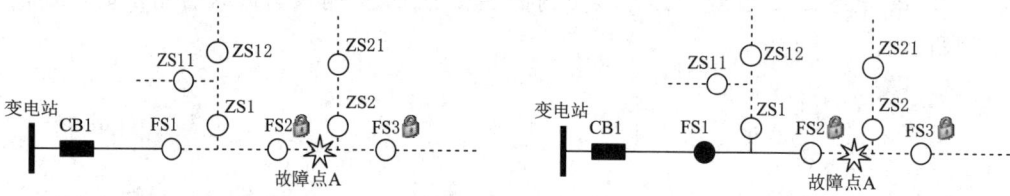

图 4.17　变电站出线断路器二次重合闸　　　图 4.18　变电站出线断路器二次重合闸

(10) 支线负荷开关依次合闸：ZS1 单侧得电 21s 后合闸，ZS11、ZS12 单侧来电；ZS11 单侧来电 7s 后、ZS12 单侧来电 14s 后合闸。此时电压时间型 FA 已完成故障定位、故障隔离和恢复非故障区段供电的功能，线路最终状态如图 4.19 所示。

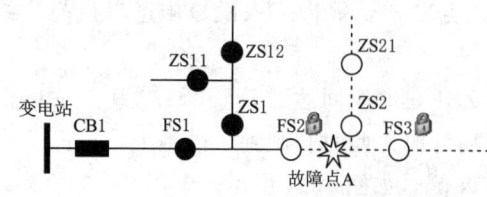

图 4.19　电压时间型 FA 主干线路故障最终状态

2. 分支线故障

分支线发生故障 B，如图 4.20 所示。如果为单相接地故障，由于 ZS11 开关具备零序电压跳闸功能，可直接断开故障，其余开关不需要动作。如果发生的相间短路，则电压时间型 FA 开关动作顺序和处理过程如下。

（1）变电站出线断路器 CB1 保护跳闸，线路所有负荷开关失电跳闸，如图 4.21 所示。

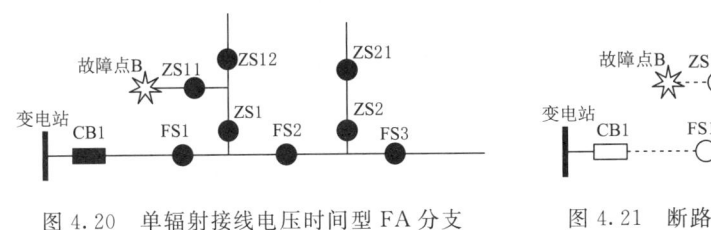

图 4.20　单辐射接线电压时间型 FA 分支线路故障　　　图 4.21　断路器保护跳闸、负荷开关无压释放跳闸

（2）变电站 CB1 重合闸，主干线路分段 FS1、FS2、FS3 开关依次合闸，主干线路未检测到故障，如图 4.22 所示。

（3）支路开关合闸：ZS1 满足合闸延时后合闸，ZS11、ZS12 单侧有电计时；为了防止两分支线产生同时有开关合闸，导致闭锁勿动，ZS2 的合闸延时要求大于支路 1 所有开关合闸延时及闭锁时限总和。线路最终状态如图 4.23 所示。

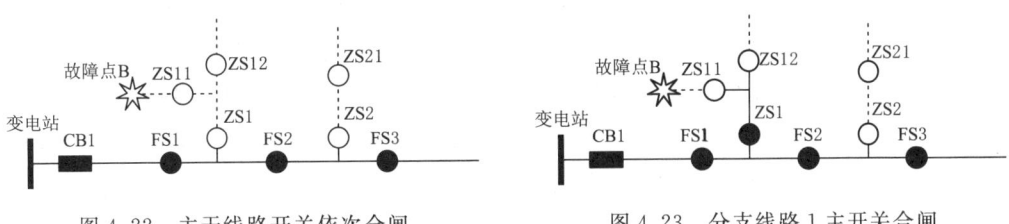

图 4.22　主干线路开关依次合闸　　　图 4.23　分支线路 1 主开关合闸

（4）二级分支负荷开关 ZS11 合闸到故障上，如图 4.24 所示。

（5）变电站出线断路器 CB1 跳闸，线路失电，所有负荷开关跳闸。ZS11 开关合闸时间小于 Y 时限，开关正向闭锁合闸。其余开关未闭锁，如图 4.25 所示。

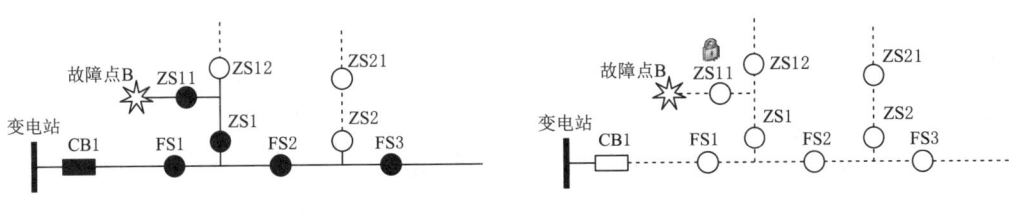

图 4.24　二级分支负荷开关合闸到故障上　　　图 4.25　二级分支负荷开关合闸到故障上

（6）变电站出线断路器二次重合闸，主干线路分段 FS1、FS2、FS3 开关依次合闸，之后支路 1 的开关 ZS1、ZS12 开关依次合闸，ZS11 已闭锁不关合开关。线路状态如图 4.26 所示。

（7）支路负荷开关 ZS2、ZS21 依次合闸恢复供电，电压时间型 FA 完成故障定位、故障隔离和恢复非故障区段供电的功能，线路最终状态如图 4.27 所示。

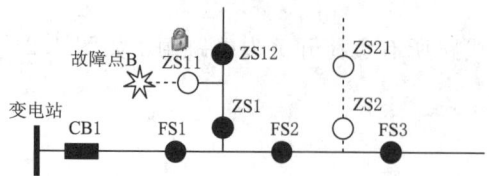
图 4.26 二级分支负荷开关合闸到故障上

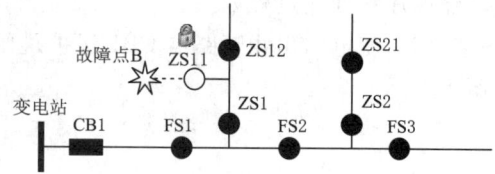
图 4.27 电压时间型 FA 分支线路故障最终状态

**3. 其他类型电压时间型馈线自动化**

(1) 变电站出线断路器只具备一次重合型：可将 FS1 合闸延迟定义为 37s，满足断路器储能时间。

(2) 短时闭锁失压分闸型：可将表 4.5 中负荷配置改为短时闭锁失压分闸的电压时间型 FA，减少线路停电时间和倒闸次数。短时闭锁失压分闸型逻辑图见图 4.7。当使用了短时闭锁失压分闸的电压时间型 FA，当变电站 CB1 二次跳闸时，合闸时间大于 Y 时限的负荷开关不会失压跳闸，减少了倒闸停电时间。

以分支线发生故障 B 为例，短时闭锁失压分闸的电压时间型 FA 与基本电压时间型 FA 的主要区别在于图 4.25 的工况，短时闭锁失压分闸 FA 会变为图 4.28 的情况。

此时 FS1、FS2、FS3、ZS1 已闭锁失压分闸功能，只需要断路器 CB1 二次重合即可恢复主干线路供电，有效减少了大部分用户的故障停电时间，增加了设备寿命。部分支路也可使用用户分界负荷开关代替电压时间型 FA 的支路开关。

(3) 支路发生故障时，逐步自动倒闸会导致主干线路停电，因此在故障较多的支路应当安装断路器，电压时间型 FA 与阶段式电流保护级差配合减小故障停电范围。尤其是 N 分段 n 联络接线，支线可配置断路器用作保护。

**4.2.2.4 电压时间型馈线自动化与阶段式电流保护级差配合**

**1. 分段和分支断路器动作逻辑**

电压时间型 FA 与阶段式电流保护级差配合，主要是将部分负荷开关更换为断路器，与变电站组成阶段式电流保护级差保护。如图 4.29 所示，接线将图 4.9 的支路主开关 ZS1、ZS2 和分段开关 FS2 分别替换为 ZB1、ZB2、FB 断路器，开关定义见表 4.6。

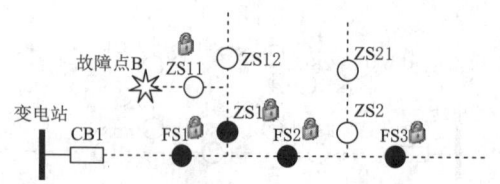
图 4.28 二级分支负荷开关合闸到故障上

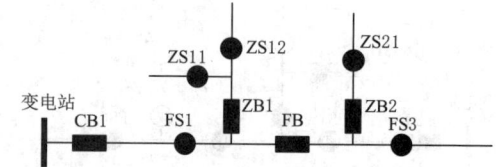
图 4.29 电压时间型 FA 与阶段式电流保护级差配合案例

(1) 分段断路器逻辑。

1) 故障失压分闸、来电延时合闸：当发生故障时，前级断路器跳闸，本级短路两侧失压，启动"无压释放"的自动分闸逻辑，开关从合位变为分位。单侧来电 X 时限未失压，达到合闸延时后开关合闸由分位变为合位。

任务 4.2 认知就地电压型馈线自动化方案

表 4.6 电压时间型 FA 与阶段式电流保护级差配合开关定义和逻辑

| 编号 | 开关类型 | 开关作用 | 分合闸逻辑 | X 时限 | Y 时限 | 合闸延时 | 其他功能 |
|---|---|---|---|---|---|---|---|
| CB1 | 断路器 | 变电站出线 | 变电站二次重合 | — | 2s | 1s/5s | 闭锁二次重合 |
| FS1 | 负荷开关 | 主干线路分段 | 无压释放、来电即合 | 7s | 5s | 7s | 基本型 |
| FB | 断路器 | 主干线路分段 | 无压释放、来电即合、二次重合 | 7s | 2s | 7s<br>1s/5s | 闭锁二次重合 |
| FS3 | 负荷开关 | 主干线路分段 | 无压释放、来电即合 | 7s | 5s | 7s | 基本型 |
| ZB1 | 断路器 | 主分支线 | 二次重合 | — | 2s | 1s/5s | 闭锁二次重合 |
| ZS11 | 负荷开关 | 二级分支 | 无压释放、来电即合 | — | 5s | 7s | 零序电压跳闸 |
| ZS12 | 负荷开关 | 二级分支 | 无压释放、来电即合 | — | 5s | 14s | 零序电压跳闸 |
| ZB2 | 断路器 | 主分支线 | 二次重合 | — | 2s | 1s/5s | 闭锁二次重合 |
| ZS21 | 负荷开关 | 二级分支 | 无压释放、来电即合 | — | 5s | 7s | 零序电压跳闸 |

2) X 时限闭锁：故障点在 X 侧，且分段断路器为分位。当线路合闸至故障段时，分段断路器检测到 X 侧残压。当前级断路器跳闸，在 X 时限内分段断路器再次失压并保持分位，同时反向闭锁负荷侧得电合闸。

3) 故障在分段断路器本级负载侧非相邻分段：要求分段断路器配备二次重合闸，并具备闭锁二次重合闸的功能，用于隔离本级断路器保护分段的故障。

4) Y 时限闭锁：如果一次重合闸 Y 时限内检测到故障电流，表明故障在分段断路器相邻分段 Y 侧相邻分段，则二次重合闸闭锁。

（2）分支线断路器逻辑：相比分段断路器，减少"无压释放、来电即合"和 X 时限闭锁的逻辑功能，其余逻辑相同。

其中 FB 断路器合闸的合闸延时，7s 为单侧来电合闸延时，一次重合闸延时为 1s，二次重合闸延时参数 5s；ZB1 和 ZB2 断路器只有一次重合闸和二次重合闸延时。

2. 主干线路故障

如果主干线路发生故障 A，如图 4.30 所示，电压时间型 FA 开关动作顺序和处理过程如下。

（1）分段断路器 FB 保护跳闸：发生故障时 CB1 和 FB 有故障电流，由于采用了级差配合的阶段式电流保护，FB 跳闸时间快于 CB1。FB 跳闸后，FS3 和 ZS21 负荷开关失电跳闸，断路器 ZB2 不变，如图 4.31 所示。

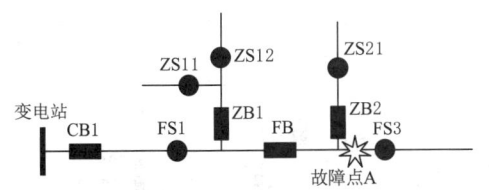

图 4.30 电压时间型 FA 与阶段式电流保护级差配合主干线路故障

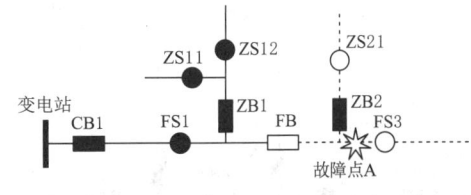

图 4.31 分段断路器保护跳闸

(2) 分段断路器 FB 一次重合闸，合闸至故障上，如果故障为永久性故障，则 FB 再次流过故障电流，如图 4.32 所示。

(3) 分段断路器 FB 再次保护跳闸，2s 内检测到故障电流，二次重合闸 Y 时限闭锁。FS3 检测到残压 5s 内消失，X 时限反向闭锁。线路最终状态如图 4.33 所示。

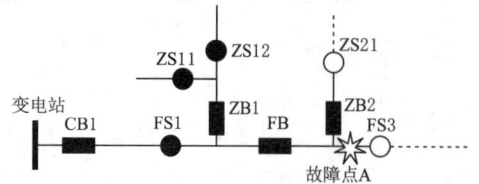

图 4.32 分段断路器一次重合到故障上

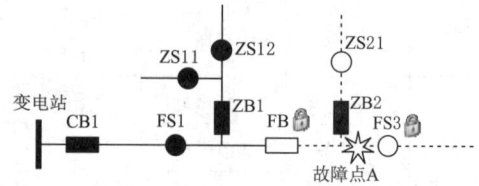

图 4.33 电压时间型 FA 与阶段式电流保护级差配合主干线路故障最终状态

由此可见，当使用电压时间型馈线自动化与阶段式电流保护级差配合的方式，线路处理故障时间、临时停电范围都大幅度减少。

3. 分支线路故障

分支线发生故障 B，如图 4.34 所示。

如果为单相接地故障，由于 ZS11 开关具备零序电压跳闸功能，可直接断开故障，其余开关不需要动作。如果发生的相间短路，则电压时间型 FA 开关动作顺序和处理过程如下。

(1) 分支断路器 ZB1 保护跳闸，二级分支负荷开关 ZS11、ZS12 两侧失压跳闸，如图 4.35 所示。

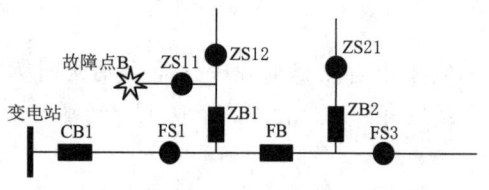

图 4.34 电压时间型 FA 与阶段式电流保护级差配合分支线路故障

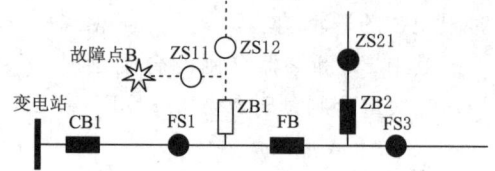

图 4.35 分支断路器保护跳闸

(2) 分支断路器 ZB1 重合闸，ZS11、ZS12 单侧来电进入合闸延时，如图 4.36 所示。

(3) 二级分支负荷开关 ZS11 单侧来电计时满 7s 合闸到故障上，如图 4.37 所示。

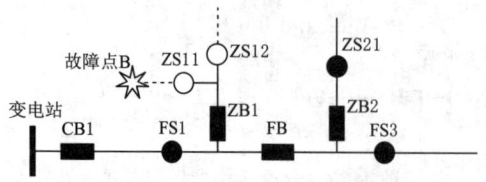

图 4.36 分支断路器保护一次重合闸

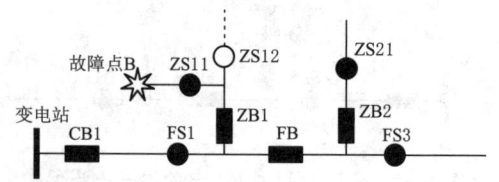

图 4.37 二级分支负荷开关合闸到故障上

(4) 分支断路器 ZB1 再次跳闸，ZS12 两侧失压取消单侧得电计时。ZS11 的 Y 侧得电时间小于 Y 时限，正向闭锁，如图 4.38 所示。

(5) 分支断路器 ZB1 二次重合闸，ZS12 单侧得电计时，14s 后 ZS12 合闸，完成了故障定位、故障隔离与恢复非故障区段供电的处理过程。线路最终状态如图 4.39 所示。

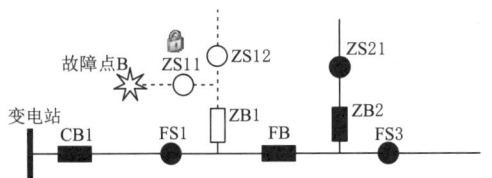

图 4.38　分支断路器二次保护跳闸

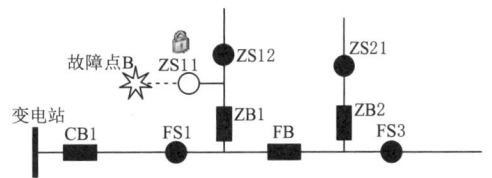

图 4.39　电压时间型 FA 与阶段式电流保护级差配合分支线路故障最终状态

相比起基本型电压时间型馈线自动化方案，使用电压时间型馈线自动化与阶段式电流保护级差配合的方式，支线故障处理时间、临时停电范围都大幅度减少。故障停电不影响主干线路其他用户，在 N 分段 n 联络接线的支线上应用较多。

思考：架空线路 N 分段 n 联络接线电压时间型馈线自动化方案处理过程？

图 4.40 是架空线路 N 分段 n 联络接线电压时间型 FA 案例接线图，可以思考电压时间型 FA 是如何处理故障，可以在 PRS-3000 系统模拟验证分析结果是否与实际处理过程一致。

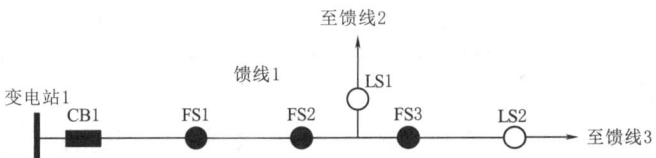

图 4.40　架空线路 N 分段 n 联络接线电压时间型 FA 案例

### 4.2.3　电压电流型馈线自动化方案

#### 4.2.3.1　电压电流型馈线自动化的定义和特点

电压电流型 FA 是在电压时间型 FA 的基础上，增加了检测故障电流的功能，并作为闭锁判据的一种馈线自动化方案。电压电流型 FA 开关动作次数相对较少，即可实现故障定位、故障隔离、恢复非故障区段供电。

电压电流型馈线自动化方案主要特点：不依赖主站和通信，自动隔离故障，恢复非故障区段的供电；其原理简单明了，操作简单；设备维护工作量小，定值设定简单。

#### 4.2.3.2　电压电流型馈线自动化的开关逻辑

变电站出线断路器、主干线路和支线断路器、联络开关的电压电流型 FA 的逻辑与电压时间型 FA 相同，主要的区别在于负荷开关。电缆线路开闭所的负荷开关电压电流型 FA 站所终端 DTU 动作逻辑如图 4.41 所示。注意：架空线路馈线终端 FTU

进出线分合闸操作为同一个开关，图4.41的逻辑依然适用。

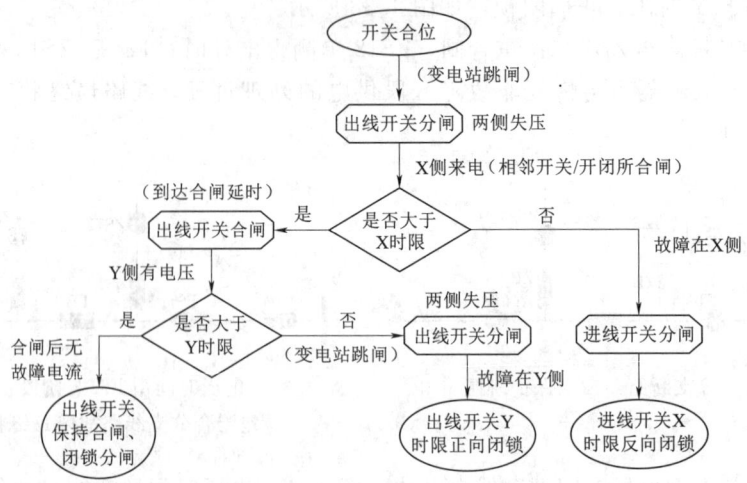

图 4.41 负荷开关的电压电流型馈线自动化动作逻辑

(1) 故障失压分闸。

当发生故障时，变电站出线断路器跳闸，使得分段负荷开关两侧失压，启动"无压释放"的自动分闸逻辑，开关从合位变为分位。

(2) 故障点不在开关两侧。

开关在分位，单侧来电 X 时限未失压，说明故障点不在开关电源侧，开关合闸由分位变为合位。合闸后 Y 时限未失压，说明故障点不在负载侧。如果合闸后 Y 时限未检测到负荷开关有故障电流流过，开关保持合位不变，闭锁分闸功能。

(3) X 时限闭锁。

当线路合闸至故障段时，分段开关检测到电源侧残压。变电站出线断路器跳闸，在 X 时限内分段开关再次失压并保持分位，同时反向闭锁负荷侧得电合闸。一般设置分段负荷开关 X 时限为 5s。

(4) Y 时限闭锁。

在电源侧有压得电 X 时限合闸到故障点上，变电站出线断路器跳闸，Y 时限内开关两侧同时失压，且合闸到失压过程中有故障电流流过负荷开关，则电源侧 Y 时限闭锁，正向闭锁电源侧得电合闸。分段负荷开关 Y 时限一般为 1.5~2.5s。

**4.2.3.3 架空线路 N 分段 n 联络接线电压电流型馈线自动化方案**

架空线路 N 分段 n 联络接线的电压电流型 FA 如图 4.40 所示，为避免支线故障对主干线路的影响，支线与主干线路连接点均使用断路器保护。馈线 1 电源为变电站 1 出线，通过 LS1、LS2 常开联络开关分别与馈线 2、馈线 3 连接。图中省略支线，只考虑主干线路故障的处理过程。开关定义见表 4.7，其中 CB1 一次重合时间为 1s，二次重合延时 5s。

**1. 主干线路相间短路故障**

架空线路 N 分段 n 联络接线相间短路如图 4.42 所示。

## 任务 4.2 认知就地电压型馈线自动化方案

表 4.7　　　　N 分段 n 联络接线电压电流型 FA 开关定义和逻辑

| 编号 | 开关类型 | 开关作用 | 分合闸逻辑 | X 时限 | Y 时限 | 合闸延时 | 其他功能 |
|---|---|---|---|---|---|---|---|
| CB1 | 断路器 | 变电站出线 | 变电站二次重合 | — | 2s | 1s/5s | 闭锁二次重合 |
| FS1 | 负荷开关 | 主干线路分段 | 无压释放、来电即合 | 5s | 2.5s | 5s | 零序电压跳闸 |
| FS2 | 负荷开关 | 主干线路分段 | 无压释放、来电即合 | 5s | 2.5s | 5s | 零序电压跳闸 |
| FS3 | 负荷开关 | 主干线路分段 | 无压释放、来电即合 | 5s | 2.5s | 5s | 零序电压跳闸 |
| LS1 | 负荷开关 | 联络开关 | 单侧失压延时合闸 | — | — | 45s | 脉冲闭锁合闸 |
| LS2 | 负荷开关 | 联络开关 | 单侧失压延时合闸 | — | — | 32s | 脉冲闭锁合闸 |

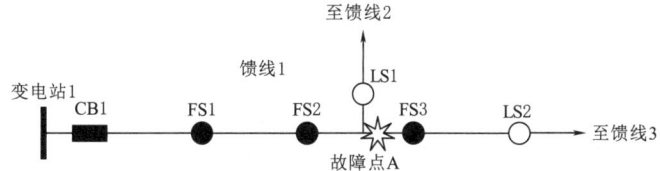

图 4.42　N 分段 n 联络接线电压电流型 FA 主干线路相间短路故障

故障处理过程如下。

(1) 变电站出线断路器 CB1 保护跳闸，馈线 1 全线失电，分段负荷开关 FS1、FS2、FS3 失压跳闸。联络开关 LS1、LS2 单侧失压，转供电延时合闸开始计时，LS1 延时时间要求大于馈线 1 和馈线 2 主干线路故障定位、隔离的总时间，LS2 延时时间要求大于馈线 2 和馈线 3 主干线路故障定位、隔离的总时间。线路状态如图 4.43 所示。

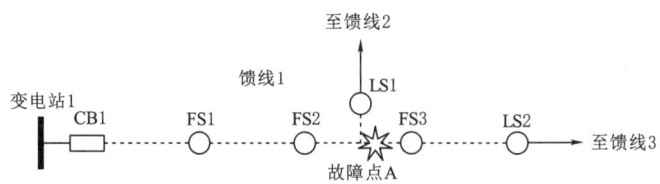

图 4.43　变电站出线断路器保护跳闸

(2) 变电站出线断路器 CB1 一次重合闸，CB1 和 FS1 之间的分段无故障，CB1 未闭锁二次重合闸，FS1 单侧得电进入合闸计时，如图 4.44 所示。

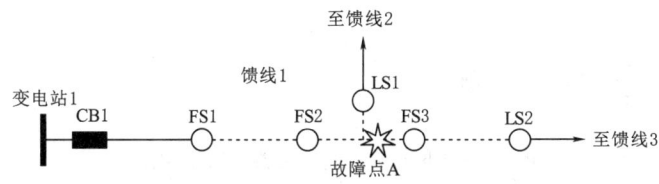

图 4.44　变电站出线断路器一次重合闸

(3) 分段开关 FS1 合闸时间到之后关合，FS2 开始进入合闸延时，2.5s 内线路未失压，FS1 开关保持合位不变，闭锁分闸功能，如图 4.45 所示。

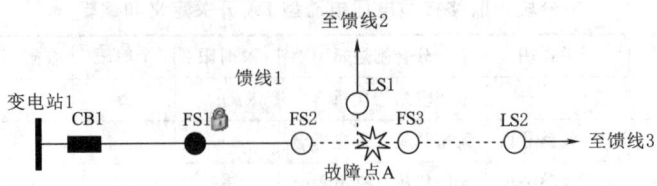

图 4.45 分段负荷开关 1 合闸

（4）分段开关 FS2 合闸延时结束后开始合闸，由于合闸到故障上，线路又出现故障电流，此时有残压加于分段开关 FS3 的 X 侧，联络开关 LS1 单侧检测到脉冲残压闭锁合闸，如图 4.46 所示。

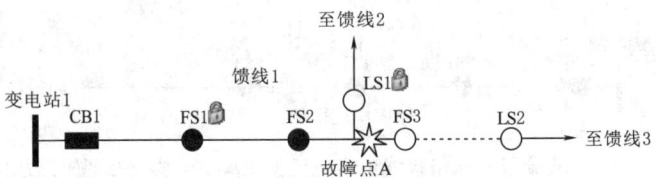

图 4.46 分段负荷开关 2 合闸到故障上

（5）变电站出线断路器 CB1 再次保护跳闸，线路失电后分段负荷开关 FS2 自动断开并正方向闭锁，分段负荷开关 FS3 反方向闭锁，分段负荷开关 FS1 已经闭锁分闸功能不动作，馈线状态如图 4.47 所示。

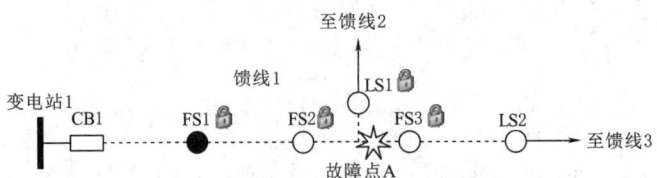

图 4.47 变电站出线断路器再次保护跳闸

（6）变电站出线断路器 CB1 再次合闸，CB1 至 FS2 之间线路恢复供电。由于 FS2 已记忆正向闭锁，单侧得电不关合开关。线路状态如图 4.48 所示。

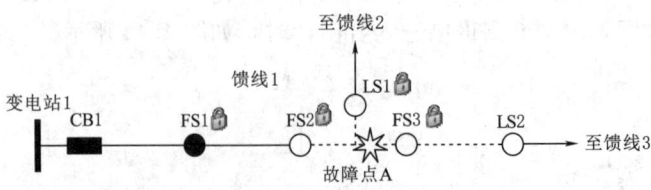

图 4.48 变电站出线断路器二次重合闸

（7）联络开关 LS2 转供电延时结束后合闸，恢复 FS3 至 LS2 之间线路供电，FS3 已记忆反向闭锁开关不合闸。至此已完成全部故障隔离和恢复过程，线路最终状态如图 4.49 所示。

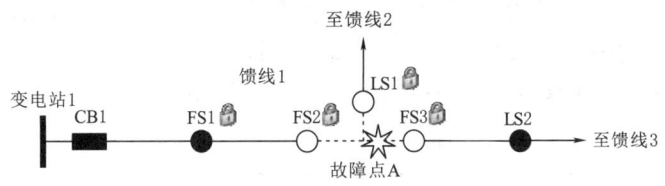

图 4.49 联络开关合闸

**2. 主干线路单相接地故障**

架空线路 N 分段 n 联络接线同一位置单相接地故障，如图 4.42 所示。联络开关 LS1 设置合闸延时为 45s，联络开关 LS2 设置合闸延时为 32s，避免同时合闸造成处理过程逻辑误判。具体处理过程如下：

（1）分段负荷开关 FS2 保护跳闸，分段负荷开关 FS3 失压跳闸，之后 FS2 重合闸到故障上，产生故障电流和残压，如图 4.50 所示。

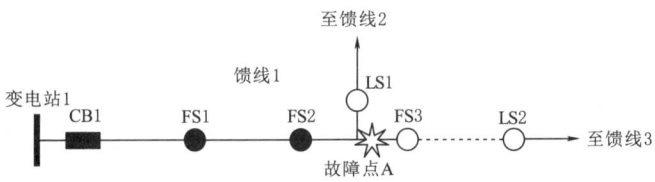

图 4.50 分段负荷开关重合到故障上

（2）分段负荷开关 FS2 再次跳闸，并完成正向闭锁合闸；FS3 检测残压短时间消失，反向闭锁合闸，联络开关 LS1 单侧检测到脉冲残压闭锁合闸。馈线 1 的开关分合闸与图 4.48 一致，但 FS1 未闭锁，其余开关闭锁状态与图 4.48 一致。

（3）联络开关 LS2 转供电延时结束后合闸，恢复 FS3 至 LS2 之间线路供电，FS3 已记忆反向闭锁开关不合闸。至此已完成全部故障隔离和恢复过程，开关分合状态如图 4.49 所示。

由于单相接地故障主要为零序电流，选配零序电压跳闸的负荷开关可以直接完成零序跳闸动作，减小了故障处理过程中的临时停电范围。

**4.2.3.4 电缆线路单环网接线电压电流型馈线自动化方案**

图 4.51 是 "2-1" 单环网接线，这是一种典型的电缆线路接线，由 2 回 10kV 馈线构成，变电站 1 出线断路器 CB1 至开闭所 4 的 k1 开关为 10kV 馈线 1，变电站 2 出线断路器 CB2 至开闭所 4 母线为 10kV 馈线 2。

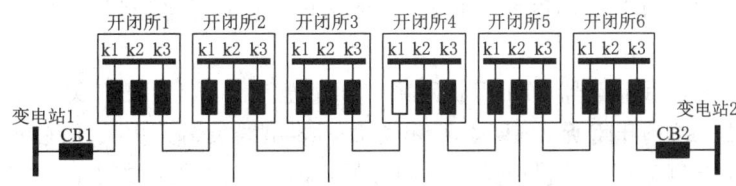

图 4.51 电缆线路 "2-1" 单环网接线电压电流型 FA 案例

开关定义见表4.8,其中断路器一次重合时间为1s,二次重合延时5s。10kV线路的开闭所母线通路故障不属于电压电流型FA的范畴,因为开闭所可以检测内部故障并完成故障隔离,过程中不需要电压电流型FA参与。

表4.8 "2-1"单环网接线电压电流型FA开关定义和逻辑

| 编号 | 开关类型作用 | 分合闸逻辑 | X时限 | Y时限 | 合闸延时 | 其他功能 |
|---|---|---|---|---|---|---|
| CB1 | 变电站出线断路器 | 变电站二次重合 | — | 2s | 1s/5s | 闭锁二次重合 |
| 开闭所1-k1<br>开闭所2-k1<br>开闭所3-k1<br>开闭所4-k3<br>开闭所5-k3<br>开闭所6-k3 | 进线负荷开关 | X侧残压消失跳闸并闭锁合闸 | 5s | — | — | — |
| 开闭所1-k3<br>开闭所2-k3<br>开闭所3-k3<br>开闭所5-k1<br>开闭所6-k1 | 出线负荷开关 | 无压释放、来电即合 | — | 2.5s | 5s | 零序电压跳闸 |
| 开闭所4-k1 | 联络负荷开关 | 单侧失压延时合闸 | — | — | 32s | 脉冲闭锁合闸 |
| 开闭所1-k2<br>开闭所2-k2<br>开闭所3-k2<br>开闭所4-k2<br>开闭所5-k2<br>开闭所6-k2 | 支线断路器 | 二次重合 | — | 2s | 1s/5s | 闭锁二次重合 |

支路发生故障时,无论故障类型都可以由支线断路器直接跳开故障,可靠性较高。本节主要分析主干线路相间短路故障,如图4.52所示。单相故障读者可根据电压电流型馈线自动化的逻辑,结合具体接线方式自行分析思考。

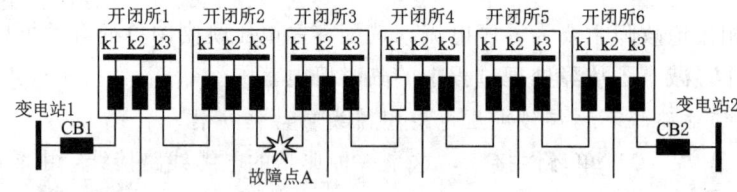

图4.52 电缆线路"2-1"单环网接线电压电流型FA主干线路相间短路故障

电缆线路"2-1"单环网接线电压电流型FA主干线路相间短路故障处理过程如下:

(1)变电站出线断路器CB1保护跳闸,CB1至开闭所4-k1开关的馈线1全线失电,开闭所1-k3、开闭所2-k3、开闭所3-k3出线负荷开关失压跳闸。联络开关开闭所4-k1单侧失压,转供电延时合闸开始计时。线路状态如图4.53所示。

(2)变电站出线断路器CB1一次重合闸,CB1和开闭所1之间的分段无故障,CB1未闭锁二次重合闸,开闭所1-k3单侧得电进入合闸计时,如图4.54所示。

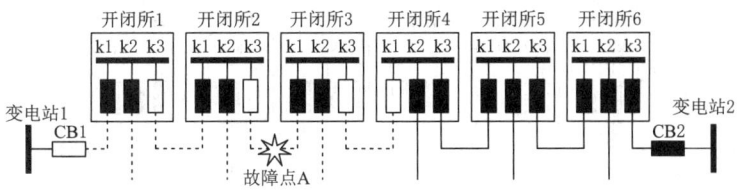

图 4.53 变电站出线断路器保护跳闸

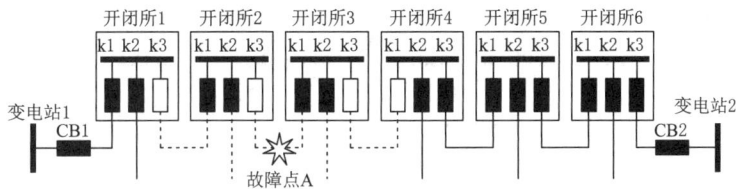

图 4.54 变电站出线断路器一次重合闸

(3) 开闭所 1-k3 合闸时间到之后关合，开闭所 2-k3 开始进入合闸延时，2.5s 内线路未失压，开闭所 1-k3 开关保持合位不变，闭锁分闸功能，如图 4.55 所示。

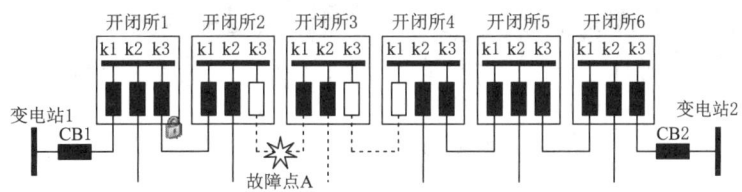

图 4.55 开闭所 1 出线开关合闸

(4) 开闭所 2-k3 合闸延时结束后开始合闸，由于合闸到故障上，有残压加于开闭所 3-k1 的 X 侧，如图 4.56 所示。

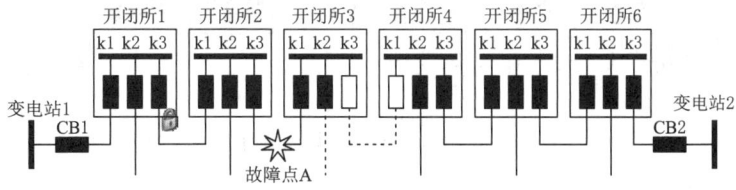

图 4.56 开闭所 2 出线开关合闸到故障上

(5) 变电站 CB1 再次保护跳闸，线路失电后开闭所 2-k3 自动断开并正方向闭锁，开闭所 3-k1 跳闸并反方向闭锁，开闭所 1-k3 已经闭锁分闸功能，如图 4.57 所示。

(6) 变电站出线断路器 CB1 再次合闸，CB1 至开闭所 2 之间线路恢复供电。由于 2-k3 已记忆正向闭锁，单侧得电不关合开关。线路状态如图 4.58 所示。

(7) 联络开关开闭所 4-k1 转供电延时结束后合闸，恢复开闭所 4-k1 至开闭所 3-k3 之间线路供电，开闭所 3-k3 单侧有电，进入合闸计时，如图 4.59 所示。

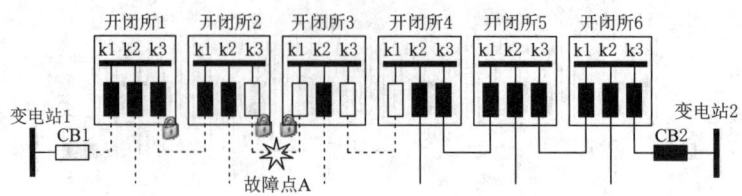

图 4.57 变电站出线断路器再次保护跳闸

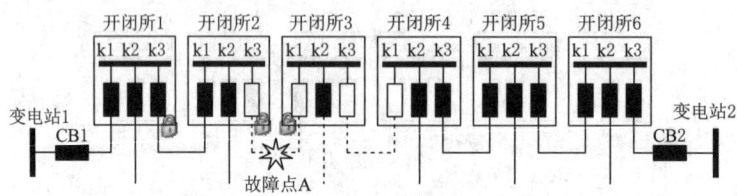

图 4.58 变电站出线断路器二次重合闸

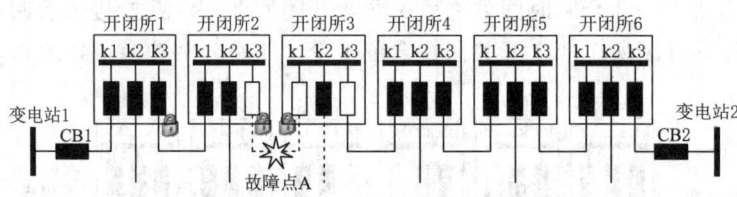

图 4.59 联络开关合闸

(8) 开闭所 3-k3 合闸延时结束后开始合闸,开闭所 3 恢复供电,开闭所 3-k1 已反方向闭锁,故障处理完成,线路最终状态如图 4.60 所示。

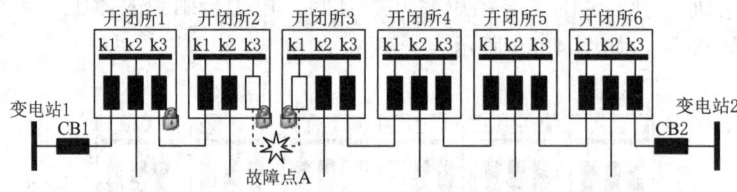

图 4.60 开闭所 3 恢复供电

电缆线路电压电流型馈线自动化方案,由于倒闸次数较多,处理过程相对主站型 FA、智能分布型 FA 较长,一般只在 "2-1" 单环网接线中应用,更复杂的接线应用较少。

【任务实施】

1. 实训准备

预习 PRS-3000 主站系统、PRS-3351 终端的技术说明书和使用说明书。

2. 实训内容及步骤

实训内容:就地电压型馈线自动化故障处理过程认知。

按照 PRS-3000 主站系统的操作要求完成以下培训项目:

(1) 故障模拟设置与动模系统操作。

(2) 监控就地电压型馈线自动化方案故障处理过程。

(3) 模拟检修并完成故障恢复。

3. 实训成果及考核评价

(1) 故障模拟设置、故障监控、检修并完成故障恢复项目操作考核占50%；

(2) 实训认真度、责任度、努力程度占20%；

(3) 实训成果报告占30%。

【思考与练习题】

1. 简述就地电压型FA有哪些类型。

2. 简述电压时间型和电压电流型FA的开关逻辑。

3. 分析不同类型10kV典型接线就地电压型FA故障处理过程。

4. 电压电流型FA与阶段式电流保护级差配合如图4.61所示，分析故障处理过程。

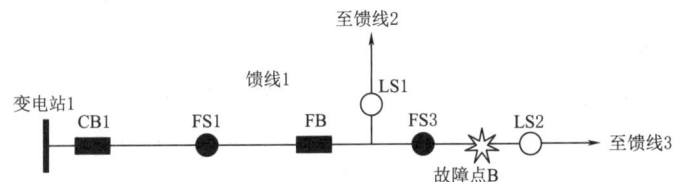

图4.61 电压电流型FA与阶段式电流保护级差配合故障案例

# 任务4.3 认识主站集中型馈线自动化方案

【学习目标】

1. 了解主站集中型馈线自动化方案的配置。

2. 掌握主站集中型馈线自动化方案的故障处理过程。

3. 分析不同类型接线故障时主站集中型馈线自动化处理过程。

【任务引入】

主站集中型馈线自动化是指配电主站与配电自动化终端相互通信，实现对配电线路的故障定位、故障隔离与恢复非故障区段供电，一般适用于中心城区符合密度较大、通信较高的应用场合。与就地电压型FA相比，主站集中型FA故障处理过程较短并且更容易进行监控和故障恢复操作，但对通信要求较高。

【重点难点】

重点：主站集中型馈线自动化方案的故障处理过程。

难点：主站集中型FA与就地电压型FA的异同。

【知识学习】

## 4.3.1 主站集中型馈线自动化方案及特点

### 4.3.1.1 主站集中型馈线自动化的定义及配置

主站集中型FA又称主站型FA，或集中型FA，是一种配电网自动化主站系统、通信网络、配电网自动化终端相互配合的馈线自动化方案。通过主站系统与终端的双向通信，依据实时采集配电网和配电设备的运行信息及故障信息，远程控制开关设备投切，实现配电网运行方式优化、故障快速隔离和非故障区段恢复供电。

主站型FA的配置要求主要有：

（1）断路器要求二次重合闸相关闭锁功能，与就地电压型类似，用于故障切除和闭锁断路器相邻线路的故障合闸。

（2）负荷开关及终端：能采集三相电流、两侧三相电压、零序电流，判断故障类型，并将数据上报主站系统；具备单相接地故障的检测和告警功能；工作电源可从TV取电，并配置蓄电池作为备用电源。

（3）互感器配置要求：单相TA变比600/5，容量不小于5VA，精度10P10；零序TA变比100/5，容量不小于5VA，精度10P5。

#### 4.3.1.2 主站集中型馈线自动化的特点

主站型FA适用于任一接地方式的电缆线路、架空线路以及混合接线，尤其适合用在城市配电网负荷集中、通信网络易于实现的区域。

其主要的特点：对主站和通信依赖性强，故障隔离和非故障区段恢复供电处理时间相对就地电压型FA较快。但存在建设维护成本较高、通信故障时无法正常工作的缺点，尤其在市政施工容易破坏通信线的场合，主站型FA受到一定制约。

### 4.3.2 架空线路主站集中型馈线自动化方案

以图4.62的$N$分段$n$联络接线为例，当分段开关FS1和FS2之间发生故障时，故障处理过程如下。

4.5
主站集中型馈线自动化方案

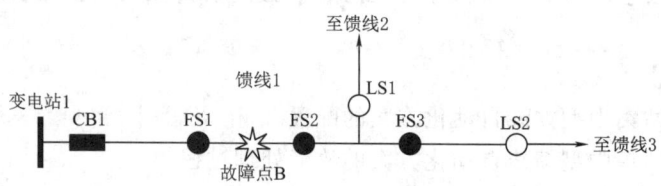

图4.62 $N$分段$n$联络接线主站集中型FA主干线路故障

#### 4.3.2.1 相间短路故障

1. 故障定位

变电站出线断路器CB1保护跳闸，其余开关不动作，断路器CB1重合到故障点上再次跳闸，馈线1全线失电。分段负荷开关FS1感受到故障电流，将故障信息上送主站，主站依据实时采集配电网和配电设备的运行信息及故障信息，判断故障点在FS1和FS2之间。线路状态如图4.63所示。

2. 故障隔离

配电网自动化主站遥控向FS1和FS2的控制终端发送遥控分闸命令，FS1、FS2分闸，完成故障隔离，如图4.64所示。

3. 恢复非故障区段供电

配电网自动化主站遥控向出线断路器CB1、联络开关LS2发送遥控合闸命令，恢

## 任务4.3 认识主站集中型馈线自动化方案

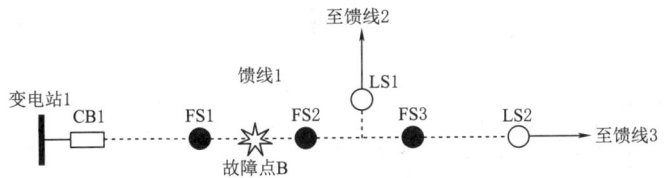

图4.63 变电站出线断路器重合失败二次跳闸与故障定位

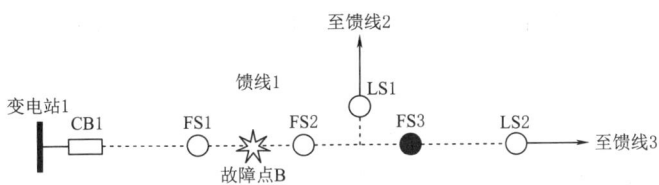

图4.64 主站遥控分闸与故障隔离

复非故障区段供电。故障处理完成，线路最终状态如图4.65所示。

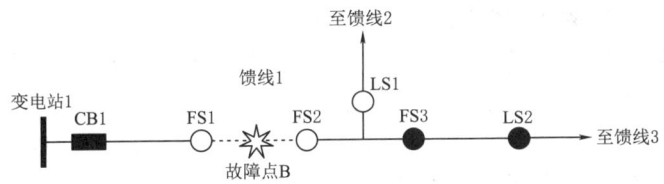

图4.65 主站遥控分闸与故障隔离

#### 4.3.2.2 单相接地故障

**1. 故障定位**

分段负荷开关FS1保护跳闸，FS1重合到故障点上再次跳闸，其余开关不动作，FS1至LS2之间的线路失电。FS1感受到故障电流，将故障信息上送主站，主站判断依据实时采集配电网和配电设备的运行信息及故障信息，判断故障点在FS1和FS2之间。线路状态如图4.66所示。

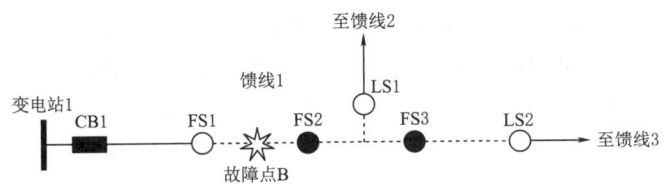

图4.66 分段负荷开关重合失败二次跳闸与故障定位

**2. 故障隔离**

配电网自动化主站遥控向FS2的控制终端发送遥控分闸命令，FS1、FS2分闸，完成故障隔离，如图4.67所示。

**3. 恢复非故障区段供电**

配电网自动化主站遥控向联络开关LS2发送遥控合闸命令，恢复非故障区段供

## 项目 4　馈线自动化

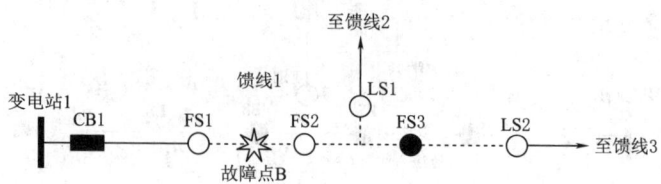

图 4.67　主站遥控分闸与故障隔离

电。故障处理完成，线路最终状态如图 4.68 所示。

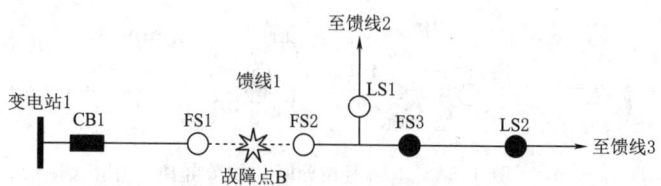

图 4.68　主站遥控分闸与故障隔离

### 4.3.3　电缆线路主站集中型馈线自动化方案

本节电缆线路故障以相间短路为例，单相短路故障读者可以分析思考。

#### 4.3.3.1　电缆线路"2-1"单环网接线主站集中型 FA

以图 4.51 的电缆线路"2-1"单环网接线为例，当开闭所 4 和开闭所 5 之间的主干线路发生如图 4.69 所示的故障时，故障处理过程如下。

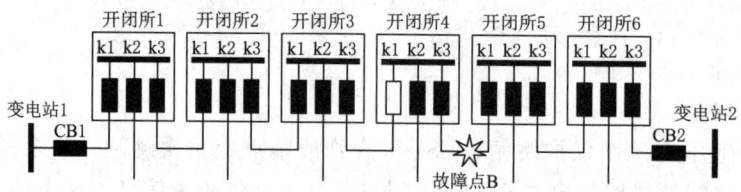

图 4.69　电缆线路"2-1"单环网接线主站集中型 FA 主干线路故障

**1. 故障定位**

变电站出线断路器 CB2 保护跳闸，其余开关不动作，断路器 CB2 重合到故障点上再次跳闸，馈线 2 全线失电。开闭所 5 和开闭所 6 感受到故障电流流过，将故障信息上送主站，主站判断依据实时采集配电网和配电设备的运行信息及故障信息，判断故障点在开闭所 4 和开闭所 5 之间的主干线路。线路状态如图 4.70 所示。

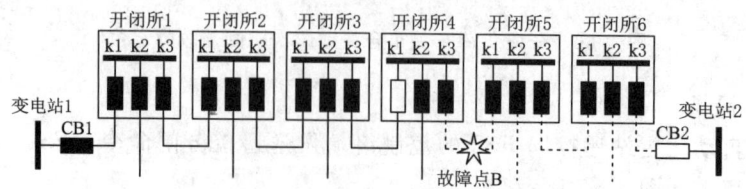

图 4.70　变电站出线断路器重合失败二次跳闸与故障定位

### 2. 故障隔离

配电网自动化主站遥控向开闭所 4 和开闭所 5 的站所终端 DTU 发送遥控分闸命令，开闭所 4-k3 和开闭所 5-k1 分闸，完成故障隔离，如图 4.71 所示。

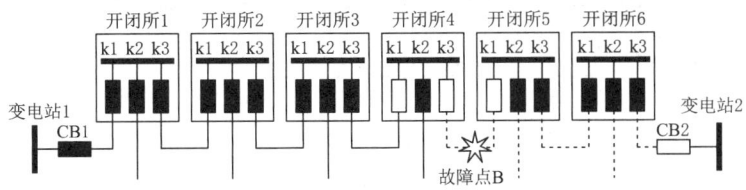

图 4.71 主站遥控分闸与故障隔离

### 3. 恢复非故障区段供电

配电网自动化主站遥控向出线断路器 CB2、联络开关开闭所 4-k1 发送遥控合闸命令，恢复非故障区段供电。整个故障处理完成，线路最终状态如图 4.72 所示。

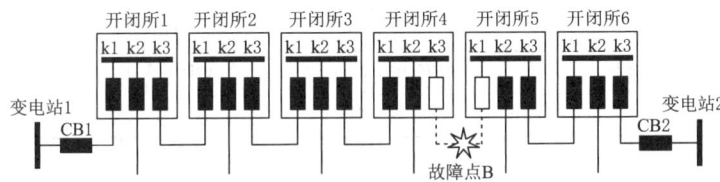

图 4.72 主站遥控分闸与故障隔离

由此可见，对于不同的接线和不同故障类型，主站集中型 FA 都能应用，且对于更为复杂的接线、混合型接线有较好的适应性。但是分段开关为负荷开关时，故障处理过程中的还是会出现临时全线停电的问题。

#### 4.3.3.2 电缆线路"3-1"单环网接线主站集中型 FA

电缆线路"3-1"单环网接线如图 4.73 所示。

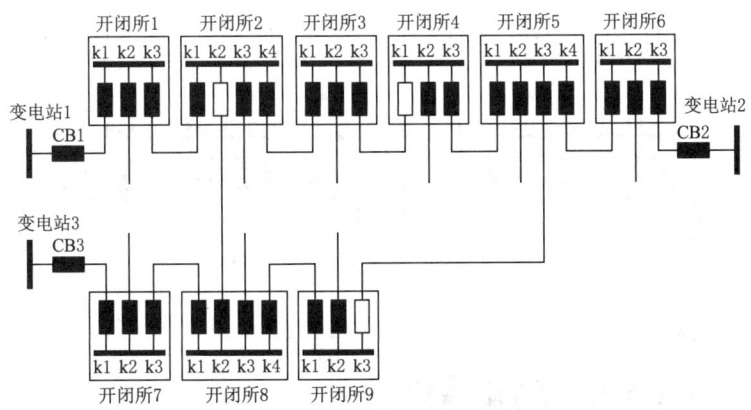

图 4.73 电缆线路"3-1"单环网接线主站集中型 FA 案例

CB1、CB2、CB3 分别为变电站 1、变电站 2、变电站 3 的出线断路器，各开闭所开关定义见表 4.9 所示。

项目4 馈线自动化

表4.9　电缆线路"3-1"单环网接线主站集中型FA开关定义

| 站　所 | 开 关 编 号 及 类 型 | | | |
|---|---|---|---|---|
| 开闭所1 | 开闭所1-k1 | 开闭所1-k2 | 开闭所1-k3 | — |
| | 进线负荷开关 | 支线断路器 | 出线负荷开关 | — |
| 开闭所2 | 开闭所2-k1 | 开闭所2-k2 | 开闭所2-k3 | 开闭所2-k4 |
| | 进线负荷开关 | 联络负荷开关 | 支线断路器 | 出线负荷开关 |
| 开闭所3 | 开闭所3-k1 | 开闭所3-k2 | 开闭所3-k3 | — |
| | 进线负荷开关 | 支线断路器 | 出线负荷开关 | — |
| 开闭所4 | 开闭所4-k1 | 开闭所4-k2 | 开闭所4-k3 | — |
| | 联络负荷开关 | 支线断路器 | 进线负荷开关 | — |
| 开闭所5 | 开闭所5-k1 | 开闭所5-k2 | 开闭所5-k3 | 开闭所5-k4 |
| | 出线负荷开关 | 支线断路器 | 联络支线断路器 | 进线负荷开关 |
| 开闭所6 | 开闭所6-k1 | 开闭所6-k2 | 开闭所6-k3 | — |
| | 出线负荷开关 | 支线断路器 | 进线负荷开关 | — |
| 开闭所7 | 开闭所7-k1 | 开闭所7-k2 | 开闭所7-k3 | — |
| | 进线负荷开关 | 支线断路器 | 出线负荷开关 | — |
| 开闭所8 | 开闭所8-k1 | 开闭所8-k2 | 开闭所8-k3 | 开闭所8-k4 |
| | 进线负荷开关 | 联络支线断路器 | 支线断路器 | 出线负荷开关 |
| 开闭所9 | 开闭所9-k1 | 开闭所9-k2 | 开闭所9-k3 | — |
| | 进线负荷开关 | 支线断路器 | 联络负荷开关 | — |

开关类型主要包括进线负荷开关、出线负荷开关、联络支线断路器、支线断路器，当开闭所2-k2和开闭所8-k2之间的联络支线、开闭所5-k3和开闭所9-k3之间的联络支线、各开闭所的支线断路器所在负载支路，发生故障时可由断路器直接跳闸即可完成故障处理过程。

"3-1"单环网接线主站集中型FA主干线路相间短路故障如图4.74所示。

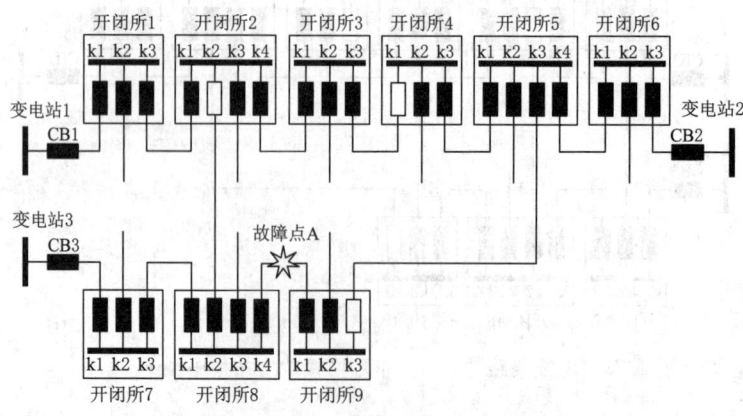

图4.74　"3-1"单环网接线主站集中型FA主干线路相间短路故障

开闭所 8 和开闭所 9 之间的相间短路故障，主站集中型 FA 故障处理过程如下。

1. 故障定位

变电站出线断路器 CB3 保护跳闸，随后重合不成功，CB3 二次跳闸。其余开闭所各开关均不动作，CB3 至开闭所 9 之间的馈线全线失电。开闭所 7 和开闭所 8 感受到故障电流流过，将故障信息上送主站，主站依据实时采集配电网和配电设备的运行信息及故障信息，判断故障点在开闭所 8 和开闭所 9 之间的主干线路。线路状态如图 4.75 所示。

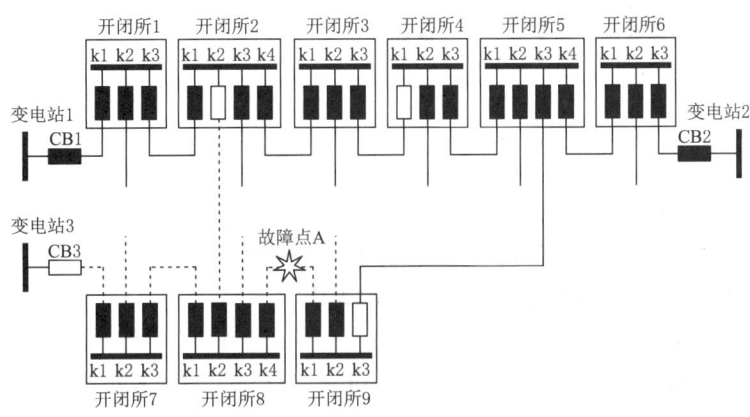

图 4.75 变电站出线断路器重合失败二次跳闸与故障定位

2. 故障隔离

配电网自动化主站遥控向开闭所 8 和开闭所 9 的站所终端 DTU 发送遥控分闸命令，开闭所 8-k4 和开闭所 9-k1 分闸，完成故障隔离，如图 4.76 所示。

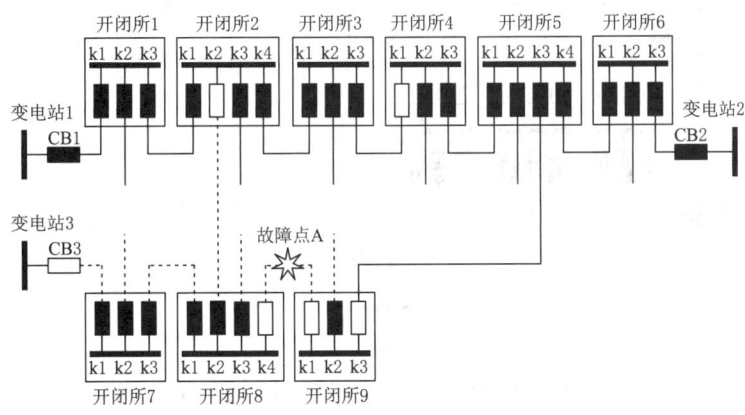

图 4.76 主站遥控分闸与故障隔离

3. 恢复非故障区段供电

配电网自动化主站遥控向出线断路器 CB3、开闭所 9 联络开关 9-k3 发送遥控合闸命令，恢复非故障区段供电。整个故障处理完成，线路最终状态如图 4.77 所示。

对于任何类型接线，主站集中型馈线自动化方案故障处理过程都可以总结为：主站与断路器配合定位故障、主站发送跳闸遥控信号隔离故障、主站发送变电站断路器

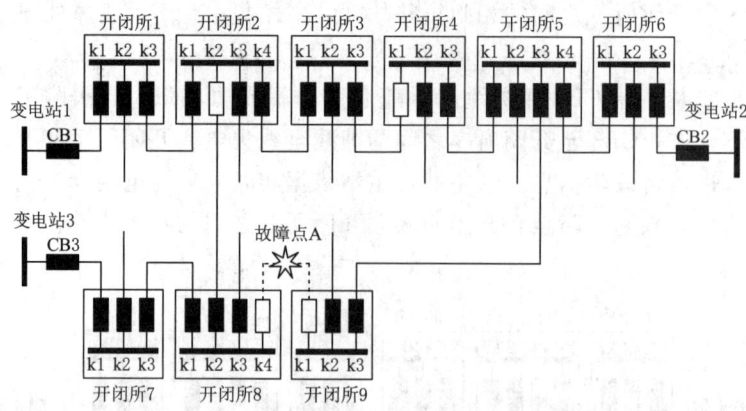

图 4.77 主站遥控分闸与故障隔离

和联络开关合闸遥控信号。但只依靠主站集中型 FA 无法解决临时全线停电的问题，工程上通常与阶段式电流保护级差配合缩小临时停电范围。

### 4.3.4 主站集中型馈线自动化与阶段式电流保护级差配合

电缆线路 N 供一备接线如图 4.78 所示。CB1、CB2、CB3、CB4 分别为变电站 1、变电站 2、变电站 3、变电站 4 的出线断路器，各开闭所开关定义见表 4.10。在主站集中型 FA 的基础上，将开闭所的出线负荷开关替换为断路器，构成阶段式电流保护级差配合。

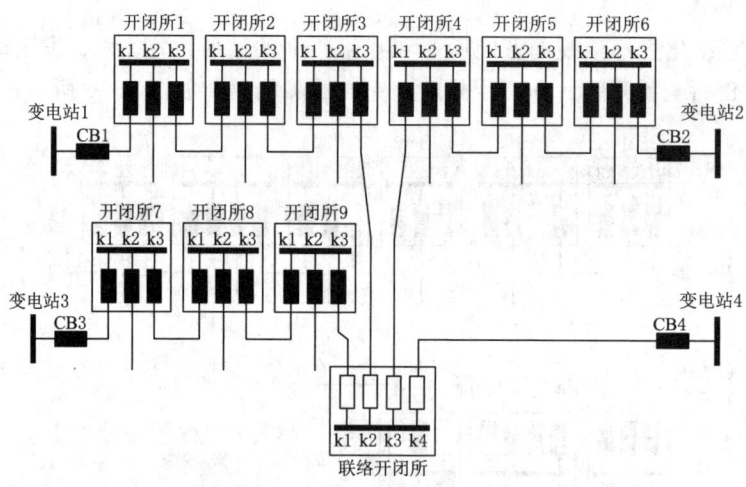

图 4.78 电缆线路 N 供一备接线主站集中型 FA 与阶段式电流保护级差配合案例

N 供一备接线主站集中型 FA 与阶段式电流保护级差配合开闭所 4 和开闭所 5 之间发生故障，如图 4.79 所示。

#### 4.3.4.1 故障定位

开闭所 5 出线断路器开闭所 5-k1 保护跳闸，重合不成功并二次跳闸。其余开闭所各开关均不动作，部分线路失电。主站判断故障点在开闭所 4 和开闭所 5 之间的主干线路，如图 4.80 所示。

## 任务 4.3 认识主站集中型馈线自动化方案

表 4.10　N 供一备接线主站集中型 FA 与阶段式电流保护级差配合开关定义

| 站　　所 | 开 关 编 号 及 类 型 | | | |
|---|---|---|---|---|
| 开闭所 1 | 开闭所 1-k1 | 开闭所 1-k2 | 开闭所 1-k3 | — |
| | 进线负荷开关 | 支线断路器 | 出线断路器 | — |
| 开闭所 2 | 开闭所 2-k1 | 开闭所 2-k2 | 开闭所 2-k3 | — |
| | 进线负荷开关 | 支线断路器 | 出线断路器 | — |
| 开闭所 3 | 开闭所 3-k1 | 开闭所 3-k2 | 开闭所 3-k3 | — |
| | 进线负荷开关 | 支线断路器 | 出线断路器 | — |
| 开闭所 4 | 开闭所 4-k1 | 开闭所 4-k2 | 开闭所 4-k3 | — |
| | 出线断路器 | 支线断路器 | 进线负荷开关 | — |
| 开闭所 5 | 开闭所 5-k1 | 开闭所 5-k2 | 开闭所 5-k3 | — |
| | 出线断路器 | 支线断路器 | 进线负荷开关 | — |
| 开闭所 6 | 开闭所 6-k1 | 开闭所 6-k2 | 开闭所 6-k3 | — |
| | 出线断路器 | 支线断路器 | 进线负荷开关 | — |
| 开闭所 7 | 开闭所 7-k1 | 开闭所 7-k2 | 开闭所 7-k3 | — |
| | 进线负荷开关 | 支线断路器 | 出线断路器 | — |
| 开闭所 8 | 开闭所 8-k1 | 开闭所 8-k2 | 开闭所 8-k3 | — |
| | 进线负荷开关 | 支线断路器 | 出线断路器 | — |
| 开闭所 9 | 开闭所 9-k1 | 开闭所 9-k2 | 开闭所 9-k3 | — |
| | 进线负荷开关 | 支线断路器 | 出线断路器 | — |
| 联络开闭所 | 联络开闭所-k1 | 联络开闭所-k2 | 联络开闭所-k3 | 联络开闭所-k4 |
| | 联络负荷开关 | 联络负荷开关 | 联络负荷开关 | 联络负荷开关 |

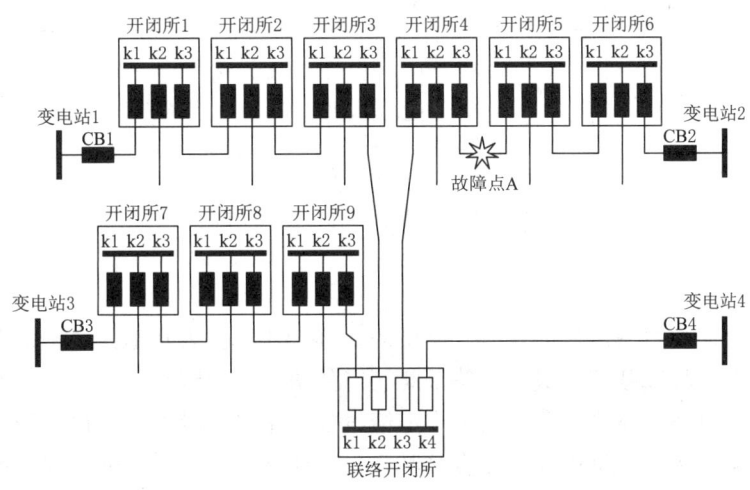

图 4.79　N 供一备接线主站集中型 FA 与阶段式电流保护级差配合故障处理

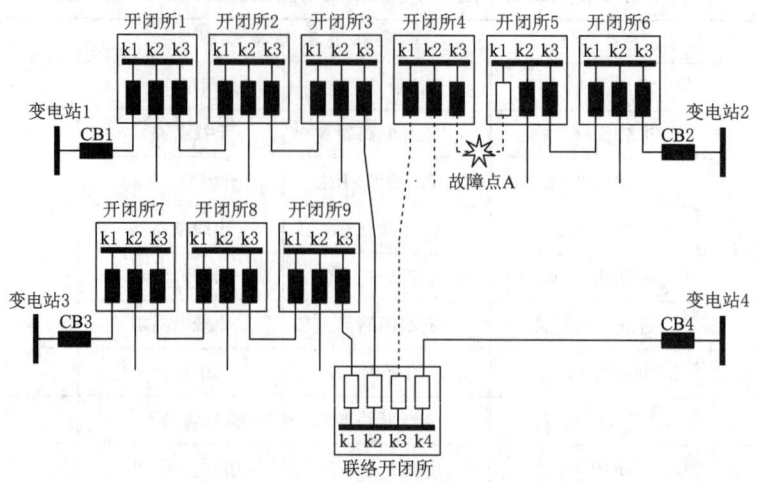

图 4.80 开闭所 5 出线断路器重合失败二次跳闸与故障定位

**4.3.4.2 故障隔离**

配电网自动化主站遥控向开闭所 4 的站所终端 DTU 发送遥控分闸命令,开闭所 4-k3 分闸,完成故障隔离,如图 4.81 所示。

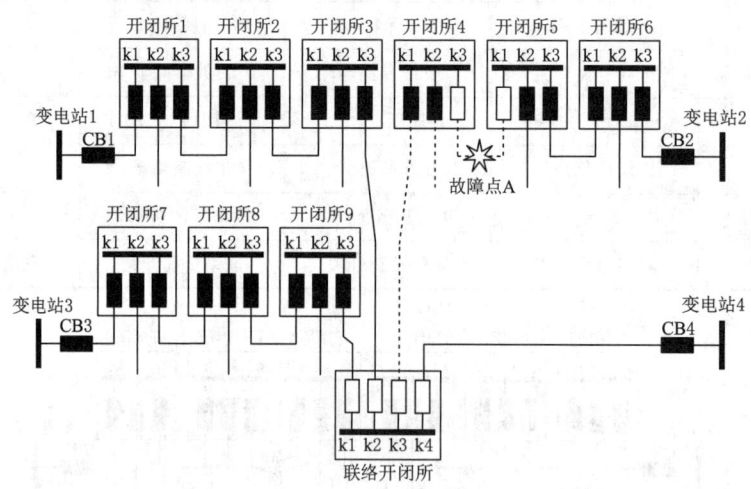

图 4.81 站遥控分闸与故障隔离

**4.3.4.3 恢复非故障区段供电**

配电网自动化主站遥控向联络开闭所的 k3 和 k4 开关发送遥控合闸命令,恢复非故障区段供电。故障处理完成,线路最终状态如图 4.82 所示。

可见,在电缆线路应用了主站集中型馈线自动化与阶段式电流保护级差配合,在任何位置发生故障,均可由断路器直接跳开,有效缩短了故障处理过程中的临时停电范围。

## 任务4.4 认识智能分布型馈线自动化方案

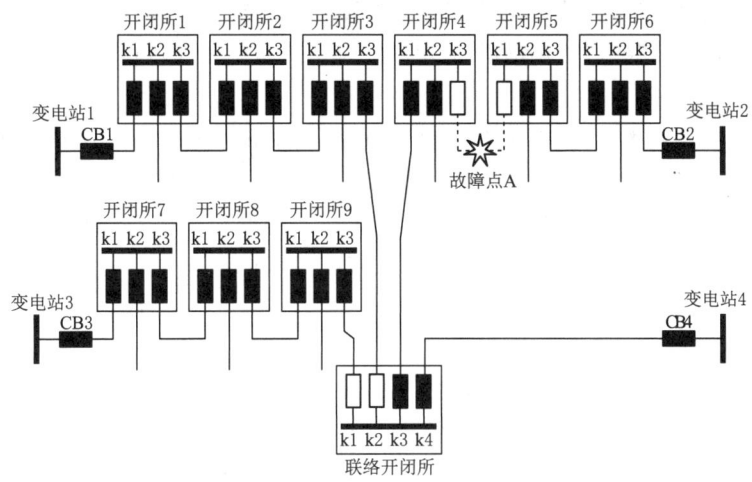

图4.82 站遥控分闸与故障隔离

【任务实施】

1. 实训准备

预习 PRS-3000 主站系统、PRS-3342 终端的技术说明书和使用说明书。

2. 实训内容及步骤

实训内容：主站集中型馈线自动化故障处理过程认知。

按照 PRS-3000 主站系统的操作要求完成以下培训项目：

（1）故障模拟设置与动模系统操作。

（2）监控主站集中型馈线自动化方案故障处理过程。

（3）模拟检修，并完成利用就地、远方两种方式故障恢复。

3. 实训成果及考核评价

（1）故障模拟设置、故障监控、检修并完成故障恢复项目操作考核占50%。

（2）实训认真度、责任度、努力程度占20%。

（3）实训成果报告占30%。

【思考与练习题】

1. 主站集中型馈线自动化的配置主要有哪些？
2. 简述并分析10kV架空线路典型接线主站集中型FA故障处理过程。
3. 简述并分析10kV电缆线路典型接线主站集中型FA故障处理过程。
4. 主站集中型馈线自动化的特点是什么？
5. 分析主站集中型FA与就地电压型FA的异同。

## 任务4.4 认识智能分布型馈线自动化方案

【学习目标】

1. 了解智能分布型馈线自动化方案的配置。

2. 掌握智能分布型馈线自动化方案的故障处理过程。

3. 分析不同类型接线故障时智能分布型馈线自动化处理过程。

【任务引入】

当 10kV 馈线发生故障时，就地电压型馈线自动化方案和主站集中型馈线自动化方案有可能发生越级跳闸和多级跳闸，造成非故障区段临时停电时间较长。智能分布型馈线自动化方案可有效解决上述问题，主要用于中心城区，是一种正在试用的馈线自动化方案。智能分布型 FA 可脱离主站的监控自动运行，但对开关之间的通信要求较高。

【重点难点】

重点：智能分布型馈线自动化方案的故障处理过程。

难点：智能分布型 FA 与其他类型 FA 的异同。

【知识学习】

### 4.4.1 智能分布型馈线自动化方案

#### 4.4.1.1 智能分布型馈线自动化的定义和特点

智能分布型馈线自动化称为智能分布型 FA，也称为分布式智能 FA，是一种基于对等通信网络、只需要配电网自动化终端参与的馈线自动化方案，每个终端都可以感知相邻终端的状态信息，从而实现更加智能的故障定位、隔离和恢复供电。

智能分布型馈线自动化可满足故障时保护的选择性、快速性、自动隔离和转供电功能，但存在过于依赖通信、调试和维护难度较大的问题。尽管可以不依赖主站独立工作，但在不配备主站系统的情况下，调度和运维人员难以监控线路运行情况。

智能分布型 FA 是一种新型的馈线自动化方案，目前仅在密度较大的中心城区使用，可分为基于负荷开关的 FA 和全断路器 FA。基于负荷开关的 FA，故障由变电站出线断路器跳闸，只有由各终端自动完成定位、隔离、恢复的功能，相比起主站型 FA 停电范围、倒闸次数没有优势，因此应用的较少。

#### 4.4.1.2 智能分布型馈线自动化的逻辑

智能分布型馈线自动化的工作过程：故障发生时，开关根据自身和相邻开关（或开闭所）是否有故障电流的情况，定位并隔离故障点；满足转供电条件的线路分段，逐级向联络开关（或开闭所）发送转供电请求。

(1) 变电站出线断路器：自身有故障电流，相邻分段开关（或开闭所）和分支开关无故障电流，定位故障点在相邻分段，跳闸后重合不成功二次跳闸，闭锁合闸；自身有故障电流，相邻开关（或开闭所）有故障电流，判断故障点不在相邻分段，开关不动作。

(2) 主干线路分段断路器（或开闭所）。

1) 自身有故障电流：如果相邻只有一个开关（或开闭所）有故障电流，定位故障点在相邻分段负载侧，跳闸后重合不成功二次跳闸，并闭锁合闸；若相邻两个开关（或开闭所）有故障电流，判断故障点不在相邻分段，开关不动作。

2) 自身无故障电流：如果相邻只有一个开关（或开闭所）有故障电流，且故障不在支路，定位故障点在相邻分段电源侧，跳闸后闭锁合闸，并向后一级主干线路分段开关（或开闭所）提出转供电请求；相邻均没有故障电流，判断故障点不在相邻分段，开关不动作，在接到前级开关（或开闭所）转供电请求后，后级开关（或开闭所）提出转供电请求。

3) 联络开关（或开闭所）：运行时被两侧线路定义为最后一级开关，发生故障时自身无故障电流，当接到前级开关（或开闭所）转供电请求时合闸供电。如果相邻只有一个开关（或开闭所）有故障电流，定位故障点在相邻分段电源侧，则闭锁合闸。

4) 分支断路器：跳闸和闭锁逻辑与主干线路分段断路器（或开闭所）一致，区别在于分支断路器不会发送转供电请求。

### 4.4.2 电缆线路智能分布型馈线自动化方案

#### 4.4.2.1 电缆线路"2-1"单环网接线智能分布型FA

电缆线路"2-1"单环网接线智能分布型FA故障如图4.83所示。

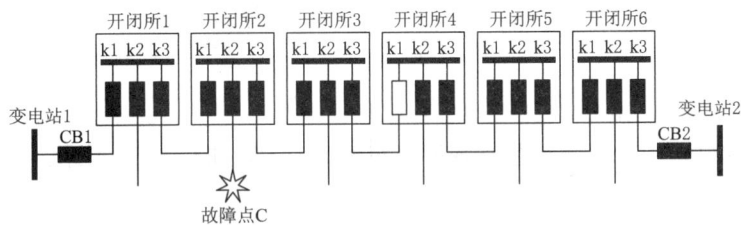

图4.83 电缆线路"2-1"单环网接线智能分布型FA分支线故障

由于所有开关均使用了断路器，每一个开关都具备断开单相接地故障和相间短路的能力，各开闭所故障电流情况见表4.11。

表4.11 "2-1"单环网接线智能分布型FA故障电流状况

| 编号 | 功能 | 自身故障电流 | 故障电流开关 | | 相邻故障电流站所 | 相邻故障电流站所数量 |
|---|---|---|---|---|---|---|
| CB1 | 变电站出线断路器 | 有 | CB1 | | 开闭所1 | 1 |
| CB2 | 变电站出线断路器 | 无 | — | | — | 0 |
| 开闭所1 | 分段开闭所 | 有 | k1 | k3 | CB1  开闭所2 | 2 |
| 开闭所2 | 分段开闭所 | 有 | k1 | k2 | 开闭所1 | 1 |
| 开闭所3 | 分段开闭所 | 无 | — | | 开闭所2 | 1 |
| 开闭所4 | 联络开闭所 | 无 | — | | — | 0 |
| 开闭所5 | 分段开闭所 | 无 | — | | — | 0 |
| 开闭所6 | 分段开闭所 | 无 | — | | — | 0 |

故障定位与隔离：开闭所2支路断路器k2保护跳闸，随后重合不成功二次跳闸。各开关（或开闭所）利用自身智能分布型FA逻辑，通过通信网络，感知自身和周围开关（或开闭所）的故障电流情况，自行定位并隔离故障，并发送转供电请求，每一个开关定位和隔离动作过程可同步进行。

（1）变电站出线断路器：CB1自身有故障电流，相邻开闭所1有故障电流，判断故障点不在相邻分段，开关不动作。CB2无故障电流，不动作。

(2) 开闭所：开闭所1，相邻的CB1和开闭所2有故障电流，判断故障点不在相邻分段，开关不动作。开闭所2，相邻开闭所1有故障电流，且故障电流在自身负载支路，闭锁合闸，但不发送转供电请求。开闭所3自身无故障电流，相邻开闭所2有故障电流但在支路，开关不动作。开闭所4、开闭所5、开闭所6自身和相邻均没有故障电流，判断故障点不在相邻分段，开关不动作。

由于不需要恢复非故障区段供电，整个故障处理完成，线路最终状态如图4.84所示。

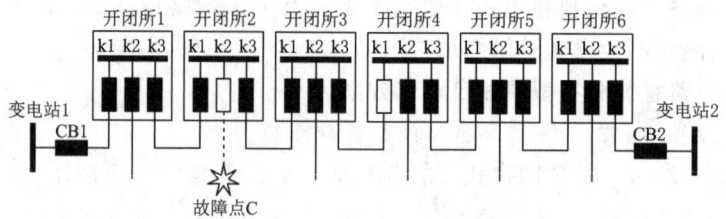

图4.84 "2-1"单环网接线智能分布型FA分支线故障处理结果

#### 4.4.2.2 电缆线路"3-1"单环网接线智能分布型FA

电缆线路"3-1"单环网接线智能分布型FA故障如图4.85所示。

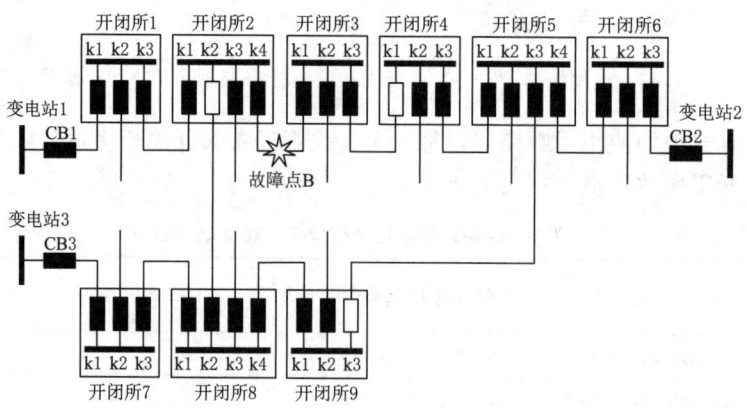

图4.85 电缆线路"3-1"单环网接线智能分布型FA主干线故障

各开闭所故障电流情况见表4.12。故障处理过程如下。

(1) 故障定位与隔离：开闭所2断路器k4保护跳闸，随后重合不成功二次跳闸。各开关（或开闭所）利用自身智能分布型FA逻辑，通过通信网络，感知自身和周围开关（或开闭所）的故障电流情况，自行定位并隔离故障，并发送转供电请求，每一个开关定位和隔离动作过程可同步进行。

1) 变电站出线断路器：CB1自身有故障电流，相邻开闭所1有故障电流，判断故障点不在相邻分段，开关不动作。CB2、CB3无故障电流，不动作。

2) 开闭所。

开闭所1：相邻CB1和开闭所2有故障电流，开关不动作。

开闭所2：相邻只有开闭所1一个开闭所有故障电流，定位故障点在相邻分段负载侧，k4开关跳闸后重合不成功二次跳闸，并闭锁合闸。

## 任务 4.4  认识智能分布型馈线自动化方案

表 4.12  "3-1"单环网接线智能分布型 FA 故障电流状况

| 编号 | 功能 | 自身故障电流 | 故障电流开关 | | 相邻故障电流站所 | | 相邻故障电流站所数量 |
|---|---|---|---|---|---|---|---|
| CB1 | 出线断路器 | 有 | CB1 | — | 开闭所1 | — | 1 |
| CB2 | 出线断路器 | 无 | — | — | — | — | 0 |
| CB3 | 出线断路器 | 无 | — | — | — | — | 0 |
| 开闭所1 | 分段开闭所 | 有 | k1 | k3 | CB1 | 开闭所2 | 2 |
| 开闭所2 | 联络开闭所 | 有 | k1 | k4 | 开闭所1 | — | 1 |
| 开闭所3 | 分段开闭所 | 无 | — | — | 开闭所2 | — | 1 |
| 开闭所4 | 联络开闭所 | 无 | — | — | — | — | 0 |
| 开闭所5 | 分段开闭所 | 无 | — | — | — | — | 0 |
| 开闭所6 | 分段开闭所 | 无 | — | — | — | — | 0 |
| 开闭所7 | 分段开闭所 | 无 | — | — | — | — | 0 |
| 开闭所8 | 分段开闭所 | 无 | — | — | — | — | 0 |
| 开闭所9 | 联络开闭所 | 无 | — | — | — | — | 0 |

开闭所3：自身无故障电流，相邻只有开闭所2一个开闭所有故障电流，且故障不在支路，定位故障点在相邻分段电源侧，进线开关 k1 跳闸后闭锁合闸，并向后一级开闭所 4 提出转供电请求。

开闭所4：自身无故障电流，相邻均没有故障电流，判断故障点不在相邻分段，开关不动作，接到前级开闭所 3 转供电请求，准备转供电合闸。

开闭所5、开闭所6、开闭所7、开闭所8、开闭所9 自身和相邻均没有故障电流，且未收到转供电请求，开关不动作。

故障定位与隔离处理结果如图 4.86 所示。

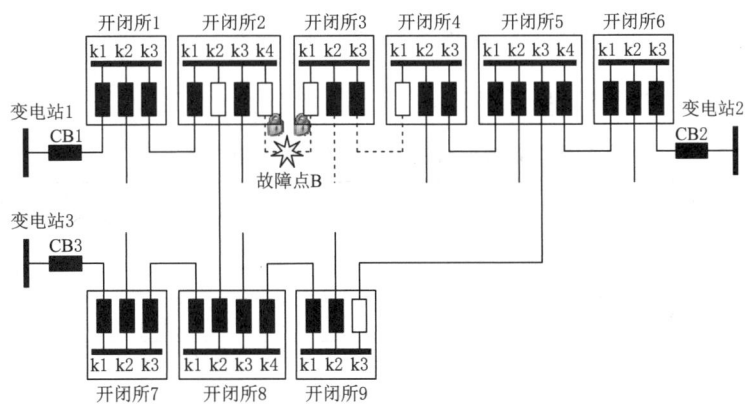

图 4.86  "3-1"单环网接线智能分布型 FA 故障定位与故障隔离

（2）恢复非故障区段供电：联络开闭所 4 在接到前级开闭所 3 转供电请求后，开闭所 4 的站所终端 DTU 判断转供电请求需要对 k1 开关合闸，就地自动控制 k1 合闸，恢复非故障区段供电。整个故障处理完成，线路最终状态如图 4.87 所示。

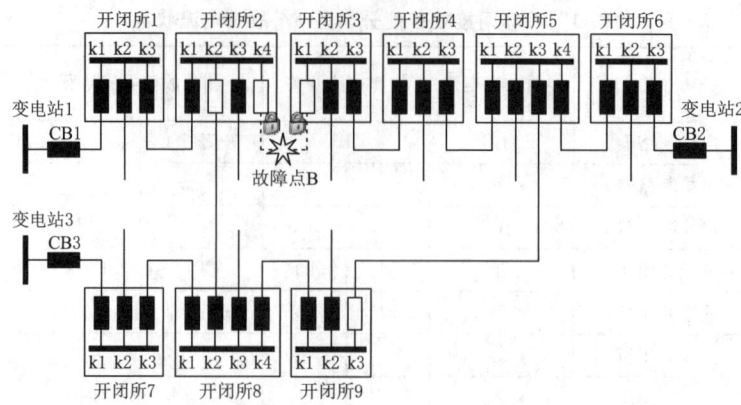

图 4.87 "3-1"单环网接线智能分布型 FA 恢复非故障区段供电

**4.4.2.3 电缆线路 $N$ 供一备接线智能分布型 FA**

电缆线路 $N$ 供一备接线智能分布型 FA 故障如图 4.88 所示。

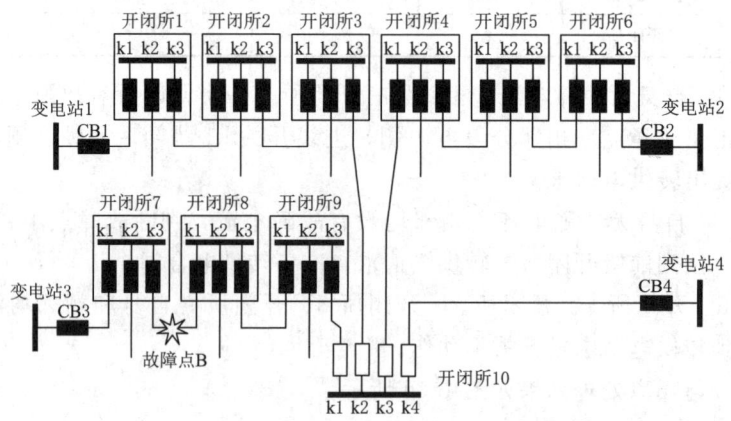

图 4.88 电缆线路 $N$ 供一备接线智能分布型 FA 主干线故障

各开闭所故障电流情况见表 4.13。

表 4.13　　　　　$N$ 供一备接线智能分布型 FA 故障电流状况

| 编号 | 功能 | 自身故障电流 | 故障电流开关 | 相邻故障电流站所 | 相邻故障电流站所数量 |
|---|---|---|---|---|---|
| CB1 | 出线断路器 | 无 | — | — | 0 |
| CB2 | 出线断路器 | 无 | — | — | 0 |
| CB3 | 出线断路器 | 有 | CB3 | 开闭所7 | 1 |
| 开闭所 1 | 分段开闭所 | 无 | — | — | 0 |
| 开闭所 2 | 分段开闭所 | 无 | — | — | 0 |
| 开闭所 3 | 分段开闭所 | 无 | — | — | 0 |
| 开闭所 4 | 分段开闭所 | 无 | — | — | 0 |
| 开闭所 5 | 分段开闭所 | 无 | — | — | 0 |

## 任务 4.4 认识智能分布型馈线自动化方案

续表

| 编号 | 功 能 | 自身故障电流 | 故障电流开关 | 相邻故障电流站所 | 相邻故障电流站所数量 |
|---|---|---|---|---|---|
| 开闭所 6 | 分段开闭所 | 无 | — | — | 0 |
| 开闭所 7 | 分段开闭所 | 有 | k1 k3 | CB3 | 1 |
| 开闭所 8 | 分段开闭所 | 无 | — | 开闭所 7 | 1 |
| 开闭所 9 | 分段开闭所 | 无 | — | — | 0 |
| 开闭所 10 | 联络开闭所 | 无 | — | — | 0 |

故障处理过程如下。

(1) 故障定位与隔离。

1) 变电站出线断路器：CB3 自身有故障电流，相邻开闭所 7 有故障电流，判断故障点不在相邻分段，开关不动作。CB1、CB2 无故障电流，不动作。

2) 开闭所。

开闭所 7：相邻只有 CB3 一个开关有故障电流，定位故障点在相邻分段负载侧，k3 开关跳闸后重合不成功二次跳闸，并闭锁合闸。

开闭所 8：自身无故障电流，相邻只有开闭所 7 一个开闭所有故障电流，且故障不在支路，定位故障点在相邻分段电源侧，进线开关 k1 跳闸后闭锁合闸，并向后一级开闭所 9 提出转供电请求。

开闭所 9：自身无故障电流，相邻均没有故障电流，开关不动作，接到前级开闭所 8 转供电请求，自身无电而向后一级联络开闭所 10 发出转供电请求。

开闭所 1、开闭所 2、开闭所 3、开闭所 4、开闭所 5、开闭所 6 自身和相邻均没有故障电流，开关不动作。

故障定位与隔离处理结果如图 4.89 所示。

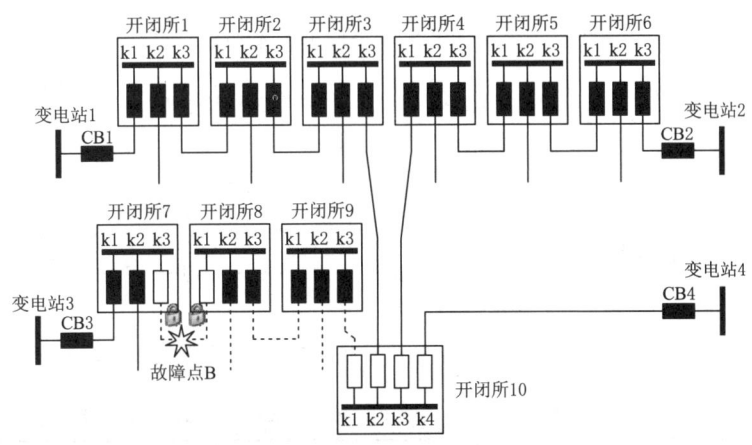

图 4.89 电缆线路 N 供一备接线智能分布型 FA 故障定位与故障隔离

(2) 恢复非故障区段供电：联络开闭所 10 在接到前级开闭所 9 转供电请求后，联络开闭所 10 的站所终端 DTU 对 k1、k4 开关合闸，由变电站 4 的 CB4 断路器出线对非故障区段供电。整个故障处理完成，线路最终状态如图4.90所示。

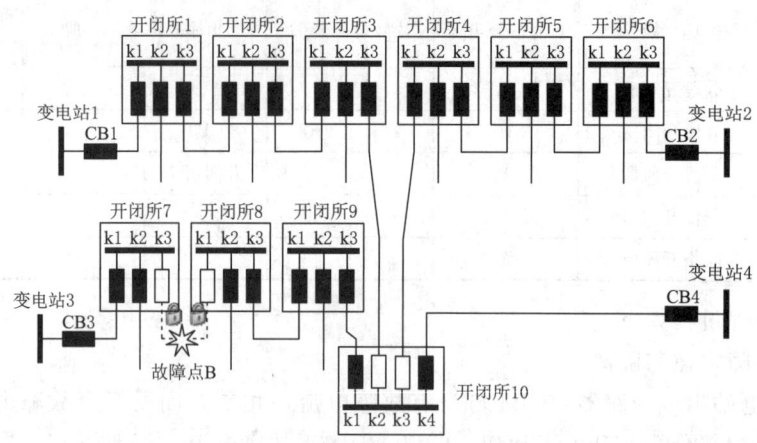

图4.90 电缆线路N供一备接线智能分布型FA恢复非故障区段供电

对于电缆接线，智能分布型馈线自动化方案临时停电范围较少，并且由于各开关同步判断闭锁逻辑，处理过程相对较短，且具有良好的扩展性和兼容性。

### 4.4.3 架空线路N分段n联络接线智能分布型馈线自动化方案

架空线路应用智能分布型FA场合较少，一般为N分段n联络接线，且分段开关、支线开关采用全断路器方案，其中CB1为变电站出线断路器，FB1、FB2、FB3为分段断路器、ZB为支线断路器，LB1、LB2为常开联络开关，如图4.91所示。

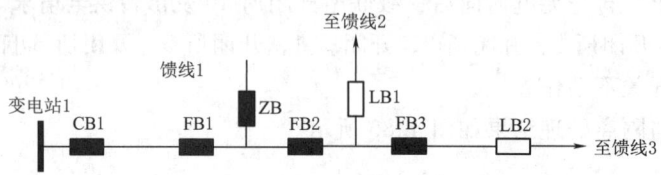

图4.91 架空线路N分段n联络接线案例

故障点如图4.92所示，处理过程见表4.14，线路最终状态如图4.93所示。

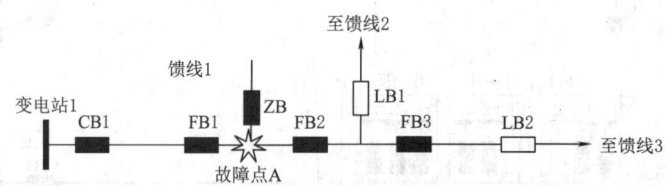

图4.92 架空线路N分段n联络接线FA主干线故障

表4.14 架空线路N分段n联络接线FA主干线故障处理逻辑和动作

| 编号 | 功能 | 自身故障电流 | 相邻故障电流站所 | 相邻故障电流站所数量 | 故障处理动作 |
| --- | --- | --- | --- | --- | --- |
| CB1 | 变电站出线断路器 | 有 | FB1 | — | 1 | 不动作 |
| FB1 | 分段断路器 | 有 | CB1 | — | 1 | 跳闸、闭锁合闸 |

续表

| 编号 | 功能 | 自身故障电流 | 相邻故障电流站所 | 相邻故障电流站所数量 | 故障处理动作 |
|---|---|---|---|---|---|
| FB2 | 分段断路器 | 无 | FB1 | 1 | 跳闸、闭锁合闸、向FB3发送转供电申请 |
| FB3 | 分段断路器 | 无 | — | 0 | 收到转供电申请、向LB2发送转供电申请 |
| ZB | 支线断路器 | 无 | FB1 | 1 | 跳闸、闭锁合闸 |
| LB1 | 联络断路器 | 无 | — | 0 | 不动作 |
| LB2 | 联络断路器 | 无 | — | 0 | 收到转供电申请、合闸 |

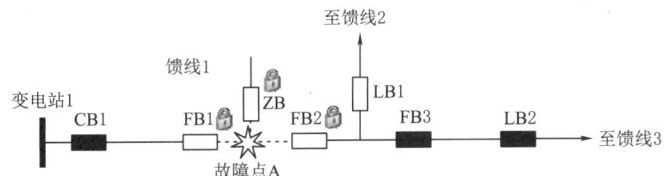

图 4.93 架空线路 N 分段 n 联络接线 FA 故障处理结果

【任务实施】

1. 实训准备

(1) 预习 PRS-3000 主站系统的技术说明书和使用说明书。

(2) 预习 PRS-3351、PRS-3342 终端的技术说明书和使用说明书。

2. 实训内容及步骤

实训内容：智能分布型馈线自动化故障处理过程认知。

使用 PRS-3000 主站系统完成以下培训项目：

(1) 分析架空线路和电缆线路的故障处理逻辑和动作。

(2) 手动模拟智能分布型馈线自动化故障处理过程。

(3) 模拟检修，并完成利用就地、远方两种方式故障恢复。

3. 实训成果及考核评价

(1) 故障模拟设置、故障监控、检修并完成故障恢复项目操作考核占 50%。

(2) 实训认真度、责任度、努力程度占 20%。

(3) 实训成果报告占 30%。

【思考与练习题】

1. 智能分布型馈线自动化的特点是什么？

2. 简述智能分布型馈线自动化的逻辑。

3. 架空线路 N 分段 n 联络接线如图 4.94 所示，分析智能分布型 FA 故障处理过程。

4. 架空线路 N 分段 n 联络接线如图 4.95 所示，分析智能分布型 FA 故障处理过程。

5. 分析智能分布型 FA 与主站集中型 FA、就地电压型 FA 的异同。

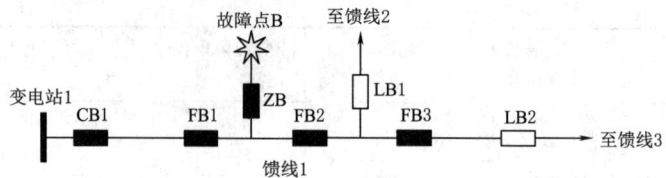

图 4.94 架空线路 $N$ 分段 $n$ 联络接线 FA 支线故障

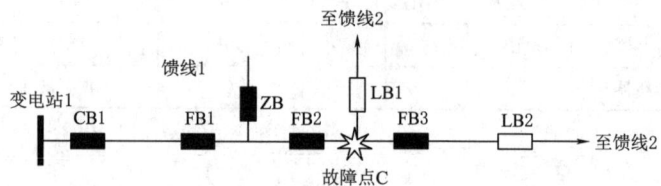

图 4.95 架空线路 $N$ 分段 $n$ 联络接线主干线路故障

# 项目 5　配电网用户电能采集系统

## 任务 5.1　认识电能计量装置

【学习目标】
1. 认知电能表的参数和分类。
2. 掌握智能电表在远程费控系统的应用。
3. 能完成各种通信类型的智能电表与集中器的接线。

【任务引入】
电能计量装置也称为电能表，经历了机械式电能表、机电式电能表、电子式电能表发展阶段，发展到智能电能表时期，是配电网重要的仪器设备。我国电力系统目前处于远程费控智能系统的应用和改造阶段，智能电表、集中器的配合尤为重要。

【重点难点】
重点：智能电表的功能与远程费控系统的构成。
难点：集中器的作用与接线方式。

【知识学习】

### 5.1.1　用户端电能表的分类

用户端电能表，指负载侧用于测量电能的仪表，又称电度表、火表，是一种低压设备。按照接线方式可分为单相电能表、三相四线电能表、三相三线电能表，按照准确度等级可分为 2 级电能表、1 级电能表、0.5S 级电能表、0.2S 级电能表，按照电能表的发展历程可以分为机械式电能表、机电式电能表、电子式电能表、智能电能表。

### 5.1.2　电能表的参数及应用

#### 5.1.2.1　电能表的技术参数

电能表的主要参数有电压参数、电流参数、电源频率、耗电计量参数。

电压参数表示电能表适用的电源电压，我国低压配电网的单相电压是 220V，三相电压是 380V。电能表的电流参数有两个，例如 10(20)A：10A 为精准满足测量精度的标定工作电流，可用于电费计量；20A 表示允许长期工作的最大电流，只能用于电能监测。电源频率表示电能表适用的交流电源频率，我国交流电的频率规定为 50Hz。耗电计量参数：机械式电能表单位为 r/(kW·h)，表明电能表自身能耗为 1kW·h 时转盘旋转的圈数；电子式电能表单位为 imp/(kW·h)，表示电能表自身消耗 1kW·h 电能时的脉冲计数。

此外，电能表的参数还有工作环境温度、湿度参数以及精度等级等。

**5.1.2.2 电能表的应用方式**

符合标准的电能表都可以应用于电费计量、在线状态监控、非在线能耗测量。电能计量是电能表的核心功能，直接反映用户用电成本，如果需要电力部门远程记录电费使用情况，电能表需要增加通信设备且与电能采集系统配合，使用成本高。在线状态监控主要用于专变用户内部电能实时管理，通信要求相对较低，因此成本有所下降。非在线能耗测量主要为就地读表，大部分场合对通信不做要求，使用成本低廉。

**5.1.3 机械式电能表**

机械式电能表是第一种大规模商业化普及的交流电能表，是一种纯机械机构的电能表。从 20 世纪初开始，机械式电能表在电能计量中得到了广泛的应用。虽然直流电能表（安时计）更早出现但应用相对较少，因此一般情况下电能表指的是交流电能表。我国规定 220V 电能表适用于单相普通照明电路，380V 电能表适用于三相电源的工业和农业生产电路。

机械式电能表按照工作原理和特性可分为磁电系电表、电磁系电表、电动系电表、铁磁电动系电表、静电系电表、感应系电表和热电式电表等。机械式电能表实物如图 5.1 所示，最显著的特点是计量转盘和耗电计量参数为 r/(kW·h)。

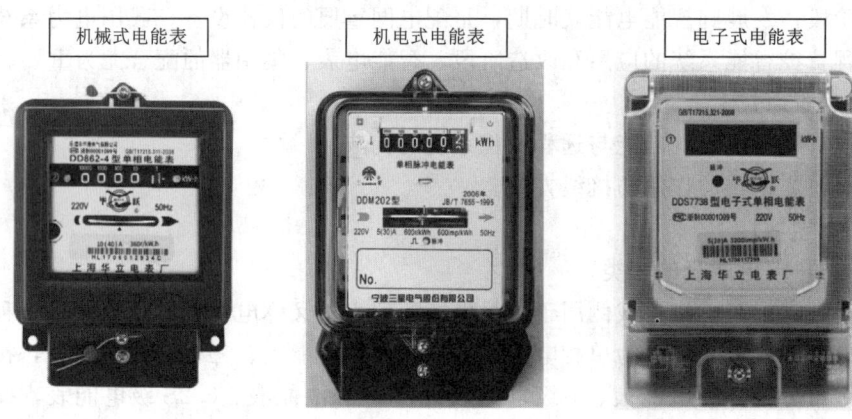

图 5.1 机械式电能表、机电式电能表与电子式电能表

机械式电能表的核心部分是测量机构，它包括固定部分和可动部分，其中可动部分为电能转盘和读数机构。当测量机构施加了电压并有电流通过，产生与电磁场相关的力矩，推动电能转盘转动。流过电能表的电压、电流越大，转动力矩越大。因此读数机构根据电能转盘累计数值计数，能有效测量电能大小。为了提高电能表的精度，机械式电能表被设计为特定电压频率下使用，电流则允许根据需求变化，因此可动部件的转速与电流成正比。

机械式电能表商业应用初期体积和重量都比较大，仅用于工业领域。随后高导磁材料的出现，大大地减轻了电能表的重量、体积和自身功率的消耗。之后机械式电能表逐渐通过降低电能转盘的转速来降低其损耗，同时改善了电能表的负荷特性，寿命大幅度提高。目前，寿命较长的机械式电能表寿命可达 15～30 年。

机械式电能表的具有结构简单、维修方便、造价低廉的优点，但也存在非常明显的缺点：准确度低、适用频率窄、功能单一、对非线性负荷和冲击负荷的计量误差较大、防窃电能力差。这些特点让机械式电能表普及了较长时间，但是也制约了其进步空间，目前机械式电能表已基本不用于电费计量，仅用于特殊情况下设备的能耗测量。

### 5.1.4　机电式电能表

20 世纪末，配电网自动抄表的需求日益剧增，要求电能表实现多功能、高精度并且具有通信接口功能和扩展能力。机电一体式的特种电能表开始应用，且功能逐步完善，这类表被称为机电式电能表，其实物如图 5.1 所示，保留有计量转盘，耗电计量参数为 $r/(kW \cdot h)$ 和 $imp/(kW \cdot h)$ 双参数。

机电式电能表使用机械式电能表作为基础表，结合电子式电能表的电子电路数据处理能力，实现了多种新功能，例如预付费功能、分时费率计量功能等。由于 20 世纪的电子元件在潮湿天气等工作环境恶劣的场景下容易老化失效，尤其是电子测量元件寿命较短，使得机电式电能表在自动抄表、预付费等方面更受用户青睐。

机电式电能表具有测量元件寿命较长、抗干扰能力强、多功能、能适应各种工作环境等优点。但由于其采用了机械式测量元件，难以克服机械式电能表准确度低、适用频率窄、防窃电能力差等缺点，同时由于使用电子元件扩展功能，维修难度较大。随着电子式电能表的寿命上升、成本降低，机电式电能表正逐渐被取代。

### 5.1.5　电子式电能表

电子式电能表全称为电子式数字功率电能计量表，是元件电子化的一种仪器，按照信息集成的程度可分为传统电子式电能表和智能电表。20 世纪 60 年代末，电能计量元件实现电子化，并用于电子式电能表的制造，单相和三相电子式电能表相继问世。实物如图 5.1 所示，未安装机械式计量转盘，耗电计量参数为 $imp/kW$。

电子式电能表具有很多优点：功能强大、准确度高、误差曲线平直且稳定、启动电流小、频率响应范围宽、功耗小、便于安装使用、过载能力强、防窃电能力强。但也有一定缺点：维修复杂、寿命相对较短、抗干扰能力差等。早期电子式电能表容易受到环境的影响，温度、湿度都会影响电子测量元件的寿命，同时造价较高，因此普及较少。进入 21 世纪，随着电子器件的造价降低、寿命提高、环境适应能力增强，电子式电能表已经大幅度普及，在测量精度要求不高的场合，电子式电能表造价甚至低于机械式电能表和机电式电能表，得到了广泛的应用。电子式电能表与机械式电能表对比见表 5.1。

表 5.1　　　　　　　　电子式电能表与机械式电能表对比

| 类　　别 | 机械式电能 | 电子式电能表 |
| --- | --- | --- |
| 准确度 | 0.5～2.0 | 0.01～2.0 |
| 频率反范围/Hz | 45～65 | 40～200 |
| 启动电流/A | 0.003 | 0.001 |
| 外磁场影响 | 大 | 小 |
| 安装要求 | 严格 | 无 |

续表

| 类　别 | 机械式电能 | 电子式电能表 |
|---|---|---|
| 过载能力 | 4 倍 | 6～10 倍 |
| 功耗 | 大 | 小 |
| 电磁兼容性 | 好 | 差 |
| 寿命 | 普通表 5～10 年、长寿命 20～25 年 | 10 年 |
| 日常维护 | 简单 | 较复杂 |
| 功能 | 单一、难扩展 | 完善、可扩展 |

随着电子技术的进一步发展，数模转换技术和大规模集成电路的逐步完善，促使各种性能和各种功能的电子式电能表逐步成为电能计量的主力军，尤其是多功能电能表的智能化功能日趋完善，成为电能表发展的趋势。

### 5.1.6　智能电能表

智能电能表是电网数据采集的基本设备之一，承担着电能数据采集、计量和传输的任务，是实现电网信息化、运维智能化的重要环节。

智能电能表与传统电子式电能表相比，都具备基本的电量计量功能，但是传统电子式电能表的应用都和电能计量有关，不涉及其他功能。智能电表采集电压、电流的幅值、相位、频率电参数，内部芯片数据处理，与采集器、集中器等设备连接，通过通信网络与配电网自动化主站或电力营销相关系统交换数据，实现电能采集管理功能。目前配电网关于智能电表的应用，主要集中在电费计量、用户费控分合闸管理、分时段电价、正反向有功无功电能信息采集、相序识别、防窃电管理、异常事件上报等方面。

此外，为了适应智能电网的发展，智能电表向就地负荷预测、无功补偿、根据电流电压突变指示断线故障与接地故障等智能化的方向发展。

#### 5.1.6.1　智能电表与远程费控

我国低压配电网目前主要使用远程费控智能电表，用于远程费控电能计量系统，典型应用案例如图 5.2 所示。

**1. 公变用户电能计量系统**

公变用户电能计量系统是电力营销系统的一部分，主要针对公变用户远程电能计量管理，也称为远程费控电能计量系统。系统主要由集中器、智能电表、电力部门相关设备构成，通过低压配电网通信网络、配电网和计量通信网络进行信息交互。

智能电表负责电能计量并生成电费，并可以进行停电、复电操作。电表配备通信模块，可以将数据转化为通信信号发送给集中器，也可以接收集中器的信号。集中器通常安装在配电变压器低压侧，负责收集低压用户的数据，并与电力部门进行通信，上传用电数据并接收电力部门的命令。

低压通信网络连接电表与集中器，常用 485 通信和载波通信，部分智能电表配备无线通信模块，但由于存在流量费用，应用得比较少。集中器与电力部门之间，一般使用 4G、5G 无线通信和有线通信方式。

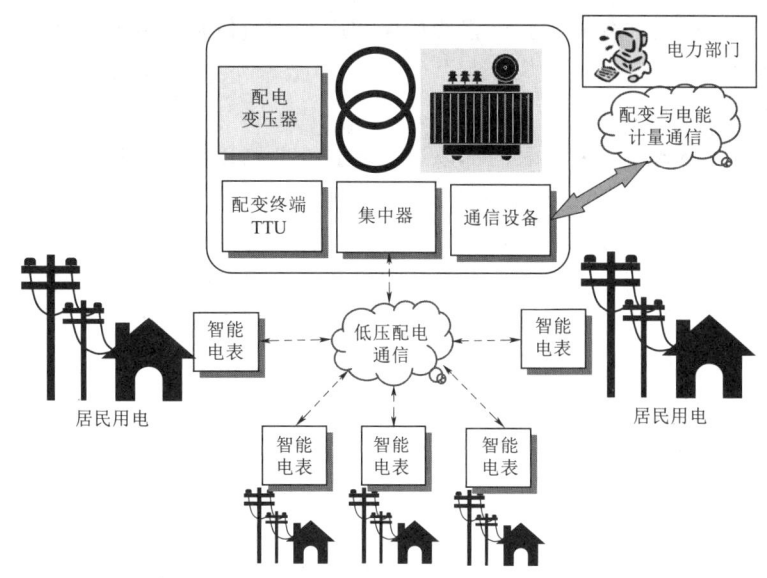

图 5.2　远程费控智能电表典型应用案例

2. 集中抄表器

集中抄表器简称集中器,具有数据采集、存储、处理和转发等功能,用于各用户智能电表的数据采集,集中发送到电力部门,避免了通信网络过于复杂的问题。

集中器一般安装于配电变压器低压侧主配电箱,也可安装于用户较为集中的电表箱内。常见的集中器有 485 通信型和载波通信型,分别用于与相应的智能电表进行通信。集中器与电力部门的通信,可使用无线通信,能把电表的各项数据调制加载成信号波发送。同时集中器接收电力部门的控制信号,并发送给对应编号的智能电表,完成电表控制操作。集中器与远程费控智能电表见图 5.3。

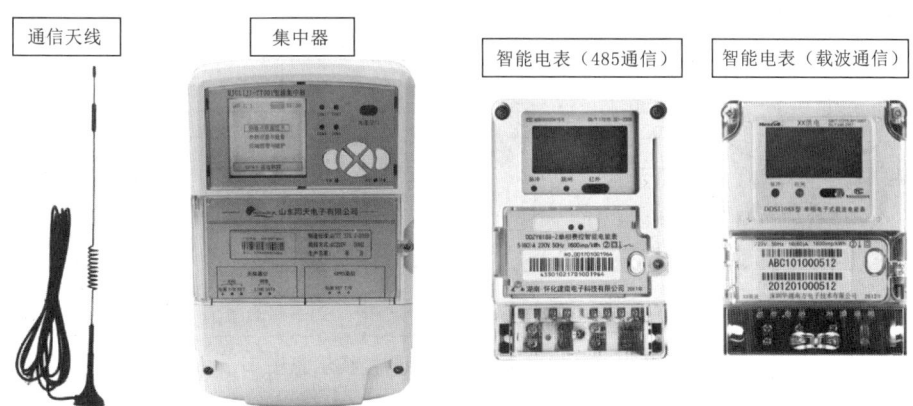

图 5.3　集中器与远程费控智能电表

集中器与智能电表配合,有助于费控管理。当用户处于正常用电时,系统保证用户用电的安全性与可靠性;当用户欠费达到断电条件时,集中器接受电力部门命令,并发送给相应电表,电表继电器工作跳闸;停电用户补足电费后,智能电表接收复电命令并合闸。目前大部分地区,远程费控模式已取代预付费电表的管理方式,为主流电能收费模式。

3. 电能计量系统防窃电

常见的窃电方式主要有电表内部改造、电表外部改接线。计量系统通过智能电表和集中器告警装置、户变关系线损监控等手段,防止窃电的行为。

智能电表模块盖子安装有告警装置,防止对智能电表进行改装包括内部改线、通信模块改造。如果有用户私下改造,需要将设备盖子和外壳打开,当打开电表盖子和外壳时,电表将告警信号发送到集中器,再传给电力部门。如果操作人员为电力工作人员,则可将告警信号标记为检修;如果是窃电人员,电力部门可以立刻安排人员到现场巡检线路,发现问题。除了用于防止窃电之外,告警装置还可以精准定位发生故障的设备,以便快速安排检修工作。

户变关系指低压用户和为其供电的配电变压器之间的关联,配合线损监控,有助于运维管理,也可以用于防窃电。集中器计算所有的电量,与配电变压器总电表的电量进行比较,差额即为线损。如果某电表通信故障而导致差额过大,则工作人员检修完毕后,线损恢复正常。当电表外部改接线,例如将电表进出线端口短接,或者在电表外接入负载时,电量差额会超过正常值,巡检人员立刻前往现场排除异常。

### 5.1.6.2 载波通信型智能电表

1. 低压配电网载波通信的应用

载波通信是电力系统通信方式之一,是利用低压配电网线路构成通信网络,不需要专用通信线,有利于降低成本。例如在农村地区,对每一户电表都安装 485 通信线成本较高,改造周期长,因此通常使用载波通信型智能电表去收集抄表数据。智能电表载波通信接线示意图如图 5.4 所示,常用于低压配电网树干型接线,接线与人工抄表系统类似,主要的区别为配变侧集中器和电表类型。

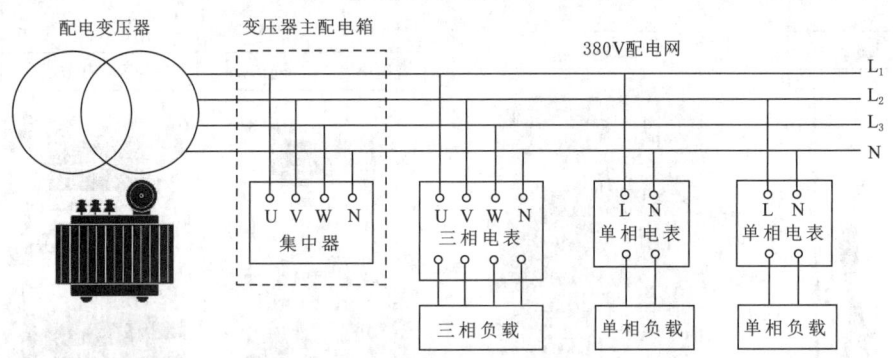

图 5.4 智能电表载波通信接线示意图

我国的农村配电网改造,多使用载波型智能电表,只需要在配电变压器配电箱内并联安装集中器,并更换用户侧电表和老旧线路,用户内部接线方式不需要过多改造。这样既节省工期,也便于维护管理。

2. 低压配电网载波通信的局限

载波型智能电表应用,也存在一定局限性:

（1）配电变压器对电力载波虚拟信号有阻隔的作用，载波电表虽然可以通过中压线路传输信号，但是不稳定。所以电力载波信号通常最远也只能传送到配电变压器低压侧。

（2）载波智能电表是通过电力线路来传输信号的，它容易受到外界的影响。例如载波电表附近有电信基站，或其他强磁场的设备，就能影响载波信号的传输。

（3）载波智能电表通过中低压线路来传输，信号附近有高压线路也会影响传输。

（4）如果低压配电线路距离较近，载波信号有可能通过中压线路传输到另一台配电变压器的集中器，两个集中器采集的数据也会相互干扰。严重时会影响户变关系的排查，正常的情况下，一般 5min 内电力部门就能够抄到电表数据，但是户变关系出现了异常，可能需要一个小时才能抄到相关电表的数据。

3. 载波型智能电表通信故障检测

当载波型智能电表通信发生故障时，可以使用手持电表通信故障检测仪器来进行检测，有以下几个检查步骤：

（1）检查电表的接线是否虚接，如果零线接线不牢会影响到载波信号，火线虚接还可以检测到信号但是会影响安全运行，因此接线一定要牢固连接。

（2）由于是带电作业，需戴绝缘手套。

（3）仪器通常有多种模式可以检测载波信号和其他通信信号。但是由于载波信号传输路径是低压配电线路，其他通信信号为纯弱电信号，因此必须使用耐压检测头并正确接线。

（4）接线成功后仪器能正常工作，并能读取电表电量数据。选择读取电量数据，输入电表的资产编号。如果电表整机数据出现在仪器上，可以证明这个载波智能电表通信是正常的；如果显示无抄表数据返回，说明通信模块损坏，可以将其卸下并更换新的模块，再使用仪器检测电表是否正常。

#### 5.1.6.3 485 通信型智能电表

1. 485 通信型智能电表接线方式

485 通信型智能电表是通过安装 485 专用的通信线与集中器连接，接线示意图如图 5.5 所示，集中器和所有智能电表都安装有 485 通信模块，使用专用通信线连接，不容易受到外界的干扰，采集比较稳定。但由于需要 485 通信线，因此难以普及并难以应用于农村地区，多用在城市小区、商业地段等场合，适合低压配电网放射型接线。

2. 485 通信故障排查

485 端口有可能出现短路，造成整个电表箱的电表没有信号无法进行抄表。除了使用电表通信故障检测仪器，也可以使用万用表检测。需要将所有电表的 485 接头取下，使用万用表检测 485 通信线，如果电压为 3~5V 则说明线路没有异常，需要逐一接入电表并进行测量。如果接入的某个电表后 485 通信线电压不变，则说明此电表无异常；否则为故障电表，需要更换通信模块。

3. 不同通信方式智能电表混合使用

部分配电变压器使用低压放射型接线和树干型接线的混合接线，例如城乡结合

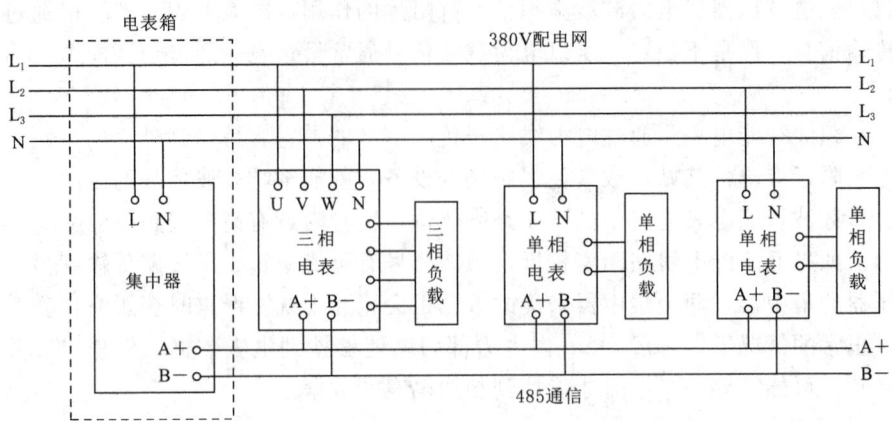

图 5.5 智能电表 485 通信接线示意图

部,有可能出现 485 型电表和载波型电表混合使用的情况。一般利用采集器采集多个 485 型电表数据,将数据整合并发送载波信号至载波型集中器,集中器采集所有电表数据,最后将数据发送到电力部门。

**【任务实施】**

1. 实训准备

智能电表产品说明书及系统接线图纸。

2. 实训内容及步骤

实训内容:了解各种通信类型的智能电表与集中器的接线。

根据智能电表和集中器的作用与接线完成以下培训项目:

(1) 了解智能电能表的参数和分类。

(2) 根据不同计量系统要求完成智能电表的功能配置。

(3) 智能电表和集中器的安装与接线。

3. 实训成果及考核评价

配置功能介绍,占 30%;智能电表接线,占 40%;集中器的安装与接线,占 30%。

**【思考与练习题】**

1. 电能表的技术参数有哪些,分别表示什么含义?
2. 简述集中抄表器的含义及作用。
3. 智能电表与传统电子式电能表各自特点有哪些?
4. 如何进行 485 通信故障排查?

## 任务 5.2 了解配电变压器的电能采集

**【学习目标】**

1. 认知配电变压器监测系统。
2. 掌握配电变压器采集终端的功能。

3. 认知配电变压器终端电能质量管理手段。

【任务引入】

为了保障用户的安全性、可靠性和电能质量，配电变压器的电能采集需要在配电变压器监测系统的控制下进行。除了电能计量装置，系统还配备配变采集终端保证变压器安全。

【重点难点】

重点：配电变压器监测系统的组成和各部分的功能。

难点：三相不平衡调节装置的工作方式。

【知识学习】

## 5.2.1 配电变压器监测系统

### 5.2.1.1 配电变压器监测系统的构成

配电变压器监测系统，指用于测量、监控配电变压器状态的系统，主要功能有电参数测量、故障定位与指示、开关设备监测、温度监控、无功补偿监控、电能计量等，根据实际情况可以配备10kV开关监控、温度调节、防火通风等功能。正常运行时可以保障用户用电的安全性和电能质量，发生故障时能快速发现并隔离故障。

配电变压器监测系统的构成与应用环境见表5.2。

表5.2 配电变压器监测系统构成与应用环境

| 设备 | 管理部门 | 功能 | 辅助设备 | 配变类型 |
|---|---|---|---|---|
| 配变终端TTU | 电力部门 | 高低压侧电参数测量 | 互感器 | 柱上变/箱变 |
| | | 故障定位与指示 | 互感器 | 柱上变/箱变 |
| | | 开关监测 | 辅助触点 | 柱上变/箱变 |
| | | 环境温度和变压器温度 | 温度传感器 | 柱上变/箱变 |
| | | 无功补偿监控 | 电容器 | 柱上变/箱变 |
| | | | 静止补偿器 | 箱式专变 |
| | | 三相不平衡治理功能 | 换向开关 | 柱上变/箱变 |
| 馈线终端FTU | 电力部门 | 变压器开关监控 | 互感器 | 柱上变 |
| 站所终端DTU | 电力部门 | 变压器开关监控 | 互感器 | 箱变 |
| 集中器 | 电力部门/专变用户 | 变压器总用电量计量 | 配变总表 | 柱上变/箱变 |
| | | 用户电表计量 | 用户电表 | 柱上变/箱变 |
| | | 用电信息监测 | 低压通信 | 柱上变/箱变 |
| 配变通信模块 | 电力部门 | 配变与电力部门通信 | 通信网络 | 柱上变/箱变 |
| 排风扇 | 电力部门 | 温度调节 | 空调 | 箱变 |
| | | 除湿排风 | 除湿机 | 箱变 |
| 烟雾报警器 | 电力部门 | 烟雾报警、火灾防控 | — | 箱变 |
| 摄像头 | 电力部门 | 设备监控 | — | 箱变 |
| 照明 | 电力部门 | 操作照明 | — | 箱变 |

按照功能来分，配电变压器监测系统可以分为电气运行监控系统、环境安全管理系统。

#### 5.2.1.2 电气运行监控系统

电气运行监控系统主要功能如下。

（1）变压器电参数测量和故障指示：主要由配变终端 TTU 完成，为配电变压器监测系统必备的核心功能。TTU 测量变压器高压侧和低压侧电参数，高压侧需要配置电压互感器和电流互感器，低压侧只需要配备电流互感器以应对电流较大的情况。当检测配电网电参数不正常时，TTU 自动判断故障情况，并上传信息至配电网自动化主站，主站判断故障点位置。如果故障点在中压配电网侧，则由线路开关跳闸；如果变压器本身出现故障，则变压器高压侧、低压侧主开关都跳闸，低压配电网故障时相应支路跳闸。

（2）开关设备"三遥"功能：10kV 开关的遥测、遥信和遥控功能由馈线终端 FTU 和站所终端 DTU 完成，根据需求选配。FTU 对应柱上变压器开关，DTU 对应箱式变压器的环网开关。低压开关设备变终端 TTU 完成"三遥"功能。

（3）电能质量管理功能：包括电压调节功能与三相不平衡治理功能，配变终端 TTU 根据情况对重要变压器进行功能选配。公变利用无功补偿电容器对变压器 380V 侧进行无功调节，一些重要专变用户使用静止补偿器无级调节电压。三相不平衡治理功能，通过 380V 支路的换向开关，调节配电变压器低压侧出口电流，保证配电变压器三相平衡运行。配变终端 TTU 可保存电容器投切记录和换相记录，用于历史记录查询。

（4）配变与用户电能计量：通过集中器、低压配电网通信、用户智能电表完成。公变用户的集中器和用户电表由电力部门管理；专变用户的集中器和用户电表由用户方管理，电力部门只检测变压器出口电量，费用收取由用户内部规章制度决定。

#### 5.2.1.3 环境安全管理系统

环境安全管理系统的功能主要如下。

（1）配变运行环境数据采集：系统采集温度、湿度、电缆沟水位、气体泄漏情况、噪声等环境参数。当参数出现异常时，系统可以及时显示告警信息，监控和运维人员可以收到短信提醒，同时通过灯光、告警音等方式提示现场工作人员。系统可以设定告警的上限和下限值，以适应不同地区的气候和环境。环境监测数据、状态监测数据及远程控制数据，都可以通过历史数据查询功能检查。

（2）配电变压器状况告警：当环境参数超过设定值时，可以发出告警信号，同时发出灯光、语音等现场告警，并向电力部门发送数据信息，通知运维人员。例如，当雷击引起箱式变压器内部温度升高和震动、冰雪造成闪络事故等情况，系统可以发出温度过高、地面晃动、低温警告等信息。

（3）安防与消防系统：系统对烟雾、火等消防信息进行安全告警，当达到设定值时，报警器以声光的方式进行报警，并通过短信方式立刻通知运维人员。安防系统通过视频、红外线等方式可以检测非电力人员进入的情况，并发出警告声音，短信通知运维人员。

(4) 其他功能：例如空调控制、灯光控制、除湿加热器控制、风机控制，可实现对主、副新风机的智能控制和其他设备控制。

### 5.2.2 配电变压器采集终端

#### 5.2.2.1 配电变压器采集终端的功能

配电变压器采集终端也称为配电变压器终端，简称配变终端，英文简写为 TTU。配电变压器采集终端如图 5.6 所示。

5.2 配电变压器监测系统

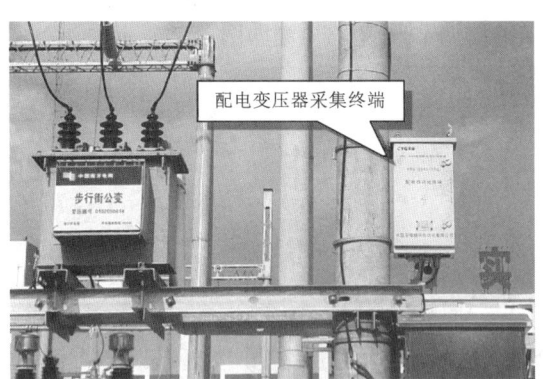

图 5.6 配电变压器采集终端

由于不需要控制 10kV 开关设备，配变终端 TTU 功能主要为"二遥"功能，部分 TTU 具备低压开关遥控功能。

(1) 遥测功能：配变终端 TTU 的核心功能之一，可实时数据采集、整点或者是定时记录配电变压器电参数和温度等数据。具有数据报表与储存功能，数据保存在存储器上。配变终端 TTU 在测量上与电表的区别，主要在于测量间隔时间和通信要求，TTU 由于需要保护功能，通信和采集间隔时间要求要高于计量电表。

(2) 故障指示功能：配变终端 TTU 的核心功能之一，当配电变压器进线和本身发生故障时，由馈线终端 FTU 和站所终端 DTU 相关开关提供保护，如果保护拒动则熔断器提供保护。当低压侧发生故障时，配变的低压侧断路器自动跳开故障。根据采集到的电参数，配变终端 TTU 可以向配电网自动化主站上传信息，判断故障点位置。

(3) 遥调功能与低压开关遥控功能：依据电参数的变化，就地启动无功补偿等自动调压装置，远程调节电压。配备有三相不平衡调节装置的配电变压器，配变终端可以进行不平衡电流调节，降低配电变压器不平衡运行压力。

(4) 数据通信及传送功能：提供远方通信的接口，定时报送各类测量及统计数据，提供远方参数设置功能及对时功能。

(5) 与配电网自动化主站配合：具备警报及数据显示功能，出现故障及异常现象时，上报故障事项信息及异常警报信息，以便运维人员管理。

(6) 低压开关遥控功能：具备框架断路器、无功补偿、三相不平衡治理功能的变压器，TTU 增加低压开关遥控功能，实现低压开关的遥控。

## 5.2.2.2 配变终端TTU与电能质量管理

配变终端的电能质量管理功能包括三相电压、电流有效值及谐波分量，电压偏差、频率偏差，三相电压、电流不平衡率，电压合格率统计，配电变压器负载率等参数采集，并根据工况自动调节电压与电流，提高电能质量。

配变终端TTU电压调节主要使用无功补偿电容器提高低压配电网电压，电流调节主要针对电流三相不平衡问题，以下主要介绍三相不平衡治理。

低压配电网运行时三相不平衡比较普遍，零点电流较大，中性点容易偏移，严重时影响配电变压器安全，因此需要三相不平衡调节装置，装置如图5.7所示。

  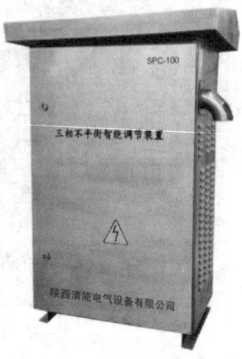

图5.7 三相不平衡调节装置

三相不平衡调节装置按照调节原理，包括补偿负序分量和零序分量的方式和换向开关的方式。不平衡分量包含负序分量和零序分量，三相不平衡调节装置可利用电力电子设备，吸收配电变压器的功率，转化为负序分量和零序分量的补偿量，有效抵消不平衡分量的影响，负序分量由于相序相反，在一定程度上等价于换相效果。由于其控制方式复杂，本书不做过多介绍。以下介绍换相解决不平衡分量的办法，原理图如图5.8所示。

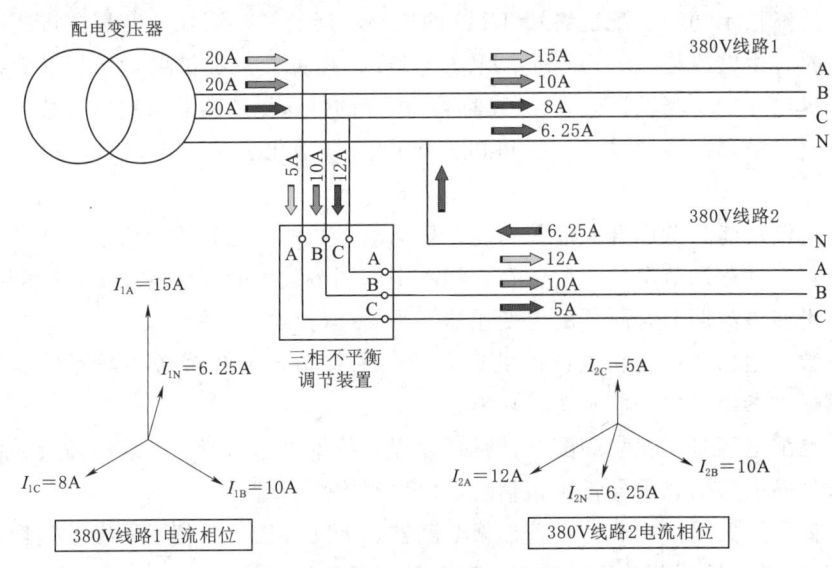

图5.8 三相不平衡调节装置的理想状态下工作原理示意图

配电变压器有 2 回 380V 出线，在理想状态下三相电压不偏差，同时负载都是纯电阻元件，忽略线路电容和感性元件的影响。线路 1 的 A 相电流为 15A，B 相为 10A，C 相为 8A。线路 2 的 A 相电流为 12A，B 相为 10A，C 相为 5A。

当不使用不平衡治理装置时，配电变压器 A 相电流将达到 27A、B 相 20A、C 相 13A，处于不平衡运行状态。利用换相型三相不平衡装置，将线路 2 的 A 相和 C 相换相，则线路 2 在变压器侧 A 相电流变为 5A、C 相为 12A，线路 1 和 2 的三相电流总和都为 20A；同时线路 1 和线路 2 的零线电流反相，但变压器中性线没有电流流过，配电变压器三相电流平衡。

**【任务实施】**

1. 实训准备

配电变压器采集终端说明书及操作手册。

2. 实训内容及步骤

实训内容：了解配电变压器采集终端构成及功能。

根据配电变压器采集终端配置的功能完成以下培训项目：

(1) 掌握配电变压器监测系统组成。

(2) 运用配电变压器采集终端开展配置与查询操作。

(3) 三相不平衡调节装置原理查询与讲解。

3. 实训成果及考核评价

配电变压器监测系统功能介绍，占 30%；配电变压器采集终端操作，占 40%；三相不平衡调节装置原理讲解，占 30%。

**【思考与练习题】**

1. 配电变压器监测系统的组成及其功能有哪些？
2. TTU 的故障指示功能具体内容是什么？
3. 换相解决不平衡分量的办法是怎样的？
4. 配变终端的电能质量管理功能有哪些？

## 任务 5.3　用 电 信 息 采 集 系 统

**【学习目标】**

1. 认知用电信息采集系统的主要分类和基本要求。
2. 掌握分布式发电计量管理系统的结构。
3. 能够理解水电气热一体化计量系统与用电信息采集系统的异同。

**【任务引入】**

用电信息采集系统要求可靠、经济、维护性和扩展性良好，有很多种类型。其中用户端电能计量管理系统主要针对特定用户，例如专变用户电能计量管理系统、电动汽车电能计量系统、分布式发电计量管理系统。目前，采集系统向水电气热一体化方向发展。

【重点难点】

重点：用户端电能计量管理系统的作用。

难点：分布式发电计量管理系统中电能表的异同。

【知识学习】

### 5.3.1 用电信息采集系统的分类与要求

#### 5.3.1.1 用电信息采集系统的分类

（1）按照电压等级和用户性质分类：高压配电网用电信息采集系统、中压配电网用电信息采集系统、低压配电网用电信息采集系统。

（2）按照管理部门分类：公变用电信息采集系统、特殊用户用电信息采集系统。

（3）按照电能表的数量和规模分类：电力用电信息采集系统、企业用电信息采集系统、社区用电信息采集系统、户用用电信息采集系统。

（4）按照用户需求和功率流向分类：电动汽车用电信息采集系统、分布式发电用电信息采集系统。还有特殊的采集系统，例如水电气热一体化计量系统。

#### 5.3.1.2 用电信息采集系统的要求

用电信息采集系统的基本要求主要包括可靠性、经济性、可维护性、可扩展性。

（1）可靠性：用电信息采集系统最关键的要求是可靠性，要求系统能在规定的工况下，例如特殊天气、高负载率时，稳定可靠采集到用户电能数据。同时当系统中任一重要设备损坏时，不至于整个系统瘫痪，并且有备用设备可立即使用。

（2）经济性：由于集中器、智能电表、通信等技术的飞速发展，使用电信息采集系统设备成本有效降低，此外经济性还需要考虑运维管理过程中的人工成本、时间成本、服务质量等方面。

（3）可维护性：系统维修方便、故障自检、设备和模块标准化、产品系列化。

（4）可扩展性：采集系统要求能接纳未来数年的用户，因此要求有一定扩展性。一般设备都预留安装位，通信和硬件都配有预留接口，软件功能可根据需求更新。

### 5.3.2 用户端电能计量管理系统

5.3 电能采集系统的分类及案例

用户端电能计量管理系统主要针对特定用户，例如专变用户、电动汽车充电用户、分布式发电用户等。

#### 5.3.2.1 专变用户电能计量管理系统

专变自动化计量管理用于专变低压侧电能管理，对用户的可靠、安全且节约的用电具有重要意义，也是专变系统的核心功能；有助于构建智能用电服务体系，实现电网与用户的双向良性互动；可有效用于商务办公、政府机关、商业中心、写字楼、公共科教文卫单位、通信系统、交通运输业等领域。

其系统结构可以分为电气设备层、计量仪表和通信层、管理层。

电气设备层：与公变电气设备类似，采用380V低压典型接线，多专变用户可使用低压环网，市区采用电缆线路，工业园区使用架空线路。开关设备使用断路器、多电源转换开关等，配备无功电容器、专用静止补偿器、三相不平衡调节装置等。

计量仪表和通信层：智能电表和集中器使用有线通信时，可避免电力载波通信对公变采集数据的影响。智能电表计量子用户电能信息，发送至集中器，集中器发送到专变管理计算机，由于通信距离较短，成本相对较低。

管理层：一般为管理计算机硬件和软件系统，用于子用户用电情况的细分和统计，图形数据界面向管理人员展示各环节电能消耗情况，便于找出高耗能点或不合理的耗能应用。为进一步节能改造或设备升级提供准确的数据支撑，达到有效节约电能的目的。

早期的专变用户电能计量管理系统，一般使用预付费的电能计量方式，子用户需要向 IC 购电卡充值；电表读取电卡内储存的电量数据后，累积到电表已有电量数据中，电表电量数据允许一定程度透支。但由于预付费 IC 卡的电能计量方式难以使用户变关系进行窃电排查，而且存在破解风险，已经被远程费控电能计量方式取代。随着物联网、计算机技术的进步，用户管理系统向水、电、气、热一体化管理方向发展，专变用户电能计量管理系统将作为一体化计量系统的一个环节。

#### 5.3.2.2 电动汽车电能计量系统

电动汽车电能计量系统包括：作为负载计量电池电量的车载电能计量系统和作为电源的充电桩电能计量系统，在民用电领域属于功率较大、负荷集中的计量系统。车载电能计量系统主要计量充电功率、电量剩余、里程能耗关系等；充电桩计量系统以计量电费为主要功能，还具备分时充电、自动断电、故障报警、负荷预报等功能；充电站还配备了电表集中器，可将数据传给电力部门。

电动车属于可移动的负载设备，其充电时间、地点都具有一定的随机性。部分电动汽车充电功率较大，会造成配电变压器电压下降、损耗加剧的问题。如果大量电动汽车完全充电，将会对电网产生不小的影响，因此电动汽车电能计量系统根据用户的习惯，将充电方式定义为充电速度优先、电价优先等。充电速度优先模式以满足用户快速充电的要求，但是电费经济性可能不佳；电价优先模式主要用于长时间充电的电动汽车，例如夜间充电的私家车，在满足夜间能充满电的前提下，优先以低谷电价作为充电时间，并对电动车充电功率进行调节，达到最优经济性。车载计量系统将需求电量、充电时间等数据传到充电桩电能采集器，由采集器将数据传到集中器，最后集中器将充电功率、需求电量、充电时间等数据传给电力部门，以便负荷预测、电力调度、电价调节等方面的管理。

#### 5.3.2.3 分布式发电计量管理系统

分布式发电是指安装在用户附近的小型发电系统，具有经济性好、环境友好、安全性可靠性高和为特殊用户供电的特点。分布式发电系统有燃气轮机、内燃机、光伏、燃料电池、生物质能、风力、分布式储能技术等，本知识点以光伏发电系统为例，介绍分布式发电电能计量。

1. 全额上网光伏发电系统的电能计量

全额上网光伏发电系统，指光伏阵列的发电全部卖给电网。并网点和产权分界点重合，都在并网计量箱内。额定发电功率不大于 30kW 且大于 8kW，应选用三相光伏并网逆变器接入电网；额定发电容量 8kW 及以下，可采用单相逆变器接入。并网计量箱内配备单方向电能表，计量光伏注入电网功率。如果分布式光伏电站使用多路光伏阵列，则需要使用多路电能表和总电能表，通过集中器，连接到光伏发电管理系统,同时将总表数据传输到电力部门。光伏发电管理系统还可以根据电表的功率,结合光照情况判断光伏阵列是否正常工作,如果出现异常则安排工作人员排查检修。全额上网光伏发电系统如图5.9所示。

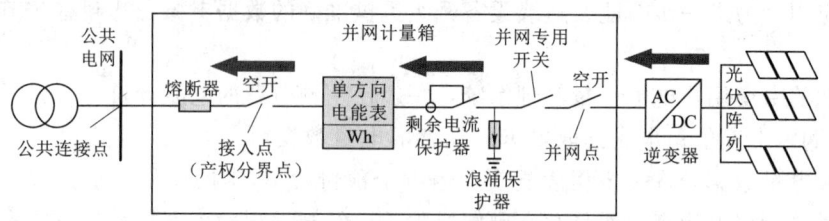

图5.9　全额上网光伏发电系统及其计量电表

2. 余电上网光伏发电系统的电能计量

余电上网是指分布式光伏电站发出电能,一部分用于自身用户供电,用不完的卖给电网并获得收益,如果发电功率小于用电功率,则由电网提供缺额电量。其常用于校园、光伏建筑一体化、户用光伏发电系统等,是既有发电部分又含有用户的光伏系统。余电上网光伏发电系统如图5.10所示。

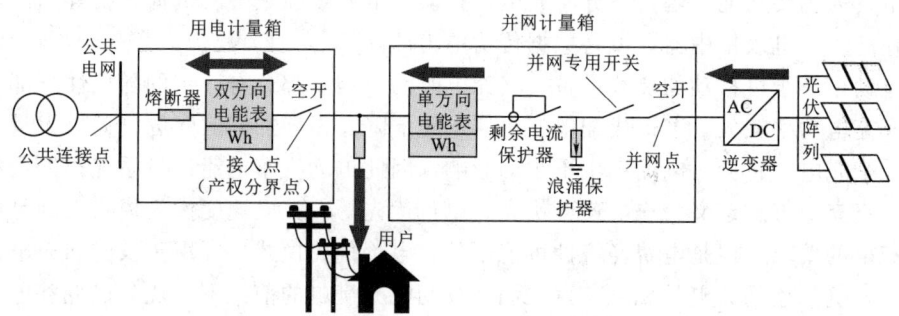

图5.10　余电上网光伏发电系统及其计量电表

系统并网点为并网计量箱,安装有单方向电能表,电表只和光伏发电管理系统通信。产权分界点为用户计量箱,安装有双向电能表,电表同时与电力部门、光伏发电管理系统通信。当功率流向电网时可获得发电收益,功率反向则支付电费。

### 5.3.3　水电气热一体化计量系统

#### 5.3.3.1　水电气热一体化计量系统的概念

水电气热一体化计量系统,是依托广泛的智能电能表和用电信息采集系统的基础上,利用信息资源共享机制和能源数据集抄集采技术,将智能水表、智能电表、智能燃气流量表、智能热量表"多表合一"的采集系统。此系统有利于提升社会公共服务水平,实现社会公共服务资源效益最大化,积极推进国家节能减排政策落实。

我国的水表、电表、燃气流量表、热量表数量庞大,分布于生产生活的各个方面,但是除了电能采集系统,其他系统智能化水平偏低,存在系统不兼容、方案不统一的问题,应当充分利用现有平台和技术,构建一体化系统。目前国际上已有少数国家完成了电力、燃气一体化运营,正在开展了多表合一采集试点应用,综合来说普及有限。

除了公用采集系统外，专用采集系统也应当建设实施。例如专变用户一体化改造方案如图5.11所示，可将水表、燃气流量表、热量表智能化，有集中器统一将数据发送到管理中心，升级软件系统并实施后，可升级为特定用户的能源管理中心。

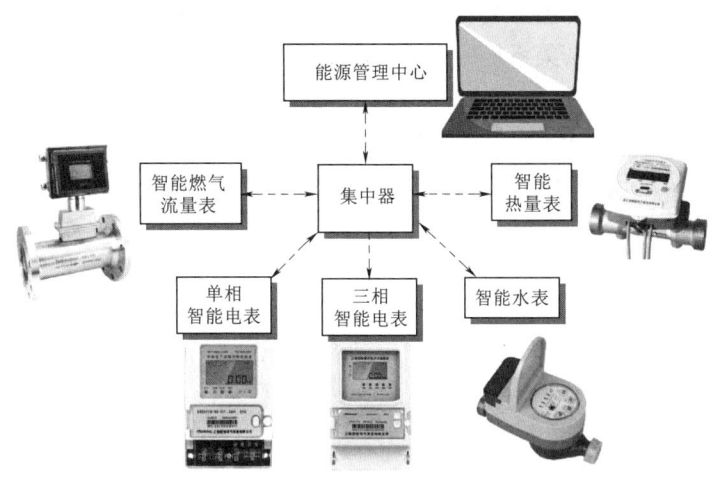

图5.11 水电气热一体化计量系统示意图

5.3.3.2 水电气热一体化计量系统的挑战

目前水电气热一体化计量系统存在一定挑战，主要表现如下。

（1）采集系统一体化架构较为复杂：水、电、气、热等能源计量业务需求复杂，其主体工程建设规范、营销、运、检等业务等方面差异较大。需要结合互联网＋、智慧城市等理念，构建混合型水、电、气、热能源计量商业运营模式，并统一建设标准。

（2）一体化采集主站和终端的研究较少：一体化主站数据量，相比电能采集系统大幅度增加，同时不同终端的数据结构不统一。如何提高主站硬件和软件性能、可靠性，开发支持水、电、气、热一体化采集的智能终端，成为需要解决的问题。应当建立统一的数据共享接口，促进实现故障定位、运检、自愈功能。

（3）需要建立高速高可靠通信技术方案，开发一体化采集系统信息安全防护体系，以实现电、水、气、热能源计量一体化安全采集。

【任务实施】

1. 实训准备

各类用电信息采集系统系统接线图。

2. 实训内容及步骤

实训内容：掌握常见的用电信息采集系统构成及功能。

根据用户端电能计量管理接线系统完成以下培训项目：

（1）了解分布式发电计量管理系统的结构方案。

（2）绘制分布式发电计量管理系统中电能表系统接线图。

（3）水电气热一体化计量系统功能讲解。

3. 实训成果及考核评价

结构方案介绍，占30%；系统接线图绘制，占40%；水电气热一体化计量系统功能讲解，占30%。

**【思考与练习题】**

1. 用电信息采集系统的分类有哪些？
2. 什么是用电信息采集系统的可靠性和经济性要求？
3. 专变用户电能计量管理系统的结构及其功能是什么？
4. 简述全额上网光伏发电系统的电能计量。
5. 目前水电气热一体化计量系统存在的挑战具体有哪些？

# 项目 6　配电网的规划及其自动化建设改造

## 任务 6.1　了解配电网的建设及规划

【学习目标】
1. 了解配电网建设规划原则。
2. 掌握配电网网架结构接线原则、线路类型及截面选择原则。
3. 掌握配电网变压器和开关设备选型原则。

【任务引入】
配电网的规划及其自动化建设改造，包含配电网的建设及规划、配电网自动化建设改造的内容。本任务是在学习了配电网典型接线、配电网架空与电缆线路、配电网开关设备、配电变压器、配电网的防雷与接地、配电网自动化系统、馈线自动化的基础上，根据某供电区域现状电网存在的问题，统筹 10kV 电网，并对上级电源点提出建议，根据负荷预测结果，完成对 10kV 目标网架的构建。

【重点难点】
重点：掌握配电网网架结构接线原则。
难点：结合实际情况选择安全经济可靠的网架结构。

【知识学习】

### 6.1.1　配电网建设规划原则

为了确保电网安全、优质、经济运行，配电网规划建设工作应当规范化和标准化，建设"智能、高效、可靠、绿色"的现代化配电网。

配电网建设规划总体原则包括：满足电力用户和市场发展需要，适度超前规划，促进配电网和社会经济、自然环境可持续发展；将提高用户供电可靠性作为核心目标；配电网正常运行时应具有必备的容量裕度、适当的负荷转移能力，故障时具备一定的自愈能力和应急处理能力等；配电网建设规划时应遵循差异化、因地制宜的原则，合理满足区域发展和各类用户的用电需求；有序提升智能自动化水平，逐步实现配电网自动化，适应可再生新能源发电、电动汽车等新技术和新应用的发展需求；配电网规划应纳入城乡规划，配电网与水、路、电、燃气、供暖等基础设施同步规划。

#### 6.1.1.1　配电网供电安全水平

配电网可靠性与供电安全水平是配电网建设规划的核心，10kV 配电网在最大负荷情况下，应能达到的最低安全水平，见表 6.1。

表 6.1　　10kV 配电网最大负荷时安全水平最低要求表

| 供电分区 | A+ | A | B | C | D |
|---|---|---|---|---|---|
| 10kV | 必须满足 N-1 安全准则 | 应满足 N-1 安全准则 | 应满足 N-1 安全准则 | 线路宜按可转供电线路规划 | 线路可按可转供电线路规划 |

380V/220V 配电网中，当一台配电变压器或线路发生故障时，可允许部分用户停电，待故障查找和修复后恢复供电。对于用户含有重要负荷的配电变压器，应满足允许中断供电时间的基本要求。

配电网规划供电可靠率控制目标见表 6.2。

表 6.2　　配电网规划供电可靠率控制目标表

| 供电区域 | 供电可靠率（RS-3） | 综合电压合格率/% |
|---|---|---|
| A+ | 用户年平均停电时间不高于 5min（≥99.999%） | ≥99.99 |
| A | 用户年平均停电时间不高于 52min（≥99.990%） | ≥99.97 |
| B | 用户年平均停电时间不高于 3h（≥99.965%） | ≥99.95 |
| C | 用户年平均停电时间不高于 12h（≥99.863%） | ≥98.79 |
| D | 用户年平均停电时间不高于 15h（≥99.830%） | ≥98.00 |

**6.1.1.2　配电网线损率**

为了提高电能输送效率，应当减小线损率，并将理论计算线损率控制在相关标准内，配电网理论计算线损率控制目标见表 6.3。

表 6.3　　配电网理论计算线损率控制目标表

| 电压等级 | A+类 | A类 | B类 | C类 | D类 |
|---|---|---|---|---|---|
| 10kV | <2% | <2.5% | <2.5% | <2.5% | <4% |
| 380V | <2% | <2.5% | <2.5% | <5% | <7% |

注　各电压等级理论损耗包括该电压等级的线路和变压器损耗。

**6.1.1.3　配电网容载比**

配电网容载比指的是电源满足供电可靠性基础上，最高负荷与配电变压器容量总和的比值。对于供电区域面积较大、负荷发展水平极度不平衡、负荷特性差异较大、负荷出现季节性变化的地区，可按实际情况，分区计算容载比。在规划中应因地制宜，根据用户的实际情况确定容载比的取值。

**6.1.1.4　配电网中性点接地**

10kV 配电网中性点分为不接地、消弧线圈接地和小电阻接地方式，首选小电阻接地方式。如用户对供电可靠性有较高要求的，经分析论证后，可选用消弧线圈并联小电阻方式。

10kV 电缆和架空混合型配电网，如采用中性点经小电阻接地方式，可以采取相应措施：提高架空线路绝缘化程度，降低单相接地故障发生概率；完善线路分段和联络点开关和终端建设，提高负荷转供能力；降低 10kV 配电网设备、设施的接地电阻，将单相接地时的跨步电压和接触电压控制在规定范围内。

380V/220V配电网应采用中性点直接接地方式。

#### 6.1.1.5 短路电流控制水平

10kV配电网的短路电流水平，应综合一次网架设计、主接线方式、配电变压器容量及其阻抗、配电网系统运行方式等方面进行控制，适应电网中长期运行发展。断路器开断能力及设备动热稳定电流，也应当与配电网的短路电流水平相适应。10kV电压短路电流不应超过20kA的水平，短路电流达到或接近其控制水平时，应采取合理的限流措施。

#### 6.1.1.6 无功补偿配置与电压质量

配电网无功补偿应采用分层分区和就地平衡相结合、就地与集中相结合、供电部门与电力用户相结合的原则。所谓分层，指的是10kV和380V/220V配电网无功功率平衡，避免无功功率穿过变压器，造成较多的无功功率损耗。分区指的在供电区域内，无功功率应当平衡，避免无功功率沿线路长距离传输造成损耗。就地补偿指的是无功功率补偿点距离用户较近，且在变压器低压侧补偿。

配电变压器无功补偿容量，应按变压器负载率为75%、负荷功率因数为0.85时，将低压侧功率因数补偿至不低于0.95进行配置。实际应用中，也可按变压器容量20%~40%进行配置。为保证用户的电压质量，正常方式下中低压配电网电压偏差范围应满足表6.4要求。

表6.4 中低压配电网允许电压偏差表

| 电压等级 | 允许电压偏差 |
|---|---|
| 10kV | −7%~+7% |
| 380V | −7%~+7% |
| 220V | −10%~+7% |

当电压偏差不满足要求时，应缩小供电距离、配置调压设备控制电压偏差。

#### 6.1.1.7 配电线路通道要求

配电网线路通道的规划建设应考虑安全、可行、维护便利的条件，与其他市政设施统一规划设计，并满足未来10~15年的市政和电力用户的发展需要。结合城市规划建设，在道路新建、改建时应同步建设配电网线路通道。变电站出线电缆沟的建设规模，应按变电站终期建设规模一次建成。

#### 6.1.1.8 配电网防灾减灾

配电网规划时应结合当地气象地质条件和运行经验，考虑必要的防风、防冰、防涝、防震等抵御重大自然灾害的技术措施，并评估相关投资和费用。高危地区配电线路、重要联络线路、重要用户线路、故障后果相对较大的线路，可适当提高规划标准，以抵御重大自然和其他意外灾害。

### 6.1.2 配电网网架结构和线路选型

#### 6.1.2.1 10kV配电网网架结构

10kV配电网应根据上级变电站的布点、市政规划、负荷密度和运行管理要求，将供电面积较大的配电网划分成若干相对独立的分区配电网。分区配电网应有明确供电范围，不应当交叉和重叠。10kV配电网同一地市同一供电分区宜采用统一的一种目标接线，目标接线应综合分析负荷分布、变电站布点、市政建设条件之后确定。

10kV线路分段数不宜超过6个，电缆线路的负荷尽可能均匀分布，架空线路分段设置要综合考虑运行维护及负荷分布特点，较长的分支线路可适当配置柱上开关或开闭所作为分段点。10kV 配电网网架结构接线推荐见表 6.5。

表 6.5　　　　　　　　　10kV 配电网网架结构接线推荐表

| 供电分区 | 过 渡 接 线 | 目 标 接 线 |
| --- | --- | --- |
| A+类 | 电缆："2-1"单环网，2供一备 | 电缆："3-1"单环网，3供一备，双环网 |
| A类 | 电缆："2-1"单环网，2供一备<br>架空：$N$ 分段 $n$ 联络（$N≤6$, $n≤3$） | 电缆："3-1"单环网，3供一备<br>架空：$N$ 分段 $n$ 联络（$N≤6$, $n=2$） |
| B类 | 电缆："2-1"单环网，2供一备<br>架空：$N$ 分段 $n$ 联络（$N≤6$, $n≤3$） | 电缆："$N-1$"单环网（$N=2, 3$），<br>$N$ 供一备（$N=2, 3$）<br>架空：$N$ 分段 $n$ 联络（$N≤6$, $n≤2$） |
| C类 | 电缆："2-1"单环网<br>架空：$N$ 分段 $n$ 联络（$N≤6$, $n≤3$），<br>$N$ 分段单辐射（$N≤6$） | 电缆："$N-1$"单环网（$N=2, 3$）<br>架空：$N$ 分段 $n$ 联络（$N≤6$, $n≤2$） |
| D类 | 架空：$N$ 分段单辐射（$N≤6$） | 架空：$N$ 分段单辐射（$N≤6$），<br>$N$ 分段 $n$ 联络（$N≤6$, $n≤2$） |

**6.1.2.2　10kV 配电网线路规划**

10kV 配电网的导线选型应标准化、系列化，考虑负荷发展状况、线路生命周期、建设维护成本，选定导线类型及截面，导线截面应与载流量匹配，同类型导线主干线路、次干线路、分支线路截面宜分别一致。特殊用户专用的 10kV 线路，其导线截面应结合用户负荷和接入系统情况综合考虑。

10kV 架空线路和电缆线路导线截面推荐见表 6.6 和表 6.7。

表 6.6　　　　　　　　　10kV 架空线路导线截面推荐表

| 供电分区 | 主干线/mm² | 次干线/mm² | 分支线/mm² |
| --- | --- | --- | --- |
| A、B、C、D类 | 240 | 120 | 70 |

表 6.7　　　　　　　　　10kV 电缆线路导线截面推荐表

| 类　型 | 供电区 | 主干线/mm² | 分支线/mm² |
| --- | --- | --- | --- |
| 10kV 电缆线路 | A+、A、B、C类 | 300、240 | 120、70 |

1. 10kV 架空线路规划

10kV 架空线路的路径选择，应依据城市规划的要求，沿道路或绿化带架设，尽量减少跨越道路、铁路、河流以及其他架空线路。10kV 架空线路应采用绝缘导线，尤其是在林区、人群居住密集区，或在周围建筑物间距不满足安全要求时使用绝缘导线保证安全。10kV 架空线路规划应考虑带电作业的要求和发展，以利于带电作业、负荷引流旁路，实现不停电作业。线路容易发生腐蚀地区的架空线路，应采取相应措施防止线路、设备腐蚀。台风地区的架空线路，应当依据防风技术导则对线路、设备进行防风加固。

2. 10kV 电缆线路规划

具备相应条件的地区可采用电缆线路，例如重要供电区域、架空线路难以通过并满足供电需求的地区、台风灾害较多地区、对供电可靠性要求较高的经济开发、重点风景旅游区的区段，电缆通道应按照地区建设规划统一安排。

电缆线路回数由变电站规模决定：终期规划 $3\times63$MVA 的变电站，应至少预留 45 回 10kV 出线的电缆走廊；终期规划 $3\times40$MVA 的变电站，应至少预留 30 回 10kV 出线的电缆走廊。道路电缆走廊应根据区域负荷分布发展情况、变电站布点及 10kV 配电网网架建设目标进行统筹规划。

#### 6.1.2.3　380V/220V 配电网网架结构

380V/220V 低压配电网结构应简单安全，宜采用以配电变压器为中心的放射型接线方式或树干型接线方式。380V/220V 架空线路可与 10kV 架空线路同杆架设，但低压线路不应跨越 10kV 线路分段开关。负荷接入低压配电网时，应尽量保持三相负荷平衡。

380V/220V 架空线路应采用绝缘线，A+、A、B 类地区可选用铜芯绝缘线，C、D 类地区宜选用铝芯绝缘线。380V 线路主干线应按规划一次建成，中性线与火线截面相同。380V 主干线导线截面推荐表见表 6.8。

表 6.8　　　　　　　　　　**380V 主干线导线截面推荐表**

| 线 路 形 式 | 供电区域类型 | 主干线/mm² |
|---|---|---|
| 电缆线路 | A+、A、B、C 类 | ≥120 |
| 架空线路 | A+、A、B 类 | ≥120 |
|  | C、D 类 | ≥50 |

注　1. 推荐表中电缆线路为铜芯，架空线路为铝芯，当采用不同线路导体时应进行转换计算。
　　2. 实际应用中应根据台区负荷电流进行计算匹配，避免造成浪费。

#### 6.1.2.4　380V/220V 配电网配电装置

配电变压器 380V 出线回路宜为 2～8 回，配电变压器低压侧采用单母线接线方式。采用双配电变压器配置构成的配电站，两台配变的低压母线之间应装设联络开关。变压器低压进线开关与母线联络开关，应当设置可靠的联锁机构。

低压台区供电距离应满足线路末端电压质量要求，原则上 A+、A 类供电区域供电半径不宜超过 150m，B 类不宜超过 250m，C 类不宜超过 400m，D 类不宜超过 500m。

### 6.1.3　配电网变压器和开关设备选型

配电网变压器选型，应当根据负荷预测情况，选择适当的开关和配电变压器，当开关数量、变压器容量较大时，可组成开关站和配电站。

#### 6.1.3.1　负荷预测

配电网负荷预测，包括电量需求预测和电力需求预测。负荷预测应给出电量和负荷的总量及分布预测结果。

负荷预测的基础数据，包括社会经济和自然气候数据、上级电网规划对本规划区的负荷预测结果、历史年负荷和电量数据、用电报装及项目建设情况等，根据区域特点、社会发展阶段、用户类型和特性，确定预测依据。

配电网负荷预测采用"自下而上"与"自上而下"相结合的方式，采用点负荷增长与区域负荷自然增长相结合的方法进行预测。可结合城乡规划和土地利用规划的功能区域划分，开展规划区的空间负荷预测。通过分析土地利用的特征和发展规律，预测相应用户和负荷分布位置、数量。负荷预测应考虑分布式电源以及电动汽车、储能装置等新型负荷接入对预测结果的影响。

#### 6.1.3.2 开关站与配电变压器

开关设备和配电变压器，应位于负荷中心并满足进出线电力通道要求。市政建设时，公用开关站和配电变压器土建部分，应当与市政工程同步建设。公用开关站、配电变压器应当独立设置，条件允许时可安装于建筑物内，但不宜安装于负楼层。开关站和配电变压器建设型号可按表6.9选择。

表6.9　　　　　开关站和配电变压器建设型号表

| 供电分区 | A+类 | A类 | B类 | C类 | D类 |
| --- | --- | --- | --- | --- | --- |
| 配变型号 | 室内配电站、箱式变压器 | 室内配电站、箱式变压器 | 室内配电站、箱式变压器、柱上变压器 | 室内配电站、柱上变压器 | 柱上变压器 |
| 开关站型号 | 户内开关站、户外开关站 | | | — | |

开关站电气主接线宜采用单母线或单母线分段接线，每段母线接4～8面开关柜。负荷密集地区的配电站，宜采用双配变型号配置。开关站、配电站的10kV开关柜一般使用负荷开关柜，供电可靠性要求较高的场合可选用断路器柜。

配电变压器应遵循"多布点、小容量、短半径"原则，当容量不能满足供电需求时，应优先考虑新增变压器布点，配电变压器投产后第二年负载率应不低于30%。

配电变压器应选择小型化、低噪声的节能环保型产品，推荐采用非晶合金配变。对于平常负荷率不高、特殊时期负荷激增的农村配电变压器，可采用高过载能力配电变压器。油浸式变压器容量不宜大于630kVA，干式变压器容量不宜大于1250kVA，台架变压器容量不宜大于500kVA。配电变压器额定容量按表6.10选择，同时各供电分区户均配电变压器容量应当满足表6.11。

表6.10　　　　　配电变压器额定容量表

| 电压等级 | 配电变压器额定容量/kVA |
| --- | --- |
| 10kV | 50、100、200、315、500、630、800、1250 |

表6.11　　　　　户均配电变压器容量表

| 供电分区 | A+、A类 | B类 | C类 | D类 |
| --- | --- | --- | --- | --- |
| 户均配变容量/(kVA/户) | 4～6 | 2.5～4 | 1.5～2.5 | 1～2 |

#### 6.1.3.3 柱上开关

10kV线路开关按应用场合分为站所开关和柱上开关，按设备类型分为断路器、负荷开关、隔离负荷开关等。

1. 开关设备配置的基本原则

架空线路经常产生瞬时性故障，开关的分闸后闭锁功能不能应用在瞬时性故障中，只能应用于永久性故障情况。在线路结构的简明系统图上，要标明以下参数：重要的负荷，线路故障电流的极值，最大的负荷电流，线路的正序、零序阻抗等。结构类型、环境因素、允许停电的时间、经济能力都将影响开关设备的配置。

2. 配电网自动化柱上开关选型要求

馈线自动化方案为主站型的架空线路，主干线上的分段开关和联络开关，采用配电网自动化负荷开关，其他开关可采用普通负荷开关。采用电压-时间型馈线自动化配置方案建设的架空线路，主干线分段开关、分支线开关和联络开关应选用配电网自动化负荷开关。采用电压-电流型馈线自动化配置方案时，除配电网自动化断路器外，其他分段开关、联络开关、分支线开关可选用配电网自动化负荷开关。10kV架空线路配备的配电网自动化开关，应同时配置供电电源和相应的电压互感器。

3. 柱上开关使用条件

一般要求最高气温40℃，最低气温-25℃；海拔小于1000m使用常规产品，高原地区使用需要使用绝缘能力更好的产品；最大太阳辐射强度为$10000W/m^2$；通常要求覆冰厚度通常小于1cm，严寒地区需要使用抗寒能力更强的产品；风速小于35km/s，大气气压大于700Pa，高海拔地区需要使用绝缘能力更好的产品；抗震能力要求水平加速度耐受$0.2g$，垂直加速度耐受$0.1g$。

4. 柱上开关其他技术要求

（1）柱上开关壳体：壳体防护等级不得低于IP54，具备防锈蚀的有效措施，在10年内不可出现明显可见锈斑。壳体内应采取防止凝露的措施，以保证绝缘性能良好。壳体应设置必要的搬运把手，避免拽拉出线套管。供起吊用的吊环，应使悬吊中的开关设备保持水平。壳体上应设置牢固的、可以清楚观察的分、合位置指示器。

（2）柱上开关操作机构要求：操作机构宜采用免维护的永磁机构和弹簧机构，能够进行电动或手动储能合闸、分闸操作。操作机构通过航空插座预留有配电网自动化接口。操作机构应装置在防潮、防尘、防锈的密封壳体中，使用长效润滑材料，达到维护周期内免维护的目的。操作机构应具有防跳跃装置，处于合闸位就能防止重合闸。操作机构应带有反光指示装置，方便操作人员夜间操作。操作机构的二次回路及元件的耐受工频试验电压为2kV/1min。

#### 6.1.3.4 站所开关开关设备技术要求

环网柜、开闭所柜内开关设备可选用负荷开关、断路器、负荷开关-熔断器组合电器及隔离开关等。开关应配置直动式分合闸机械指示，开关状态位置应有符号及中文标识。

负荷开关开关柜：一般选用额定电流630A、额定短时耐受电流应不小于20kA/4s、额定峰值耐受电流应不小于50kA的负荷开关。开关柜还配备有接地开关，负荷开关、接地开关间应有可靠的机械防误联锁，负荷开关及接地开关操作孔应有挂锁装置，挂锁后可阻止操作把手插入操作孔。接地开关应具备两次关合短路电流的能力，额定短时耐受电流及持续时间不低于20kA/2s，额定短路关合电流不低于50kA。

负荷开关-熔断器组合电器：当故障为过负荷电流，可以由负荷开关跳闸，当出现短路电流时，由熔断器断开故障。熔断器的作用是当负荷电流超过给定值一定时间后或出现短路故障时，自动开断电路。该组合如用于变压器保护时，负荷开关可加装分励脱扣装置。负荷开关一般选用额定电流 630A、额定短时耐受电流应不小于 20kA/4s、额定峰值耐受电流应不小于 50kA 的产品；熔断器一般选用额定电流不大于 125A，额定开断电流不小于 31.5kA 的型号。

断路器柜：断路器柜一般选用额定电流 630A、额定开断电流应不小于 20kA、短时耐受电流应不小于 20kA/4s、额定峰值耐受电流应不小于 50kA 的断路器作为主开关。

**【任务实施】**

1. 实训准备

（1）配电网规划、设计和运行应遵循的有关规程、技术标准和管理办法。

（2）某供电区域概况材料。

2. 实训内容及步骤

实训内容：某供电区域 10kV 目标网架规划设计。

根据某供电区域概况材料完成以下培训项目：

（1）根据某供电区域整体发展规划布局，对该地区的配电网络进行现状分析，在详细分析供电区域负荷分布及用电情况、配电网现状的基础上总结出配电网存在的问题。

（2）通过对该区域内经济发展资料的分析整理，预测某供电区域未来几年的电力需求情况。

（3）在负荷预测基础上，提出某供电区域配电网规划目标，并对 10kV 及以下配电网分近期、过渡期、远期进行详细的规划。

3. 实训成果及考核评价

（1）某供电区域 10kV 目标网架规划设计报告，占 70%。

（2）某供电区域 10kV 目标网架近期、过渡期、远期接线图，占 30%。

**【思考与练习题】**

1. 现代配电网的基本目标：_____、_____、_____、_____。

2. 简述各类供电可靠率控制目标。

3. 分析 A 类供电区域 10kV 配电网网架结构接线的优缺点。

4. 简述配电网选择油浸式变压器时应注意的问题。

5. 简述如何配置配电变压器无功补偿容量。

## 任务 6.2　认识配电网自动化建设改造

**【学习目标】**

1. 了解配电网自动化建设总体原则。

2. 掌握一次网架和馈线自动化模式配合方案。

3. 掌握及配电网主站、终端和通信的配置原则。

## 【任务引入】

本任务是在学习配电网自动化主站系统、配电网自动化终端、配电网自动化通信系统、馈线自动化方案的基础上，进一步掌握配电自动化主站软硬件配置、配电网自动化终端配置及开关设备改造方案设计、信息交互方案设计、信息安全防护及建设步骤。

## 【重点难点】

重点：配电网自动化主站、终端和通信的选用。

难点：一次网架和馈线自动化配合方案设计。

## 【知识学习】

### 6.2.1 配电网自动化建设总体原则

配电自动化建设遵循"简洁、实用、经济"的思路，因地制宜差异化建设，提高用户供电可靠性、改善用户供电质量、提升配电网管理水平。

配电网一次设计应当考虑配电自动化建设，配电网一次的建设、改造结合配电网自动化终端部署同步进行。配电网自动化建设应与配电网一次网架、配电网通信同步建设，不应单独为配电网自动化而大量改造更换一次设备。未达配电网自动化条件同时在生命周期内的线路设备，可采用故障指示自动定位过渡方案。

配电网自动化建设改造包括馈线自动化模式选用、配电网自动化主站选用、配电网自动化终端选用、信息交互和安全防护建设等方面。

### 6.2.2 馈线自动化模式选用

#### 6.2.2.1 10kV 一次网架和配电自动化配合总体原则

馈线自动化时配电网自动化的核心功能之一，要实现馈线自动化，应当做到一次网架和配电自动化配合，包括如下几方面。

1. 架空线路一次网架和配电自动化配合

配电网柱上开关自动化成套设备含 10kV 柱上真空负荷开关、10kV 柱上真空断路器自动化成套设备等。架空线路采用就地电压型馈线自动化方案，城市配电网可以使用主站集中型馈线自动化方案，变电站出口断路器配备二次重合闸功能，主干线分段及联络开关设备均采用 10kV 柱上真空负荷开关自动化成套设备。

对特殊供电半径较长的城郊或农村架空线路，可采用就地电压型馈线自动化方案，变电站出口馈线保护留一定时限，主干线的其他分段及联络开关采用柱上负荷开关，重要分支线首端分段点可采用 1 个柱上断路器。

2. 电缆线路一次网架和配电自动化配合

配电网电缆线路开关，主要配置于变电站 10kV 出线侧、开闭所和环网柜内。对于 A+类、A 类的电缆线路联络开关所在处之外的开闭所，可配置"三遥"DTU 终端和故障指示器等设备，超出故障指示器范围的开闭所可选择配置"二遥"DTU 终端。馈线自动化方案可选用主站集中型和智能分布式方案，在主站与终端通信容易出现故障的地区，应当配置就地电压型作为备用方案。

3. 开关布点基本原则

配置配电网自动化的线路以变电站供电范围为边界，联络点两侧主干线路线径一致，线路及出线变电站容量应达到支持负荷转供的条件。配置线路分段点以平均用户数量为目标，用户分界负荷开关用于故障较多的用户支线。

**6.2.2.2　10kV 一次网架和馈线自动化选用与配合**

选用馈线自动化方案，应当以供电分区、典型接线方式、选点位置、配置终端类型、建设模式、实现功能为依据，确定馈线自动化方案并进行详细设计，施工验收过程应当遵守相关规范。

1. A+类供电区域 10kV 一次网架和馈线自动化模式

A+类供电区域电缆线路，典型接线方式为"2-1"单环网、"3-1"单环网、3供一备接线，部分重要用户地区使用双环网接线，可选择主站集中型和智能分布式馈线自动化方案。A+类供电区域架空线路，典型接线方式为 $N$ 分段 $n$ 联络接线，通常在主干线路、大支线和分段点部署柱上配电网自动化成套设备，包含柱上断路器、馈线终端 FTU，可以选用故障指示器配合。

根据实际工况可选择主站集中型和就地电压型馈线自动化方案，智能分布式方案使用较少。A+类供电区域网架和馈线自动化模式见表 6.12。

表 6.12　　　　　A+类供电区域 10kV 一次网架和馈线自动化模式

| | 典型接线方式 | 开关选点位置 | 配置终端类型 | 建设模式 | 实现功能 | 馈线自动化方案 |
|---|---|---|---|---|---|---|
| 电缆线路 | "2-1"单环网<br>"3-1"单环网<br>3供一备 | 分段节点、联络节点 | 站所"三遥"DTU终端、远传型电缆线路故障指示器 | 集中控制运行监测 | 设备运行状态远方监视及开关操作控制、故障定位及信息上送 | 主站集中型、智能分布式 |
| 架空线路 | 主干：$N$ 分段 $n$ 联络<br>($N\leqslant 5$, $n\leqslant 3$) | 分段开关、联络开关 | 配电网自动化成套设备 | 集中控制运行监测就地控制 | 故障就地隔离及非故障区复电、运行状态信息上送 | 主站集中型、就地电压型 |
| | 大支线 | 分界点 | | | | |

2. A 类供电区域 10kV 一次网架和馈线自动化模式

A 类供电区域电缆线路典型接线方式为"2-1"单环网、3供一备接线、2供一备接线，部分重要用户地区使用"3-1"单环网。根据实际工况可选择主站集中型馈线自动化方案，智能分布式方案使用较少。架空线路典型接线方式为 $N$ 分段 $n$ 联络接线，通常在主干线路、大支线和分段点柱上自动化成套设备，包含柱上断路器、馈线终端 FTU。用户专线分支点使用分界负荷开关自动化成套设备，可选用故障指示器配合。

A 类供电区域 10kV 一次网架和馈线自动化模式见表 6.13，采用主站集中型和就地电压型馈线自动化方案。

3. B 类、C 类供电区域 10kV 一次网架和馈线自动化模式

B 类、C 类供电区域电缆线路典型接线为"2-1"单环网为主，部分地区使用 3供一备接线和 2供一备接线，架空线路典型接线方式为 $N$ 分段 $n$ 联络接线，开关选点位置、配置终端类型、建设模式、实现功能与 A 类供电区域类似，可参考表 6.13 电

表 6.13　A 类供电区域 10kV 一次网架和馈线自动化模式

| 典型接线方式 | | 开关选点位置 | 配置终端类型 | 建设模式 | 实现功能 | 馈线自动化方案 |
|---|---|---|---|---|---|---|
| 电缆线路 | "2-1"单环网 3供一备接线 2供一备 | 分段节点、联络节点 | 站所"三遥"DTU 终端 | 集中控制 | 设备运行状态远方监视及开关操作控制 | 主站集中型 |
| | | 其他开闭所 | 远传型电缆线路故障指示器 | 运行监测 | 故障定位及信息上送 | |
| 架空线路 | 主干：N 分段 n 联络 (N≤5, n≤3) | 分段开关、联络开关 | 配电网自动化成套设备 | 集中控制就地控制 | 故障就地隔离及非故障区复电、运行状态信息上送 | 主站集中型、就地电压型 |
| | 大支线 | 分界点 | | | | |
| | 用户专线 | 分界点 | 分界开关成套设备 | 就地控制 | 故障就地隔离，运行状态信息上送 | |
| | 小支线 | 支线 T 接处 | 远传型架空线路故障指示器 | 运行监测 | 故障定位及信息上送 | |
| | 主干线、支线 | 故障高风险段 | 远传型架空线路故障指示器 | 运行监测 | 故障定位及信息上送 | |

缆线路和架空线路相应部分。但是相对 A 类供电区域，集中控制和断路器的使用要求降低。

B 类、C 类供电区域馈线自动化模式以主站集中型、就地电压型为主，不使用智能分布式馈线自动化方案。

4. D 类供电区域 10kV 一次网架和馈线自动化模式

D 类供电区域主要为架空线路，部分场合使用少量电缆线路，例如穿越公路、经过桥梁等，典型接线为 N 分段 n 联络和单辐射接线。N 分段 n 联络与 B、C 类供电区域类似，建设模式以就地控制和运行监测为主。单辐射接线开关选点位置、配置终端类型、实现功能开关选点位置、配置终端类型、建设模式、实现功能与 E 类供电区域类似，可参考表 6.14。

表 6.14　E 类供电区域 10kV 一次网架和馈线自动化模式

| 典型接线方式 | | 开关选点位置 | 配置终端类型 | 建设模式 | 实现功能 | 馈线自动化方案 |
|---|---|---|---|---|---|---|
| 架空线路 | 单辐射 | 分段开关 | 配电网自动化成套设备 | 就地控制 | 故障就地隔离、运行状态信息上送 | 就地电压型 |
| | 用户专线 | 分界点 | 分界开关成套设备 | | 故障就地隔离、运行状态信息上送 | |
| | 小支线 | 支线 T 接处 | 远传型架空线路故障指示器 | 运行监测 | 故障定位及信息上送 | |
| | 主干线、支线 | 故障高风险段 | | | | |

馈线自动化模式以就地电压型为主，主站集中式馈线自动化方案使用较少。

5. E 类供电区域 10kV 一次网架和馈线自动化模式

E 类供电区域主要为架空线路单辐射接线，开关选点位置、配置终端类型、建设模式、实现功能见表6.14。馈线自动化模式使用就地电压型主，部分地区仅使用故障指示器方案作为故障定位使用。

### 6.2.3 配电网自动化主站选用

#### 6.2.3.1 配电网自动化主站配置原则

配电网主站选用和建设，目的是实现配电网运行监视、用电情况监视、安全分析与预警、用户停电损失负荷统计、配电网一次网架重构等功能，以全面提升配电网及其自动化技术水平。配电网自动化主站配置有以下原则：

（1）应根据配电网整体规模、负荷密度、馈线自动化建设模式确定配电网主站系统规模，系统容量应满足投运8年内配电网自动化终端、用户电能采集系统及变电站10kV出线数据采集与监控单元的接入要求，并充分考虑容量、结构和功能的可扩展性。

（2）选用国产计算机、网络及安全防护设备，硬件设备采用冗余配置，可根据终端规划建设数量配置多台前置机。

（3）选用开源操作系统，一次性建设完成软件支撑平台。在初期仅应建设配电SCADA、馈线故障处理、Web浏览等基础应用功能，满足条件后进行其他应用功能建设。

（4）满足建设进度的前提下，配电网自动化主站的功能软件纳入一体化电网运行智能系统进行建设，相应配电网应用功能模块应满足方案要求。

#### 6.2.3.2 配电网自动化主站典型配置要求

1. 配电网自动化主站硬件配置要求

配电自动化主站系统的硬件设备主要包括服务器、工作站、网络设备、存储设备等。

硬件平台的配置，应当充分考虑计算机硬件的发展，结合配电网发展和监控的需求。硬件系统结构和功能，应完成分布式部署、冗余配置，单点故障不会引起系统功能丧失和数据丢失。在关键服务器硬件检修情况下，达到的 $N-1$ 冗余配置要求。计算机网络结构采用分布式开放局域网交换技术，双重化冗余配置。

根据不同的功能要求，可配置配电网数据采集服务器、配电网数据采集与监控服务器、在线分析服务器、数据集成服务器和应用服务器等；工作站包括调度员工作站、维护工作站、报表工作站、远程工作站等，可根据需求进行配置。在满足硬件设备与配电网规模配置合理的前提下，服务器和工作站的功能可任意合并和组合。

2. 配电网自动化主站软件配置要求

配电网自动化主站应当采用开源操作系统平台，使用安全加固的操作系统。采用中间件技术，实现应用跨平台的功能。系统应根据需要配置各类应用软件，所有应用软件应在统一的基础资源平台上实现，具备统一的公共服务和系统管理功能，为应用软件提供即插即用的软件平台。软件系统应当具有统一风格的人机界面和数据库界面，方便运行与维护。关系数据库软件支持集群方式运行，且具备分区功能。

配电网自动化主站软件部分，应优先开展基础功能的建设，在根据建设规模及业务需求,逐步对可选功能进行扩充。

3. 配电网自动化主站信息交互要求

配电网自动化主站应遵循相关标准,在地市局层面与主网调度自动化系统交换信息,省地层面实现电网 GIS 等方面的信息交互。

配电网自动化主站与上级系统、相关变电站、配电网自动化终端,交互及共享的信息主要包括主网调度运行数据、配电网调度运行信息、配电变压器数据、用户电量数据、开关设备状态数据、配电网地理信息、用户供电路径等信息。

#### 6.2.3.3 配电网自动化主站典型建设方案

1. 配电网自动化主站初期建设方案

新建的配电网自动化主站,应首先建设基础资源平台。在统一模型、数据、接口标准和应用服务规范的基础上,实现数据采集与交换类及数据建模类功能,部署前置运行环境。配电网自动化主站的基础应用功能应在建设初期整体建设,支撑相关业务功能的各类应用软件在统一的基础资源平台上实现。

配电自动化主站的软件配置,应满足配电网运行监控的功能,并在与"三遥"配电自网动化终端配合的前提下,实现馈线自动化功能。

2. 配电网自动化主站中期建设方案

在信息量完整性和准确性满足要求的前提下,配电网主站应该逐步新增模块,以适应日益增长的系统数据。例如当线路覆盖率达到 95% 以上时可在新增配电网在线状态估计模块,实现对配电网不良量测数据辨识的功能;在具备完善的配电网拓扑分析功能的基础上,新增配电网在线潮流计算功能;当配电网在线潮流计算的准确率达到 80% 以上,为提高供电安全性与经济性,可新增配电网网络重构功能;为了提供配电网运行预警分析手段,可增加在线解合环分析功能,有利于研究配电网线路解合环后的潮流分布。

3. 配电网自动化主站远期建设方案

远期建设可配合智能电网的建设,提高配电网供电可靠性,为能源互联网背景下的配电网建设打下基础。在配电网自动化实现全面数据采集与监控、状态估计、潮流计算功能后,可新增无功电压调节管理功能、用户停电综合管理、用电风险隐患分析等功能。同时可以完善配电网调度员培训功能,提供模拟预演和仿真功能。在高级软件应用完善的基础上,可新增智能化功能,包括可再生能源分布式发电、储能系统、微店网运行监视、配电网在线预警、配电网自愈等功能。

### 6.2.4 配电网自动化终端选用

配电网自动化终端建设应当考虑一次网架结构、线路设备重要性、供电可靠性及配电网自动化覆盖率等因素,进行差异化配置。根据供电区域分类,结合供电可靠性要求、网架结构、线路设备重要性等因素合理选择建设模式、监控点及终端设备类型。

配电网自动化终端类型分为馈线终端 FTU、站所终端 DTU 和配电变压器终端 TTU。配电变压器终端 TTU 应当与配电变压器建设相匹配,按供电区域划分 10kV 线路配电网自动化终端典型配置见表 6.15。

表 6.15　　　　　10kV 线路配电网自动化终端典型配置

| 中心城市（区）（A+、A 类供电区域） | | |
|---|---|---|
| | 电缆线路 | 架空线路 |
| 技术方案 | 集中控制型 | 就地馈线自动化为主，集中控制型为辅 |
| 终端类型 | "三遥"终端（DTU） | "三遥"终端（FTU） |
| 终端数量 | 2~4 个 | 2~4 个，线路较长可适当增加，最多不超 6 个 |
| 终端功能 | "三遥"功能、就地馈线自动化功能、电流电压保护 | "三遥"功能、就地馈线自动化功能、电流电压保护 |
| 开关类型 | 主干线以负荷开关为主，重要分支线首端可配置断路器 | 主干线以负荷开关为主，重要分支线首端可配置断路器 |
| 通信方式 | 光纤专网为主 | 光纤专网为主 |
| 工作电源 | 户内采用站用电或 TV 取电，户外采用 TV 取电 | 主干线开关、联络开关双 TV 取电，分支线开关单 TV 取电 |
| 后备电源 | 锂电池 | 锂电池 |
| 城镇（B、C 类供电区域） | | |
| | 电缆线路 | 架空线路 |
| 技术方案 | 集中控制型 | 集中控制型 |
| 终端类型 | "三遥"终端（DTU） | "三遥"终端（FTU） |
| 终端数量 | 主干线 2~4 个 | 主干线 2~4 个，线路较长可适当增加，最多不超 6 个 |
| 终端功能 | "三遥"功能、就地馈线自动化功能、电流电压保护 | "三遥"功能、就地馈线自动化功能、电流电压保护 |
| 开关类型 | 主干线以负荷开关为主，重要分支线首端可配置断路器 | 主干线以负荷开关为主，重要分支线首端可配置断路器 |
| 通信方式 | 光纤专网为主 | 光纤专网为主 |
| 工作电源 | 户内采用站用电或 TV 取电，户外采用 TV 取电 | 主干线开关、联络开关双 TV 取电，分支线开关单 TV 取电 |
| 后备电源 | 锂电池 | 锂电池 |
| 乡村（D、E 类供电区域） | | |
| | 电缆线路 | 架空线路 |
| 技术方案 | — | 就地馈线自动化为主，故障自动定位为辅 |
| 终端类型 | — | "二遥"终端（FTU）为主 |
| 终端数量 | — | 主干线 2~4 个，线路较长可适当增加，最多不应超 6 个 |
| 终端功能 | — | "三遥"功能、就地馈线自动化功能、电流电压保护 |
| 开关类型 | — | 主干线以负荷开关为主，重要分支线首端可配置断路器 |
| 通信方式 | — | 无线公网 |
| 工作电源 | — | 主干线开关、联络开关双 TV 取电，分支线开关单 TV 取电 |
| 后备电源 | — | 超级电容 |

## 6.2.5 信息交互和安全防护建设

### 6.2.5.1 通信配置原则

配电网自动化通信建设，应采用安全、可靠、成熟先进的技术原则，结合地区配电网规模及应用需求，与配电网运行管理体制相适应。建设过程中统筹利用专网通信和公网通信，满足馈线自动化、计量采集等各类业务对通信通道的要求，提高配电网供电质量和运行管理水平。

配电网自动化对通信要求见表6.16。

表6.16 配电网自动化通信要求表

| 终端类型 | 终端功能 | 业务分区 | 时延 | 带宽 | 可靠性 |
|---|---|---|---|---|---|
| "三遥"终端 | 智能分布式功能 | 控制区 | 12ms | 2M bit/s | 99.50% |
| "三遥"终端 | 遥控功能 | 控制区 | 1s | 20k bit/s | 99.00% |
| "一遥""二遥"终端 | 遥测、遥信功能 | 非控制区 | 3s | 20k bit/s | 95.00% |

配电网自动化通信遵循以下技术原则：

（1）配电网自动化通信建设纳入配电网规划，并应遵循"因地制宜、适度超前、统一规划、分步实施"的原则。与配电网规划同步规划、同步建设、同步投产，满足配电网生产管理业务的需求。

（2）智能分布式配电终端之间采用光纤通信方式，配置两条无环网保护的专线通道或网络通道。"三遥"终端优先采用光纤通信，配置一条具备自愈功能的专线通道或网络通道，光缆无法敷设的区域可采用其他通信方式。专网通信覆盖区域的"一遥""二遥"终端优先采有专网通信方式。

（3）通信终端（模块）应与自动化终端设备共用电源，不再配置专用电源系统。

### 6.2.5.2 配电网通信典型配置要求

配电网自动化的通信网，一般以地市级和县级供电局为单位建设，采用骨干层、接入层的分层结构，分层通信网络之间使用光纤等方式连接。

1. 骨干层要求

骨干层即变电站层面的通信网，应采用IP技术组网，并具有两条不同通路连接至主站系统。当网络规模较小时，骨干层可直接采用地区传输网或光纤直连，与主站系统互联；网络规模较大时，骨干层应配置三层网络设备组建配电网专用传输网络。

2. 接入层要求

接入层为10kV站外设备层，将骨干层设备与配电网自动化终端连接。在已有光纤网络或方便铺设光纤的场合，优先考虑光纤通信方式，缺乏光缆资源的区域可采用无线公网等通信方式。

3. 光缆建设要求

通信光缆作为配电网通信网的基础，配电网光缆建设应成环成网。为满足配电网自动化通信带宽的需求，新建配电网通信接入层通信光缆芯数应不少于24芯，骨干层通信光缆芯数应不少于48芯。配电网电缆线路可使用电缆沟的空间敷设光纤，对于配电网架空线路，可选择ADSS电力光纤与线路同杆架设。根据实际情况，光纤可采用 PVC 管或金属管道保护，通信光缆及其保护套管应具备阻燃特性。

**【任务实施】**

1. 实训准备

（1）配电网自动化建设改造应遵循的有关规程、技术标准和管理办法。

（2）已完成配电网建设和改造的某区域一次网架。

2. 实训内容及步骤

根据某区域一次网架结构及设备情况完成以下培训项目：

（1）根据某某区域现有配电的一次网架结构及设备情况，对该区域配网自动化系统、通信系统进行分析。

（2）通过对该区域配电网管理现状，总体介绍配电网自动化系统典型结构，设计适合本区域的配电网自动化系统总设计方案。

（3）按照配电网自动化建设的相关标准及要求，对该区域的配电网自动化主站、终端和通信网络进行技术方案设计。

3. 实训成果及考核评价

某区域配电网自动化设计报告，占 100%。

**【思考与练习题】**

1. 配电网自动化建设遵循_____、_____、_____思路。
2. 简述 10kV 一次网架和配电网自动化配合总体原则。
3. 简述配电网自动化主站软、硬件和信息交互配置要求。
4. 简述中心城市 10kV 线路配电网自动化终端典型配置原则。
5. 简述配电网自动化通信建设原则。

# 附录 配电网自动化终端安装调试

【学习目标】
1. 掌握配电终端参数分类。
2. 掌握不同配电终端参数配置原则。
3. 掌握配电终端参数配置工具的使用。

## A.1 FTU 和 DTU 的接线

配电终端测试前搭建测试系统框图如图 A.1 所示。

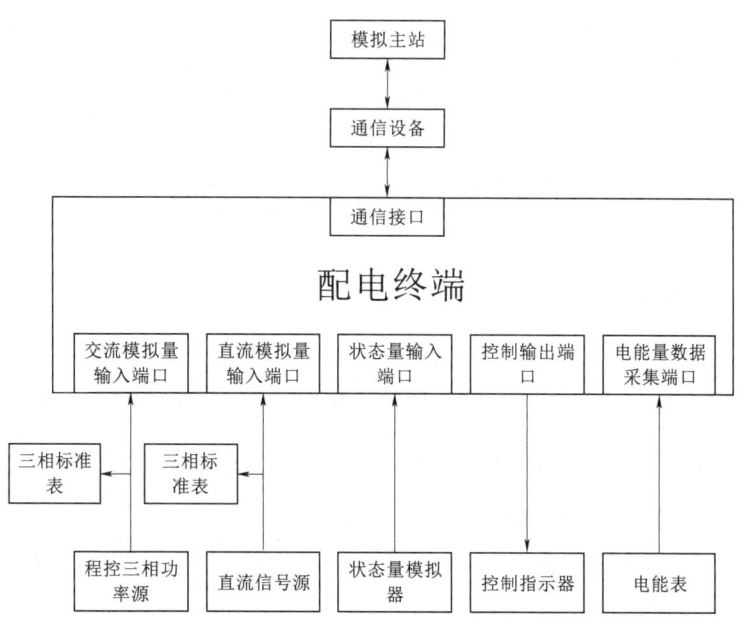

图 A.1 三相不平衡调节装置的理想状态下工作原理示意图

## A.2 终端参数配置

### A.2.1 配电终端参数分类

按照终端参数对应的功能，可以将配电终端的参数分类为固有参数、运行参数及故障处理动作参数，详见表 A.1。

表 A.1　　配电网自动化终端参数分类

| 大类 | 参数类型 | 参 数 简 述 |
|---|---|---|
| 固有参数 | 终端类型 | 将配电网自动化终端类型分为馈线终端、站所终端、配变终端。配电网自动化终端的"终端类型"参数主要用于区分配电终端的应用场合 |
| | 终端操作系统 | 配电终端操作系统参数用于查询操作系统类型及版本 |
| | 终端制造商 | 配电终端制造商参数用于区分各终端的生产厂家，便于统一查询及管理 |
| | 终端硬件版本 | 配电终端硬件版本参数是配电终端硬件版本的识别号，便于用户了解配电终端所使用的硬件版本及其功能和性能 |
| | 终端软件版本 | 配电终端软件版本参数用于描述软件功能及性能等技术特征，并作为鉴别不同软件的重要参数。通常软件版本号是软件开发完成后人为设置的专门标记 |
| | 终端软件版本校验码 | 终端应具备 2 字节长度的软件校验码，软件校验码与软件版本号构成终端软件的唯一标识，由相关的设备管理系统统一管理 |
| | 终端通信规约类型 | 通信规约是为保证数据通信系统中通信双方能有效和可靠地通信而规定的双方应共同遵守的一系列约定，包括：数据的格式、顺序和速率、链路管理、流量调节和差错控制等。配电终端通信规约类型参数用于标识当前的通信规约 |
| | 终端出厂型号 | 配电终端出厂型号是由各终端生产厂家为方便管理和检索而自定的型号，型号可包含数字、字母等 |
| | 终端 ID 号 | 配电终端 ID 号是标识配电终端的唯一编码 |
| | 终端网卡 MAC 地址 | 终端网卡物理地址，该参数配电终端只开放主站的查询接口，不支持修改该参数 |
| 运行参数 | 遥测类参数 | 配电终端的"遥测类"参数包括：电流死区、交流电压死区、直流电压死区、功率死区、频率死区、功率因数死区、TV 一次额定、TV 二次额定、TA 一次额定、TA 二次额定 |
| | 越限类参数 | 配电终端的"越限类"参数包括：低电压参数、过电压参数、重载参数和过载参数 |
| | 遥信类参数 | 配电终端的"遥信类"参数包括：数字量采集防抖时间 |
| | 遥控类参数 | 配电终端的"遥信类"参数包括：分闸脉冲保持时间和合闸脉冲保持时间 |
| | 蓄电池管理类参数 | 配电终端的"蓄电池管理类"参数包括：蓄电池活化周期 |
| 配电终端故障处理动作参数 | 故障电流模式 | 按照电流整定值大小实现故障处理 |
| | 自适应就地馈线自动化模式 | 根据发生故障时线路失压以及时延实现故障自动隔离以及恢复非故障区段供电 |
| | 电压时间型 | 利用失压分闸、合闸延时、X 时限和 Y 时限等，配置开关设备之间时序配合能达到隔离故障区段和恢复健全区段供电的目的 |

### A.2.2　配电终端参数配置原则

**A.2.2.1　配电终端固有参数**

1. 终端类型

按应用场合的不同可以将配电网自动化终端类型分为馈线终端、站所终端、配变终端。配电网自动化终端的"终端类型"参数主要用于区分配电终端的应用场合。

## A.2 终端参数配置

**2. 标识码**

配电终端类型标识代码由 3 部分组成,其类型标识代码见图 A.2,代码含义见表 A.2。

示例:类型标识代码为 D21 表示 DTU"二遥"标准型终端。所有终端分类仅能为上述标识代码的分类,不允许出现 D20 等非标准类型终端编码。

**3. 信息体**

配电终端类型代码使用 1 个信息体地址进行传输,通过规约上传时的信息元素构成见表 A.3。

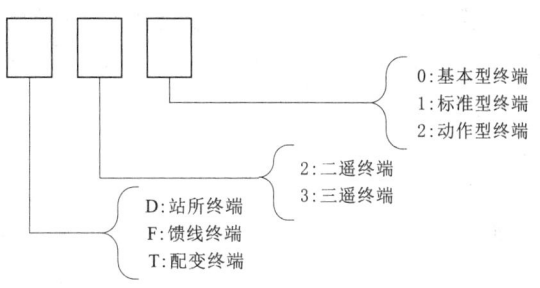

图 A.2 配电终端类型标识代码

表 A.2　　　　　类 型 标 识 代 码 表

| 代码 | 终 端 类 型 | 代码 | 终 端 类 型 |
|---|---|---|---|
| D30 | DTU"三遥"终端 | F20 | FTU"二遥"基本型终端 |
| D21 | DTU"二遥"标准型终端 | F21 | FTU"二遥"标准型终端 |
| D22 | DTU"二遥"动作型终端 | F22 | FTU"二遥"动作型终端 |
| F30 | FTU"三遥"终端 | T20 | TTU 终端 |

表 A.3　　　　　终端操作系统规约上传信息元素构成

| 描 述 | 数据类型 | 字 节 长 度 | 说 明 |
|---|---|---|---|
| 终端操作系统标识码 | 字符串类型 | 依据字符串实际长度,包含字符"\0" | 例如"Linux2.6.29.1" |

**4. 配置原则**

该参数配电终端只开放主站的查询接口,不支持修改该参数;主站查询时由终端类型和终端代码两部分配合使用,终端类型标识 D、F 及 T 三种类型,终端代码则为 30/21 等参数;主站查询时,请求报文中包含对应的信息体地址;终端回复该点信息体对应的值时,使用 TLV 值描述。

**A.2.2.2　终端操作系统**

配电终端操作系统参数用于查询操作系统类型及版本。

配置原则:该参数配电终端只开放主站的查询接口,不支持修改该参数;主站查询时,请求报文中包含对应的信息体地址;终端回复该点信息体对应的值时,使用 TLV 值描述。

**A.2.2.3　终端制造商**

配电终端制造商参数用于区分各终端的生产厂家,便于统一查询及管理。

配置原则:该参数配电终端只开放主站的查询接口,不支持修改该参数;主站查询时由一个信息体数据表示;主站查询时,请求报文中包含对应的信息体地址;终端回复该点信息体对应的值时,使用 TLV 值描述。

**A.2.2.4 终端硬件版本**

配电终端硬件版本参数是配电终端硬件版本的识别号,便于用户了解配电终端所使用的硬件版本及其功能和性能。

配置原则:该参数配电终端只开放主站的查询接口,不支持修改该参数;主站查询时由一个信息体数据表示;主站查询时,请求报文中包含对应的信息体地址;终端回复该点信息体对应的值时,使用 TLV 值描述。

**A.2.2.5 终端软件版本**

配电终端软件版本参数用于描述软件功能及性能等技术特征,并作为鉴别不同软件的重要参数。通常软件版本号是软件开发完成后人为设置的专门标记。

配置原则:该参数配电终端只开放主站的查询接口,不支持修改该参数;主站查询时由一个信息体数据表示。

**A.2.2.6 终端软件版本校验码**

终端应具备 2 字节长度的软件校验码,软件校验码与软件版本号构成终端软件的唯一标识,由相关的设备管理系统统一管理。

配置原则:该参数配电终端只开放主站的查询接口,不支持修改该参数。

**A.2.2.7 终端通信规约类型**

通信规约是为保证数据通信系统中通信双方能有效和可靠地通信而规定的双方应共同遵守的一系列约定,包括:数据的格式、顺序和速率、链路管理、流量调节和差错控制等。配电终端通信规约类型参数用于标识当前的通信规约。

配置原则:该参数配电终端只开放主站的查询接口,不支持修改该参数;主站查询时由一个信息体数据表示;主站查询时,请求报文中包含对应的信息体地址;终端回复该点信息体的值时,使用 TLV 值描述。

**A.2.2.8 终端出厂型号**

配电终端出厂型号是由各终端生产厂家为方便管理和检索而自定的型号,型号可包含数字、字母等。

配置原则:该参数配电终端只开放主站的查询接口,不支持修改该参数;主站查询时由一个信息体数据表示,终端回复时将对应的字符串先进行 TLV 编码,然后传输。

**A.2.2.9 终端 ID 号**

配电终端 ID 号是标识配电终端的唯一编码。

配置原则:该参数配电终端只开放主站的查询接口,不支持修改该参数。

**A.2.2.10 终端网卡 MAC 地址**

配置原则:该参数配电终端只开放主站的查询接口,不支持修改该参数;一个 MAC 地址对应一个信息体地址,多个 MAC 地址需要多个信息体地址与其对应。

**A.2.3 配电终端运行参数**

配电终端所有参数默认值及参数范围均为实际值,采用电子互感器时,按照相电流二次额定 1A,相电压二次额定 $100/\sqrt{3}$ V 进行定值参数整定及显示。

A.2.3.1 遥测类参数

配电终端的"遥测类"参数包括：电流死区、交流电压死区、直流电压死区、功率死区、频率死区、功率因数死区、TV一次额定、TV二次额定、TA一次额定、TA二次额定。

1. 电流死区

配置原则：取值为二次额定电流输入的比值，取值范围见表A.4。

2. 交流电压死区

配置原则：取值为二次额定电压输入的比值，取值范围见表A.5。

表A.4  电流死区配置原则

| 参数名称 | 单位 | 默认值 | 参数范围 |
| --- | --- | --- | --- |
| 电流死区 | — | 0.01 | 0～0.3 |

表A.5  交流电压死区配置原则

| 参数名称 | 单位 | 默认值 | 参数范围 |
| --- | --- | --- | --- |
| 交流电压死区 | — | 0.01 | 0～0.3 |

3. 直流电压死区

配置原则：取值为额定直流电压输入的比值，取值范围见表A.6。

4. 功率死区

配置原则：取值为二次额定功率的比值，取值范围见表A.7。

表A.6  直流电压死区配置原则

| 参数名称 | 单位 | 默认值 | 参数范围 |
| --- | --- | --- | --- |
| 直流电压死区 | — | 0.01 | 0～0.3 |

表A.7  功率死区配置原则

| 参数名称 | 单位 | 默认值 | 参数范围 |
| --- | --- | --- | --- |
| 功率死区 | — | 0.01 | 0～0.3 |

5. 频率死区

配置原则：取值为系统额定频率的比值，取值范围见表A.8。

6. 功率因数死区

配置原则：取值为额定功率因数的比值，取值范围见表A.9。

表A.8  频率死区配置原则

| 参数名称 | 单位 | 默认值 | 参数范围 |
| --- | --- | --- | --- |
| 功率死区 | — | 0.005 | 0～0.3 |

表A.9  功率因数死区信息体

| 参数名称 | 单位 | 默认值 | 参数范围 |
| --- | --- | --- | --- |
| 功率因数死区 | — | 0.01 | 0～0.3 |

7. TV一次额定

配置原则：取值为TV一次额定电压值，取值范围见表A.10。

8. TV二次额定

配置原则：取值为TV二次额定电压值，取值范围见表A.11。

表A.10  TV一次额定配置原则

| 参数名称 | 单位 | 默认值 | 参数范围 |
| --- | --- | --- | --- |
| TV一次额定 | kV | 10.0 | 0.1～30.0 |

表A.11  TV二次额定配置原则

| 参数名称 | 单位 | 默认值 | 参数范围（实际值） |
| --- | --- | --- | --- |
| TV二次额定 | V | 220.0 | 0.1～400.0 |

9. TA一次额定

配置原则：取值为TA一次额定电流值，取值范围见表A.12。

10. TA 二次额定

配置原则：取值为 TA 二次额定电流值，取值范围见表 A.13。

表 A.12　TA 一次额定配置原则

| 参数名称 | 单位 | 默认值 | 参数范围 |
|---|---|---|---|
| TA 一次额定 | A | 600.0 | 1.0～2000.0 |

表 A.13　TA 二次额定配置原则

| 参数名称 | 单位 | 默认值 | 参数范围 |
|---|---|---|---|
| TA 二次额定 | A | 1.0 | 1.0 或 5.0 |

11. 零序 TA 一次额定

配置原则：取值为零序 TA 一次额定电流值，取值范围见表 A.14。

12. 零序 TA 二次额定

配置原则：取值为零序 TA 二次额定电流值，取值范围见表 A.15。

表 A.14　零序 TA 一次配置原则

| 参数名称 | 单位 | 默认值 | 参数范围 |
|---|---|---|---|
| 零序 TA 一次额定 | A | 20.0 | 1.0～500.0 |

表 A.15　零序 TA 二次配置原则

| 参数名称 | 单位 | 默认值 | 参数范围 |
|---|---|---|---|
| 零序 TA 二次额定 | A | 1.0 | 1.0 或 5.0 |

A.2.3.2　越限类参数

配电终端的"越限类"参数包括：低电压参数、过电压参数、重载参数和过载参数。

1. 低电压报警

配置原则见表 A.16。

表 A.16　低电压报警配置原则

| 参数名称 | 单位 | 默认值 | 参数范围 | 意义 |
|---|---|---|---|---|
| 低电压报警门限值 | V | $0.9U_n$ | $0.1U_n \sim 2.0U_n$ | 0.9 倍的额定值 |
| 低电压报警周期 | s | 600 | 0～10000 | |

2. 过电压报警

配置原则见表 A.17。

表 A.17　过电压报警配置原则

| 参数名称 | 单位 | 默认值 | 参数范围 | 意义 |
|---|---|---|---|---|
| 过电压报警门限值 | V | $1.1U_n$ | $0.1U_n \sim 2.0U_n$ | 1.1 倍的额定值 |
| 过电压报警周期 | s | 600 | 0～10000 | |

3. 重载报警

配置原则见表 A.18。

表 A.18　重载报警配置原则

| 参数名称 | 单位 | 默认值 | 参数范围 | 意义 |
|---|---|---|---|---|
| 重载报警门限值 | A | $0.7I_n$ | $0.1I_n \sim 2.0I_n$ | 0.7 倍的额定值 |
| 重载报警周期 | s | 3600 | 0～10000 | |

**4. 过载报警**

配置原则见表 A.19。

表 A.19　　　　　　　　　过载报警配置原则

| 参数名称 | 单位 | 默认值 | 参数范围 | 意义 |
|---|---|---|---|---|
| 过载报警门限值 | A | $1.0I_n$ | $0.1I_n \sim 2.0I_n$ | 1.0倍的额定值 |
| 过载报警周期 | s | 3600 | $0 \sim 10000$ | |

**A.2.3.3　遥信类参数**

配电终端的"遥信类"参数包括：数字量采集防抖时间。

配置原则见表 A.20。

**A.2.3.4　遥控类参数**

配电终端的"遥信类"参数包括：分闸脉冲保持时间和合闸脉冲保持时间。

（1）分闸输出脉冲保持时间配置原则见表 A.21。

表 A.20　遥信类参数配置原则

| 参数名称 | 单位 | 默认值 | 参数范围 |
|---|---|---|---|
| 开入量采集防抖时间 | ms | 200 | $10 \sim 60000$ |

表 A.21　分闸输出脉冲保持时间配置原则

| 参数名称 | 单位 | 默认值 | 参数范围 |
|---|---|---|---|
| 分闸输出脉冲保持时间 | ms | 500 | $10 \sim 50000$ |

（2）合闸输出脉冲保持时间配置原则见表 A.22。

**A.2.3.5　蓄电池管理类参数**

配电终端的"蓄电池管理类"参数包括：蓄电池活化周期。配置原则见表 A.23。

表 A.22　合闸输出脉冲保持时间配置原则

| 参数名称 | 单位 | 默认值 | 参数范围 |
|---|---|---|---|
| 合闸输出脉冲保持时间 | ms | 500 | $10 \sim 50000$ |

表 A.23　蓄电池管理类参数配置原则

| 参数名称 | 单位 | 默认值 | 参数范围 |
|---|---|---|---|
| 蓄电池自动活化周期 | d | 90 | $1 \sim 360$ |
| 蓄电池自动活化时刻 | h | 0 | $0 \sim 23$ |

# A.3　遥　信　试　验

**A.3.1　配电终端遥信正确率测试**

将信号量模拟器输出端口连接配电终端，调整信号模拟器输出脉冲信号按照遥信点表遥信量顺序输出遥信变化，每变化一路遥信，与主站进行确认变化，以及遥信点号是否配置正确，将所有遥信点号进行依次测试后重复10次，终端变化遥信与主站一致，遥信正确率＝遥信测试合格次数/遥信测试总次数，测试要求遥信正确率为100％。

**A.3.2　配电终端遥信分辨率测试**

将信号模拟器（脉冲发生器）的两路输出连接到配电终端的两路状态盘输入端子上，对两路输出设置一定的时间延迟，该值应不大于10ms（可调），配电终端应能正确显示状态的交换及动作时间，开关变位事件记录分辨率不大于10ms。试验重复5

次以上。
### A.3.3 配电终端遥信防抖动测试
用信号模拟器（脉冲发生器）产生持续时间小于防抖时间的开入脉冲，终端不应该产生该开入的事件顺序记录。用测试仪产生持续时间大于遥信防抖动时间的开入脉冲，终端应产生该开入时间顺序记录。装置应记录并上传时间信息，防抖时间为10～1000ms（可设定）。

## A.4 遥测和保护回路试验

在进行遥测测试前，首先在终端现场搭建如图 A.1 所示的测试环境，并与主站确定 IP、端口和点表。

### A.4.1 交流输入模拟量基本误差测试
**A.4.1.1 电压、电流基本误差测量**

（1）调节程控三相功率源的输出，保持输入电量的频率为 50Hz，谐波分量为 0，依次施加输入电压额定值的 60%、80%、100%、120% 和输入电流额定值的 5%、20%、40%、60%、80%、100%、120% 及 0。

（2）待标准表读数稳定后，读取标准表的显示输入值 $U_i$ 及 $I_i$，通过测试计算机读取配电终端测量值 $U_o$ 及 $I_o$。电压基本误差 $E_u$ 及电流基本误差 $E_i$ 应符合配电自动化远方终端相关规定。

**A.4.1.2 有功功率、无功功率基本误差测量**

（1）调节程控三相功率源的输出，保持输入电压为额定值，频率为 50Hz，改变输入电流为额定值的 5%、20%、40%、60%、80%、100%。

（2）待标准表读数稳定后，分别记录标准表读出的输入有功功率 $P_i$、无功功率 $Q_i$ 和配电终端测出的有功功率 $P_x$、无功功率 $Q_x$，有功功率基本误差 $E_p$ 及无功功率基本误差 $E_q$ 应符合配电自动化远方终端中的相关规定。

**A.4.1.3 功率因数基本误差测量**

（1）调节程控三相功率源的输出，保持输入电压、电流为额定值，频率为 50Hz，改变相位角 $\varphi$ 分别为 0°、±30°、±45°、±60°、±90°。

（2）待标准表读数稳定后，分别记录标准表读出的功率因数 $P_{Fi}$ 和配电终端测出的 $P_{Fx}$，基本误差 $E_{\cos\varphi}$ 应符合配电自动化远方终端的有关规定。

**A.4.1.4 谐波分量基本误差测量**

（1）保持输入电压频率为 50Hz，分别保持输入电压为额定电压的 80%、100%、120%，在各个输入电压下分别施加输入电压幅值的 10% 的 2～19 次谐波电压 $U_h$，记录标准谐波源设定或标准谐波分析仪读出的 2～19 次谐波电压 $U_{oh}$，求出 2～19 次电压谐波分量的基本误差 $E_{uh}$。

（2）保持输入电流频率为 50Hz，分别保持输入电流为额定值的 10%、40%、80%、100%、120%，在各个输入电流下分别施加输入电流幅值 10% 的 2～19 次谐波电流 $I_h$，记录标准谐波源设定或标准谐波分析仪读出的 2～19 次谐波电流 $I_{oh}$，求出

2～19 次电流谐波分量的基本误差 $E_{Ih}$。

#### A.4.2 配电终端保护功能测试

##### A.4.2.1 配电终端保护功能

当配电网系统中出现过电流、过负荷和零序过电流时，配电终端应该进行主动保护，来及时查找和隔离配电网中出现的短路和接地情况。

过负荷：当前负荷电流超过了额定的负荷，即电力系统中用电负荷超出发电机的实际功率或变压器的额定功率，引起设备过载。由于短时过负荷不会引起系统或电力设备的安全问题，但长时间会引起系统或电力设备本身的安全或稳定问题，或影响用电设备的安全，故过负荷保护动作的时间大于过电流保护。

过电流：当前负荷电流大于回路导体额定载流量的电流，它包括过载电流和短路电流。一般过电流的发生多是在线路中发生了短路故障。

零序过电流：电力系统生产运行过程中，零序电流为 $0(I_A+I_B+I_C=0)$，当系统中发生接地短路时，会出现零序电流突变。一般情况下零序电流突变一般多代表系统中出现接地短路故障的发生。

##### A.4.2.2 配电终端保护功能测试内容

配电终端保护功能测试主要有 5 项内容：过流动作值检查、过负荷动作值检查、零序过流动作值检查、保护动作值检查和最小故障识别时间测试。

在进行以下配电终端保护功能测试之前需要按照如图 A.1 搭建测试平台。

1. 过流动作值检查

配电终端测试前，利用维护软件调整配电终端过流动作整定值，设定程控功率源输出负荷电流序列和动作负荷电流序列，观察配电终端动作情况。程控功率源状态输出完毕后，应检查配电终端动作情况是否与列表中一致，并检查终端事件记录数据是否记录动作事件及模拟主站数据上报情况。要求整定值误差不超过±5%。表 A.24 是过流动作检查表。

表 A.24  过流动作值检查表

| 保护名称 | 整定值/A | 动作值/A | 动作状态 |
| --- | --- | --- | --- |
| A 相过流 | 5.00 | 4.75 | 不动作 |
| A 相过流 | 5.00 | 5.25 | 动作 |
| C 相过流 | 5.00 | 4.75 | 不动作 |
| C 相过流 | 5.00 | 5.25 | 动作 |

2. 过负荷动作值检查

配电终端测试前，利用维护软件调整配电终端过流动作整定值，设定程控功率源输出负荷电流序列和动作负荷电流序列观察配电终端动作情况。程控功率源状态输出完毕后，应检查配电终端动作情况是否与列表中一致，并检查终端事件记录数据是否记录动作事件及模拟主站数据上报情况。要求整定值误差不超过±5%。表 A.25 是过负荷动作值检查表。

表 A.25　　　　　　　　　　　过负荷动作值检查表

| 保护名称 | 整定值/A | 动作值/A | 动作状态 |
|---|---|---|---|
| A 相过负荷 | 3.00 | 2.85 | 不动作 |
| A 相过负荷 | 3.00 | 3.15 | 动作 |
| C 相过负荷 | 3.00 | 2.85 | 不动作 |
| C 相过负荷 | 3.00 | 3.15 | 动作 |

**3. 零序过流动作值检查**

配电终端测试前,利用维护软件调整配电终端过流动作整定值,设定程控功率源输出负荷电流序列和动作负荷电流序列观察配电终端动作情况。程控功率源状态输出完毕后,应检查配电终端动作情况是否与列表中一致,并检查终端事件记录数据是否记录动作事件及模拟主站数据上报情况。要求整定值误差不超过±5%。表 A.26 是零序过负荷动作值检查表。

表 A.26　　　　　　　　　　　零序过负荷动作值检查表

| 保护名称 | 整定值/A | 动作值/A | 动作状态 |
|---|---|---|---|
| 零序过流 | 1.00 | 0.95 | 不动作 |
| 零序过流 | 1.00 | 1.05 | 动作 |

**4. 保护动作值检查**

配电终端测试前,利用维护软件调整配电终端过流动作整定值,设定程控功率源输出负荷电流序列和动作负荷电流序列观察配电终端动作情况。程控功率源状态输出完毕后,应检查配电终端动作情况是否与列表中一致,并检查终端事件记录数据是否记录动作事件及模拟主站数据上报情况。

在做保护动作前,将程控功率源、终端和模拟主站进行时间同步操作,以便计算延时时间误差。要求整定值误差不超过±5%。表 A.27 是保护动作值检查表。

表 A.27　　　　　　　　　　　保护动作值检查表

| 保护名称 | 整定值/ms | 延时时间/ms | 绝对误差/ms |
|---|---|---|---|
| 三相过流 | 0 | 记录终端动作时间 | 延时时间-整定值 |
| 零序过流 | 0 | 记录终端动作时间 | 延时时间-整定值 |

**5. 最小故障识别时间测试**

配电终端测试前,利用维护软件调整配电终端过流动作整定值,设定程控功率源输出负荷电流序列和动作负荷电流序列观察配电终端动作情况。程控功率源状态输出完毕后,应检查配电终端动作情况是否与列表中一致,并检查终端事件记录数据是否记录动作事件及模拟主站数据上报情况。表 A.28 是最小故障识别时间测试表。

表 A.28　　　　　　　　　　　最小故障识别时间测试表

| 保护名称 | 整定值/A | 动作值/A | 过流持续时间/ms | 动作状态 |
|---|---|---|---|---|
| A 相过流 | 5.00 | 5.25 | 20(此值取决于最小故障识别时间) | 动作 |
| C 相过流 | 5.00 | 5.25 | 20(此值取决于最小故障识别时间) | 动作 |

## A.5 遥控试验

终端遥控功能测试,根据表 A.29 中的遥控点位,对表中每个遥控点位进行测试,要求每个遥控点位均能正确动作。

表 A.29　　　　　　　　　　DTU 点 表

| 点号 | 点位名称 | 测试结果 |
|---|---|---|
| 0 | 电池活化 | 合格 |
| 1 | 软压板遥控 | 合格 |
| 2 | 装置复归 | 合格 |
| 3 | 第一路开关分闸控制 | 合格 |
| 4 | 第一路开关合闸控制 | 合格 |
| … | … | … |

# 参 考 文 献

[1] 郭谋发. 配电网自动化技术 [M]. 北京：机械工业出版社，2012.
[2] 陈彬，张功林，黄建业. 配电自动化系统实用技术 [M]. 北京：机械工业出版社，2015.
[3] 邹一琴. 农网供配电技术的研究与设计 [M]. 南京：东南大学出版社，2017.
[4] 董张卓，王清亮，黄国兵. 配电网和配电自动化系统 [M]. 北京：机械工业出版社，2014.
[5] 龚静. 配电网综合自动化技术 [M]. 2版. 北京：机械工业出版社，2014.
[6] Q/GDW 626—2011 配电自动化系统运行维护管理规范 [S]
[7] DL/T 721—2013 配电自动化远方终端 [S]
[8] DL/T 390—2010 县城配电网自动化技术导则 [S]
[9] DL/T 5729—2016 配电网规划设计技术导则 [S]
[10] DL/T 599—2016 中低压配电网改造技术导则 [S]